La nature, l'autre *frontière*

Fronts écologiques au Sud
(Afrique du Sud, Argentine, Chili)

P.I.E. Peter Lang

Bruxelles · Bern · Berlin · Frankfurt am Main · New York · Oxford · Wien

Sylvain Guyot

La nature, l'autre *frontière*

Fronts écologiques au Sud (Afrique du Sud, Argentine, Chili)

Préface : Myriam Houssay-Holzschuch

EcoPolis
Vol. 30

La publication de cet ouvrage a reçu le soutien financier des UMR Passages et GEOLAB, ainsi que de l'Institut Universitaire de France.

Illustration de couverture : « Le grand Karoo, Afrique du Sud, un *hotspot* de biodiversité menacé par l'extraction des gaz de schistes ? », photographie de l'auteur, avril 2016.

Remerciements : Fabien Cerbelaud pour les cartes en couleur de cet ouvrage.

Cette publication a fait l'objet d'une évaluation par les pairs.
Toute représentation ou reproduction intégrale ou partielle faite par quelque procédé que ce soit, sans le consentement de l'éditeur ou de ses ayants droit, est illicite. Tous droits réservés.

© P.I.E. PETER LANG s.a.
Éditions scientifiques internationales
Bruxelles, 2017
1 avenue Maurice, B-1050 Bruxelles, Belgique
www.peterlang.com ; brussels@peterlang.com

ISSN 1377-7238
ISBN 978-2-8076-0516-9
ePDF 978-2-8076-0517-6
ePub 978-2-8076-0518-3
Mobi 978-2-8076-0519-0
DOI 10.3726/b11809
D/2017/5678/75

Information bibliographique publiée par « Die Deutsche Bibliothek »
« Die Deutsche Bibliothek » répertorie cette publication dans la « Deutsche Nationalbibliografie » ; les données bibliographiques détaillées sont disponibles sur le site <http://dnb.ddb.de>.

Pour Béatrice, Héloïse et Joaquim
In memoriam, Jean Collomb s.j.

Table des matières

Préface 11
Myriam Houssay-Holzschuch

Introduction 15

Chapitre I
Une théorie des fronts écologiques 17
I. Construction théorique 18
    I.1. De l'utilisation de la notion de front 18
    I.2. Environnementalité et écologicalité 23
II. Construction opérationnelle 33
    II.1. Dynamiques spatio-temporelles
          d'un front écologique 33
    II.2. Dynamiques générationnelles 37
    II.3. Environnementalités politiques ou post-politiques ? ... 118

Chapitre II
**Le front écologique, entre impérialisme et constructions
nationales (Afrique du Sud, Argentine, Chili)** 121
I. Le front écologique impérial : le privilège
    de l'Afrique du Sud 125
    I.1. Les colonies pionnières du Cap et du Natal 125
    I.2. De l'impérialisme britannique au nationalisme boer 130
II. Le front écologique géopolitique : nature, nationalisme
    et régimes autoritaires 133
    II.1. En Afrique du Sud 133
    II.2. En Argentine 147
    II.3. Au Chili 162
    II.4. Comparaison des générations géopolitiques
          dans les trois pays 178

Chapitre III
Le front écologique global. Attractivité écologique de l'Afrique du Sud, de l'Argentine et du Chili 187
I. Les dynamiques territoriales et politiques du front écologique global en Afrique du Sud, Argentine et Chili 189
    I.1. En Afrique du Sud 189
    I.2. En Argentine.. 194
    I.3. Au Chili 198
II. Synchronie des sous-processus globaux ?............................... 201
    II.1. Le front écologique UNESCO 203
    II.2. Les fronts écologiques au-delà des frontières................ 208
    II.3. Préconisation des fronts écologiques par la priorisation (BINGO) 212
    II.4. Services écosystémiques... 218
    II.5. Fronts du green grabbing ou fronts écologiques privés ? 222
    II.6. Le fort développement de l'éco-tourisme................... 234
    II.7. Fronts écologiques du retour à la nature 240
    II.8. Les fronts écologiques autochtones............................. 241
    II.9. Bilan comparatif... 246
III. Penser la cyclicité des fronts écologiques................................ 248
    III.1. Cyclicité plurigénérationnelle à dynamique stable 253
    III.2. Cyclicité plurigénérationnelle à dynamique instable 256
    III.3. Cyclicité monogénérationnelle à dynamique de fermeture.. 259
    III.4. Cyclicité monogénérationnelle à dynamique instable... 261
    III.5. Cyclicité monogénérationnelle à dynamique pionnière... 263

Conclusion générale 267

Références bibliographiques... 269

Index 303

Préface

Conserver et conquérir

Myriam Houssay-Holzschuch

Université Grenoble-Alpes, UMR 5194 PACTE

« Conserver la nature », protéger l'environnement, semblent de l'ordre de l'évidence. Au vu des enjeux globaux et locaux, des menaces qui pèsent, du changement climatique à la diminution drastique de la biodiversité, agir de manière écologique s'impose à tous, sans distinction de parti ou de conviction, à l'exception de quelques sceptiques d'arrière-garde et autres présidents des États-Unis d'Amérique. Au vu de cette conviction largement partagée, quasi consensuelle, et de la complexité scientifique de toute action sur l'environnement, les politiques environnementales relèveraient à la fois du bon sens – qui peut raisonnablement être contre ? –, de la bonne gestion, et de l'expertise. À ce titre, elles échapperaient au politique : pas de choix partisan, pas de priorité à déterminer entre plusieurs possibles, pas d'acteur ou de groupe social à écouter, favoriser, protéger.

Il n'est est évidemment rien : cette dimension post-politique des actions sur l'environnement est une illusion (Swyngedouw, 2009). Protéger est un choix, que l'on peut faire ou non. Protéger quoi, protéger comment, protéger où, protéger pour qui et au détriment de quoi – ou qui, en est une série d'autres. À ce titre, les acteurs de ces choix prennent une importance toute particulière, comme les conséquences de leurs actions ou inactions.

La *Political Ecology* dans le monde anglophone, les sciences sociales de l'environnement (dont la géographie politique) dans le monde francophone mettent très précisément à jour ces dimensions politiques des actions environnementales depuis quelques décennies. En France, les recherches se multiplient depuis quelques années (Arnauld de Sartre *et al.*, 2014 ; Chartier & Rodary, 2016). En particulier, les aires protégées ont constitué un objet de choix pour la géographie politique de l'environnement (Laslaz *et al.*, 2012).

Les recherches de Sylvain Guyot, et cet ouvrage en particulier, s'insèrent dans ce cadre et y contribuent très fortement depuis le départ. Elles s'appuient sur trois cas emblématiques, l'Afrique du Sud, le Chili et l'Argentine, dans lesquels il a effectué des recherches de terrain de longue durée. Trois pays de l'hémisphère Sud, aux milieux très variés, à la biodiversité précieuse et souvent endémique et où le choix de conserver (le terme est important) de vastes zones naturelles a été fait précocement. Trois post-colonies de peuplement également, où les populations autochtones ont souffert et souffrent encore de la colonisation, de la dépossession foncière, de la rupture de leurs liens avec l'environnement. Trois pays post-autoritaires, où des régimes brutaux ont imposé par la force une manière de gérer le territoire, y compris dans leurs rapports avec la nature.

Sylvain Guyot élabore ici une analyse comparée des politiques de conservation des trois pays. Le rôle de l'État y apparaît central. Sa déclinaison impériale est particulièrement visible en Afrique du Sud à l'époque de la colonisation britannique. Dans les trois cas, la délimitation d'aires protégées où conserver la nature apparaît comme une manière d'établir la souveraineté de l'État : par le dessin de frontières internationales, par le contrôle des territoires et des populations, par le rôle de ladite conservation de la nature dans la construction nationale. Sylvain Guyot en fait une géohistoire attentive, distinguant des régimes de conservation impériaux, géopolitiques, globaux. Il montre notamment le rôle actif de l'armée dans les aires protégées, y compris aujourd'hui où drones militaires et soldats tentent par exemple de protéger du braconnage les rhinocéros du Parc Kruger en Afrique du Sud (Lunstrum, 2014). Il montre également comment l'environnement est soumis à un régime de gouvernance marqué par la néolibéralisation : l'État y est toujours présent, mais organismes internationaux, ONG, entreprises, personnes privées et communautés autochtones ou non participent désormais à un gouvernement multiscalaire de l'environnement. La diversité de ces acteurs, dont l'auteur dresse des portraits-types frappants, est ici prise en compte de manière très fine et nuancée.

Les trois pays que Sylvain Guyot étudie ici en détails ne sont pas exceptionnels – bien au contraire, ils sont exemplaires de ce nœud entre conserver l'environnement et conquérir le territoire. La remarquable démarche analytique qu'il applique à ces trois cas lui permet, en pensant par les marges, des apports théoriques décisifs dont celui qui donne son titre à l'ouvrage : la notion de front écologique, qui désigne « l'appropriation écologisante d'espaces réels ou imaginaires dont la valeur écologique et esthétique est très forte ». Cette notion est éminemment convaincante et lui permet d'interpréter sous un jour nouveau les cas actuellement étudiés par la recherche.

Sylvain Guyot pratique ici une géographie critique, attentive aux relations de pouvoir et de domination, multilingue, internationale, à forte ambition théorique et ancrée dans des recherches de terrain. « La nature, l'autre frontière : Fronts écologiques au Sud (Afrique du Sud, Argentine, Chili) » est à ce titre un ouvrage exemplaire.

Références

Arnauld De Sartre, X., *et al.* (dir). 2014. *«Political ecology» des services écosystémiques.* Bruxelles : P.I.E-Peter Lang S.A., Éditions Scientifiques Internationales.

Chartier, D., & Rodary, E. (dir). 2016. *Manifeste pour une géographie environnementale.* Paris : Presses de Sciences Po.

Laslaz, L., *et al.* 2012. *Atlas mondial des espaces protégés.* Paris: Autrement.

Lunstrum, E. 2014. « Green Militarization: Anti-Poaching Efforts and the Spatial Contours of Kruger National Park ». *Annals of the Association of American Geographers* 104(4) : 816-832.

Swyngedouw, E. 2009. « The Antinomies of the Postpolitical City: In Search of a Democratic Politics of Environmental Production ». *International Journal of Urban and Regional Research* 33(3): 601-620.

Introduction

Ce livre, tiré d'un mémoire d'habilitation à diriger des recherches[1], a pour ambition de proposer une lecture territoriale des rapports de pouvoir et de domination des sociétés dans leur rapport à la nature. Cette vision politique des appropriations socio-spatiales de la nature est résolument postcoloniale car elle repose sur des circulations conceptuelles croisées Sud-Nord, Sud-Sud et Nord-Sud.

Je propose dans cet ouvrage une formulation approfondie du concept de front écologique, fondée sur une vision essentiellement occidentalo-centrée de la nature. Dans cet ouvrage l'idée de nature est une entrée thématique pour faire de la géographie politique, et non le contraire. C'est en suivant cette logique que j'ai choisi de parler de « front écologique » pour désigner les (re)conquêtes territoriales réalisées au nom de la nature. En effet, les fronts écologiques sont des entités réelles constituées par des propriétés émergentes ou pionnières.

Stricto-sensu, le concept de front écologique devrait correspondre à des dynamiques spatiales réservées aux espèces animales et végétales comme les invasions biologiques, or j'utilise le terme à propos de dynamiques socio-spatiales réalisées à des fins politico-culturelles et socio-économiques. Le terme de « front écologiste » serait donc sémantiquement plus juste, au regard de la différence existant entre l'écologie (science des écosystèmes) et l'écologisme (militantisme orienté vers la protection de ces écosystèmes). Toutefois, avec le terme « écologie », la filiation avec la *political ecology* me semble ainsi évidente et souhaitable. De plus, « écologique » fait aussi référence dans le langage courant à un usage ou une pratique respectueuse de la nature (ou de l'environnement) et le préfixe « éco » est souvent utilisé pour signifier ce parti pris (éco-lodge, éco-village, éco-tourisme etc.). L'idée qu'une appropriation spatiale soit respectueuse de la nature correspond précisément à l'idée d'un front écologique (fig. 1). En outre, je relie le front écologique à une théorie de l'environnementalité ou

---

[1] HDR soutenue le 15 octobre 2015 à l'Université de Limoges sous le titre « Lignes de front : l'art et la manière de protéger la nature ». Manuscrit original disponible en ligne, URL : https://hal.archives-ouvertes.fr/tel-01242033/.

éco-gouvernementalité (Agrawal, 2005b ; Fletcher, 2010 ; Luke, 2000 ; Rutherford, 2007) dérivée de la gouvernementalité foucaldienne (Foucault, 1978) et de l'environnementalisme (Duban, 2000).

Les fronts écologiques reposent sur le principe que la plupart des appropriations spatiales passées et contemporaines de la nature relèvent de formes de dominations politique, sociale et économique fortement territorialisées (Héritier *et al.*, 2009). Le contexte sud-africain, sur lequel je travaille depuis 20 ans, m'a aidé à formaliser cette hypothèse de recherche postcoloniale où l'analyse politique critique des instrumentalisations pouvait parfois l'emporter sur la réflexion empirique sur la pertinence des différents modes de gestion de la nature. Ce travail s'inscrit donc clairement dans une *political ecology* où le politique l'emporte sans doute sur l'écologie (Walker, 2005, 2006, 2007). La protection de la nature n'est pas post-politique, et n'appartient pas à une ère où un certain consensus éthique dominerait les enjeux politiques (Swyngedouw, 2010) comme certains réseaux d'acteurs internationaux voudraient nous le faire croire (IUCN, WWF, UNESCO, États, etc.). La protection de la nature est éminemment « policée », à la manière de Rancière (Chambers, 2011 ; Pasquier, 2004 ; Purcell, 2014) et relève donc de stratégies de contrôle global et de domination politico-économique. Cette domination est intellectuelle et concerne aussi la production de la connaissance.

Le front écologique est un concept à but comparatif et disposant d'une capacité heuristique de relecture des problématiques à la fois du Sud et du Nord. Si la mondialisation des enjeux écologiques et de protection de la nature offre un ensemble de dynamiques propres à valider la capacité d'éclairage planétaire des fronts écologiques, il reste à ne pas simplifier les enjeux locaux et nationaux et à les replacer dans leurs contextes politiques respectifs.

Je propose de détailler dans le premier chapitre le concept de front écologique. Ainsi posée, ma proposition théorique sur les fronts écologiques contribue aux débats actuels sur l'instrumentalisation de la nature dans le monde.

La démarche comparative, dans les deuxième et troisième chapitres, entre l'Afrique du Sud, l'Argentine et le Chili s'intéresse aux logiques internes, historiques puis contemporaines, propres à ces trois pays.

Chapitre I

Une théorie des fronts écologiques

Le front écologique constitue un processus dynamique engagé dans différentes formes de temporalités. Je peux ainsi poser de manière concomitante la question de la fragilité des acquis (conquis) territoriaux de la protection de la nature dans certains pays instables tout comme celle de leur ubiquité dans un contexte global en apparence réceptif aux thèses environnementalistes. Le front écologique peut se penser en deux étapes : une étape théorique et une étape opérationnelle.

La première étape théorique examine en trois temps la pertinence de la notion de front au regard des enjeux sur la nature, l'apport du front écologique dans sa participation aux débats sur l'environnementalité et l'écologicalité.

La seconde étape opérationnelle propose de structurer le concept de front écologique autour d'une grille de lecture générationnelle puis d'ouvrir sur une discussion sur sa portée politique.

I. Construction théorique

I.1. De l'utilisation de la notion de front

> **Encadré 1 :** *Définition du front écologique (Guyot & Richard, 2009)*
>
> Le front écologique renvoie à l'appropriation « écologisante » d'espaces, réels ou imaginaires, dont la valeur écologique et esthétique est très forte. Il peut s'agir indifféremment de paysages grandioses (haute chaîne de montagnes, étendue désertique, campagnes « ancestrales » etc.) ou d'une biodiversité en péril quels que soient l'échelle et/ou le contexte géographiques. Les fronts écologiques répondent néanmoins à quelques critères géographiques bien précis :
> - l'appropriation « écologisante » réalisée par des « éco-conquérants » renvoie à un processus de conquête physique et/ou idéologique,
> - l'existence d'une tête de pont, d'où est initiée la conquête (métropole, station balnéaire, camp touristique, résidence secondaire etc.),
> - parfois une limite ultime, physique ou mentale, difficilement atteignable comme le ciel, les fonds océaniques, le sous-sol, etc.
>
> Les fronts écologiques créent des situations complexes et conflictuelles où différents types d'acteurs mobilisent de multiples registres de légitimité reliés à des utilisations variées des écosystèmes, de la terre et des territoires.

Cette définition emprunte beaucoup au corpus théorique des conquêtes militaire et coloniale[1], articulé autour des notions reliées de fronts et de frontières. Le front écologique se conçoit toujours en fonction d'un « ennemi » de la nature – l'éco-conquérant se définissant d'ailleurs toujours comme « l'ami » de celle-ci –, qui peut être matérialisé par une utilisation ou un projet d'utilisation non écologique d'un espace : friche, extraction minière, agriculture intensive, urbanisation non contrôlée, grands barrages etc. Le front écologique est consubstantiel d'une logique de front contre front (Guyot, 2012b).

---

[1] Le concept de front écologique se situe clairement dans l'optique de « colonial present » définie par plusieurs auteurs (Gregory, 2004) et qui implique que le temps présent des fronts écologiques est marqué dans de nombreux pays par une réalité coloniale renouvelée. Pour l'Afrique du Sud voir Fraser (2007).

Tableau 1 : Des fronts au front écologique

	Front militaire	Frontière/Border	Front de combat	*American frontier*	Front pionnier
Définition	Frontière contestée entre deux forces combattantes.	Espace d'épaisseur variable, de la ligne imaginaire à un espace particulier, séparant ou joignant deux territoires, en particulier deux États souverains.	Groupe en rébellion ou association combative en politique ou dans l'humanitaire.	Conquête civilisatrice de l'ouest américain au XIXe siècle.	Processus d'appropriation de nouveaux territoires, considérés comme un milieu vierge de toute trace de « civilisation » moderne.
Références principales	Boulanger 2011, Woodward & Jones 2005, Woodward 2005	Amilhat-Szary & Giraut 2015, Dalby 2009, Ramutsindela 2014	Aubertin 2005, Guyot 2009a	Bowman 1931, Redclift 2006, Turner 1893	Fraser 2007, Monbeig 1952, Théry 1976
Traduction spatiale	Linéaire et aréolaire Ligne de front : – en déplacement : guerre de mouvement – statique : guerre de position	Linéaire, aréolaire et réticulaire La frontière peut être ouverte ou fermée, statique ou mobile. Notion de « borderity » [condition réticulaire et inégalitaire de la frontière]	Réticulaire Réseaux d'adhérents d'ONG ou de partis politiques partageant un projet territorial spécifique	Linéaire, aréolaire puis réticulaire *fringe of settlement* Front de peuplement : appropriation et extraction des ressources, urbanisation etc.	Linéaire, aréolaire puis réticulaire Front d'extraction des ressources et colonisation agricole, puis front de peuplement.
Notions connexes	Mur, clôture, tranchée	Zone tampon	Espace de contestation	Colonisation, invasion	Colonisation, invasion
Portée politique	Conflit politique ou crise géopolitique conduisant à la guerre	Contrôle politique de la circulation des biens et des personnes au service d'un projet territorial spécifique	Forces politiques militant pour des changements radicaux	Extension territoriale de la nation américaine selon le modèle de domination WASP	Objectifs politiques de l'extension des fronts pionniers : réforme agraire, développement économique

	Front militaire	Frontière/ Border	Front de combat	*American frontier*	Front pionnier
Apports pour la construction de la notion de front écologique	– Analogie spatiale des conflits environnementaux – Collusion entre opérations militaires et politiques de protection de la nature	– Analogie entre les limites d'un espace naturel protégé et la frontière en relation avec le contrôle de la circulation des espèces et des hommes (populations locales, visiteurs etc.) – Front écologique comme matérialité de la frontière	– Applicabilité entre ce type d'associations et de nombreuses ONG écologistes, reprenant même parfois une terminologie guerrière (ALF, Green guerilla etc.)	– Fondements culturels d'une *eco-frontier* aux USA à la fin du XIXe siècle avec la création des grands parcs nationaux (grands espaces, nature au service de la nation, domination des Indiens).	– Analogie très forte entre front écologique et front pionnier avec substitution de la dimension extractive par un objectif de protection, avec une idée de peuplement « qualitatif » (scientifiques, autochtones, touristes).

Source : Auteur

Le tableau 1 ci-dessus examine cinq acceptions principales de ce corpus : front militaire, frontière/border, front de combat, *american frontier* et front pionnier. Chacune est définie, référencée puis traduite spatialement et associée à des notions connexes. Puis, la dernière ligne du tableau 1 précise alors les apports de chacune d'entre elle dans la construction du concept de front écologique.

Chacune de ces notions permet d'éclairer plusieurs aspects majeurs du front écologique.

La rhétorique militaire, avec la notion de front militaire, vient placer la question du conflit au cœur du concept étudié, elle-même étant au cœur de la *political ecology*. L'analogie basée sur une ligne de front militaire en déplacement [qui induit la guerre de mouvement] et d'une ligne de front militaire statique [qui induit la guerre de position] peut être très féconde pour caractériser différentes formes de fronts écologiques aux niveaux de conflictualité variables. En effet, le front écologique peut être en phase d'ouverture (Guyot, 2012b), très mobile, et impliquer une conflictualité instable aux lignes de forces assez volatiles, reposant justement sur des projets de limites contestées (par exemple la clôture d'un espace naturel protégé). Ou le front écologique peut être en phase de maturation et de stabilisation, et engendrer une conflictualité institutionnalisée, reposant sur des modes différenciés de partage et de gestion. D'ailleurs, si l'arrêt d'un front militaire peut signifier la fin d'un conflit mais pas forcément la fin d'une guerre, la fermeture d'un front écologique tend aussi à initier ou renouveler d'autres formes de conflits.

La rhétorique militaire n'est pas seulement utile pour provoquer l'analogie avec le front écologique. Elle peut aussi être consubstantielle à ce dernier, en particulier dans le cas d'alliances entre forces armées et protection de la nature, comme le montre Ellis (1992) au sujet de la collusion durant le régime d'apartheid entre les forces armées sud-africaines et les autorités de conservation de plusieurs parcs frontaliers. La littérature à ce sujet est abondante et montre comment la nature est instrumentalisée à des fins militaires et stratégiques (Coates *et al.*, 2011 ; Havlick, 2011 ; Peluso & Vandergeest, 2011 ; Woodward, 1999) comme on le verra dans l'étape opérationnelle de construction du front écologique.

La notion de frontière est aussi importante à considérer dans le front écologique que ce soit ici de manière analogique [la limite de l'espace naturel protégé comme frontière] ou consubstantielle [une frontière internationale comme limite de l'espace naturel protégé]. Un ouvrage récent coordonné par Maano Ramutsindela (2014) porte justement sur cette question des relations entre la protection de la nature et les frontières (voir l'exemple du Chili : Guyot & Sepulveda (2014)), et un autre ouvrage coordonné par Anne-Laure Amilhat-Szary et Frédéric Giraut sur les *borderities* m'a donné l'occasion de réfléchir sur le lien entre front écologique et frontière mobile (Amilhat-Szary & Giraut, 2015). La circulation des hommes et des espèces au sein des fronts écologiques est capitale et pose en particulier la question de la libre jouissance de la nature et de son ouverture à tous, humains et non-humains. Le lien avec la rhétorique militaire et policière se pose de la même manière ici, autour de la thématique du contrôle de la nature, et de la multiplication des zones tampons autour des espaces naturels protégés (Martino, 2001 ; Neumann, 2004 ; Paudel *et al.*, 2007 ; Shafer, 1999). On a aussi considéré que le terme de « front de combat » caractérisant une association de personnes militant de manière radicale au sein d'un espace de contestation particulier venait éclairer de manière très pertinente le front écologique. En effet, de nombreuses associations ou ONG écologistes sont à l'origine de l'ouverture de fronts écologiques, que ce soit par le haut (*top-down*) avec les grosses ONG environnementales « impérialistes » (USA, Royaume-Uni, Suisse, etc.) ou par le bas (*bottom-up*) avec une myriade d'associations de militance socio-environnementales, comme au Brésil ou en France. Elles utilisent d'ailleurs parfois une certaine rhétorique militaire (*eco-warriors, eco-guerrilla*, etc.), ou au contraire pacifique (combat alternatif), pour médiatiser voire exercer leur force de combat. On verra dans l'étape opérationnelle combien les fronts écologiques contemporains se construisent grâce à ce type de mobilisations militantes[2].

Les notions très apparentées de *frontier* (au sens américain) et de *front pionnier* sont bien sûr au cœur du concept de front écologique. Les dynamiques spatiales de type frontal sont, en géographie, la plupart du temps associées à ces deux notions jumelles déjà très étudiées et très documentées, l'une et l'autre étant, dans des contextes spatio-temporels différents, fortement reliées (Guyot, 2011b ; Redclift, 2006). Des adaptations du concept de frontière ont déjà été tentées dans les postcolonies de peuplement[3] (Australie, Afrique du Sud, Canada, Chili, etc.) faisant le plus souvent référence à la conquête agricole ou à l'exploitation minière, désignant ainsi l'appropriation de la terre à des fins productives et matérielles (Héritier *et al.*, 2009). Dans ces cas, la translation spatiale des fronts semble parfois inéluctable jusqu'à l'épuisement des ressources ou des terres de conquête.

Les dynamiques spatiales de type frontal ont été plus rarement mobilisées pour décrire des processus d'appropriation ou de réappropriation non directement productifs, tels que la protection de la nature, le tourisme ou les loisirs (Apesteguy *et al.*, 1979 ; Coy, 1986 ; Guyot, 2009a ; Guyot & Dellier, 2009 ; Héritier *et al.*, 2009 ; Honey, 1999 ; Monbeig, 1952 ; Prescott, 2014 ; Sacareau, 2000 ; Théry, 1976). Pourtant, depuis plusieurs décennies, un grand nombre d'espaces périphériques à faible densité de population font l'objet de processus de conquête ou de reconquête par des acteurs dont les objectifs ne sont pas liés à une extraction ou à une production, réalisées à partir de ressources naturelles, mais plutôt à une protection de celles-ci. Les fronts écologiques sont donc des manifestations spatiales de processus politiques multiscalaires.

---

[2] Le nom et adjectif militant est le participe présent du verbe militer, du latin *militare* « être soldat, faire son service militaire ». D'origine guerrière, le terme est issu de la théologie, puisque, longtemps, l'adjectif militant a qualifié l'Église qui combat ou qui lutte, ou les membres de la milice du Christ.

[3] La notion de postcolonie de peuplement permet de manière commode de désigner des pays, souvent vastes et peu peuplés, qui ont été colonisés par des Européens, au détriment des populations autochtones rencontrées et qui restent aujourd'hui largement contrôlés par ces descendants d'Européens.

I.2. Environnementalité et écologicalité

I.2.1. De l'environmentalité

La (re)découverte et le transfert des notions entre le monde francophone et anglophone suivent des chemins parfois imprévisibles et souvent tortueux. La notion d'*environmentality* permet d'éclairer le fonctionnement politique des fronts écologiques. C'est un terme qui s'est construit sur la base du transfert et de l'adaptation aux questions environnementales de la notion de *governmentality*/ gouvernementalité, et apparaissant dans la littérature presque indistinctement aussi sous les formes *d'eco-governmentality* ou de *green governmentality*. La notion de *governmentality* n'est autre que la traduction de la notion de gouvernementalité inventée par Michel Foucault lors de ses cours au Collège de France dans les années 1970[4]. Ce dernier a développé cette notion aux côtés d'autres éléments fondateurs de sa pensée comme la biopolitique et le biopouvoir. L'ensemble de la pensée de Foucault dans toute sa complexité n'a été découverte que tardivement par le monde anglophone car les traductions de son œuvre se sont échelonnées entre 1977 (pour *Discipline and punish : the birth of the prison* (Foucault, 1975) et 2008 (*The birth of biopolitics*). La plupart des auteurs (Agrawal, 2005a, 2005b ; Fletcher, 2010 ; Luke, 1995, 1999, 2000) effectuant ce transfert entre la gouvernementalité de Foucault et l'environnementalité expliquent que le philosophe ne s'intéressait que très peu aux questions environnementales, même si, selon eux, la substance foucaldienne permettrait de poser un nouveau cadre pertinent d'interprétation des problématiques de gouvernance environnementale.

À la différence des anglophones, chez les francophones, les notions d'éco-gouvernementalité et d'environnementalité ne sont utilisées que de manière très marginale (cinq résultats sur Google Scholar[5] pour éco-gouvernementalité et vingt-sept résultats pour environnementalité)[6]. On peut expliquer ce constat par l'apparent éloignement de la pensée foucaldienne des problématiques environnementales, ou encore par la relative indifférence / inaccessibilité de sa pensée pour des chercheurs

---

[4] Voir http://michel-foucault-archives.org/?Naissance-de-la-biopolitique pour réécouter tous les cours de Michel Foucault au Collège de France.
[5] Recherche du 20/05/2015.
[6] Une recherche du 20/05/2015 sur Google scholar avec les termes anglophones donne 2 670 résultats pour « environmentality », 356 résultats pour « eco-governmentality » et 962 résultats pour « green governmentality ».

tournés vers d'autres champs théoriques, ou peut-être par la difficulté des géographes francophones de sortir des barrières disciplinaires pour aller chercher de nouvelles idées du côté de la philosophie, de la sociologie, voir à ce propos l'article de Fall (2005). Comment la notion d'*environmentality* a-t-elle été construite en référence aux notions foucaldiennes de gouvernementalité et de bio-pouvoir ?

La gouvernementalité selon Foucault[7] (Lascoumes, 2004) implique que les conditions d'un gouvernement rationnel résident dans le façonnement d'une population qui deviendrait un élément consubstantiel du projet gouvernemental en ayant intériorisé un ensemble de normes et de valeurs transmises par le biais des politiques éducatives, sociales, morales etc. La biopolitique, via le biopouvoir, cherche à appliquer une politique de contrôle sur la vie des êtres humains qui habitent un territoire dans le but de protéger leur capacité vitale à adhérer au projet visé par la gouvernementalité. Autrement dit, « la gouvernementalité est ce qui permet d'établir des liens entre savoirs, institutions et subjectivités – liens qui visent à rendre une réalité gouvernable » (Arnauld de Sartre *et al.*, 2014).

L'éco-gouvernementalité ou l'environnementalité adoptent et adaptent les notions de gouvernementalité et de biopouvoir dans le sens de faire de la protection de la nature un objectif rationnel de gouvernement, en cherchant à contrôler l'ensemble du vivant, et en posant la fragilité et la rareté du non-humain comme principe éducatif essentiel pour des habitants qui seraient alors considérés comme de possibles « agents environnementaux ». L'environnementalité induit selon moi un « régime de gouvernance » composé d'États, de collectivités territoriales, d'experts, d'ONG, de militants, de populations locales etc. et qui s'appuierait sur un dispositif visant *in fine* à la protection de l'environnement.

La notion de « régime de gouvernance » est différente de la notion de « régime politique » habituellement utilisée pour désigner un « ensemble d'institutions, de procédures et de pratiques caractérisant un mode d'organisation et d'exercice du pouvoir » à l'échelle de l'État. Elle vient de la notion de « régime urbain » définie dans les années 1980 pour expliquer le fonctionnement des modes de gouvernance urbaine dans les villes états-uniennes (en particulier Atlanta) impliquant des coalitions d'acteurs publics et privés : « An urban regime can be defined as a set of arrangements or relationships (informal as well as formal) by which

---

[7] « La gouvernementalité », cours du 1/02/1978, Dits et écrits, T. III, pp. 635-657.

a community is governed » (Elkin, 1987 ; Stone 1989, 2006). Les régimes urbains sont les composantes décisionnelle et localisée de réseaux nationaux et internationaux. À l'échelle locale, ces « régimes » sont généralement composés de membres de l'élite venus des secteurs public et privé. Selon Stone (1989, cité par Stoker, 1998) et Le Galès (1995), « un régime est un groupe informel mais relativement stable, disposant de ressources institutionnelles qui lui permettent de participer durablement à l'élaboration des grandes décisions. Les membres d'un régime ont généralement une base institutionnelle, c'est-à-dire qu'ils détiennent l'autorité dans un domaine donné. C'est donc un centre de coordination informel sans hiérarchie globale. L'établissement d'un régime viable est la plus haute expression de la gouvernance dans le nouveau système de pouvoir ». Le Galès a montré qu'une telle notion n'était pas transposable telle quelle dans le contexte européen et surtout français. Pour ma part, j'ai utilisé cette notion dans ma thèse pour désigner les arrangements locaux du contrôle territorial en Afrique du Sud (Guyot, 2003) assez proches de ceux définis par Stone (1989) pour Atlanta. Je propose ici de réutiliser à une autre échelle et selon une nouvelle perspective cette notion de « régime de gouvernance » pour l'appliquer au champ de l'environnementalité. Je souhaite donc parler de « régime d'environnementalité »[8] pour désigner l'ensemble des arrangements multiscalaires et des interrelations formelles et informelles entre les acteurs en charge (de manière directe ou indirecte) de la protection de la nature. Les acteurs d'un régime d'environnementalité appartiennent de manière consciente ou inconsciente à un dispositif d'environnementalité dont ils partagent les valeurs. Les discours et les réglementations sont produits par les acteurs d'un régime au sein d'un dispositif. Ce dernier, selon Foucault (1977, p. 299), est un « ensemble résolument hétérogène, comportant des discours, des institutions, des aménagements architecturaux, des décisions réglementaires, des lois, des mesures administratives, des énoncés scientifiques, des propositions philosophiques, morales, philanthropiques, bref, du dit, aussi bien que du non-dit [...] Le dispositif lui-même, c'est le réseau que l'on peut établir entre tous ces éléments ». Les acteurs du régime d'environnementalité tirent leur force dans ce dispositif réticulaire et mouvant car « un dispositif ne répond pas à un programme précis, et prend sens au fur et à mesure de son déploiement, pour répondre à [des] problèmes » (Arnauld de Sartre, 2016). Le régime d'environnementalité désigne les acteurs et

---

[8] Ce terme est employé par McKee (2006) dans une proposition reliant l'art et l'environnement...

leurs relations, alors que le dispositif désigne – entre autres – les différents agencements entre les valeurs de la gouvernementalité, développées plus loin.

Une revue de la littérature fait émerger quatre références essentielles écrites entre 1995 et 2010 et qui proposent chacune une lecture foucaldienne de l'environnementalité.

T. Luke, professeur de sciences politiques à Virginia Tech[9], propose en 1995 dans son chapitre « On Environmentality : Geo-power and Eco-knowledge in the Discources of Contemporary Environmentalism » une première lecture de l'environnementalité comme un nouveau mode de gouvernance mondiale, en s'appuyant sur la rhétorique du Worldwatch Institute, qui édite depuis 1974 (dans le contexte du choc pétrolier) un état de la planète en relation avec les questions de gestion globale de l'environnement[10]. Il pose le savoir écologique (*eco-knowledge*) comme étant l'élément de base constitutif de la *green governmentality* puis de l'*environnementality*. Il revient sur le caractère récent du terme « environnement » (années 1960) qui permet, en se substituant aux termes de nature ou d'écologie, certes de résoudre la question du fossé « nature-culture », mais aussi de permettre l'émergence de l'environnementalisme[11]. Il indique que la première instrumentalisation politique liée à la posture idéologique de ce dispositif reposerait justement dans la non-définition précise du terme environnement, dont le flou sémantique serait savamment utilisé pour mieux contrôler et s'assurer politiquement de l'adhésion du plus grand nombre aux thèses environnementalistes. Il précise alors que l'étymologie du terme environnement vient « d'environner » ce qui dénote un sens premier très proche de la rhétorique du contrôle et de l'encerclement : « Its uses even suggests stationing guards around, thronging with hostile intent, or standing watch over some person or place. To environ a site or a subject is to beset, beleaguer, or besiege that place or person » (Luke, 1995, p. 64). Il montre aussi le changement d'échelle que représente le passage à l'idée d'environnement avec la nouvelle prééminence du global sur le national.

---

[9] http://www.psci.vt.edu/people/luke-bio.html, consulté le 14/06/2014.
[10] http://www.worldwatch.org/, consulté le 14/06/2014.
[11] Le terme d'« environmentalism » est la version anglophone générique du mot français « écologisme » et désigne la philosophie, l'idéologie et le mouvement social en faveur de la protection de l'environnement. Les environnementalistes regroupent plusieurs sous-groupes différenciés comme les conservationnistes, les préservationnistes, les libéraux etc. Ils peuvent être à la fois les cibles et les initiateurs des régimes d'environnementalité, en fonction de leur place dans la hiérarchie des dominants.

Ceci est bien illustré par la manière dont le Worldwatch Institute utilise un ensemble de savoirs écologiques pour redessiner la carte du monde des enjeux environnementaux et asseoir un pouvoir d'influence de dimension mondiale :

> By touting the necessity of recalibrating society's logics of governmentality in new spatial registers at the local and global levels, the geo-power politics of environmentality aim to rewrite the geographies of national stratified space with new mappings of bioregional economies knitted into global ecologies – complete with environmentalized zones of « dying forests », « regional desertification », « endangered bays », or « depleted farmlands ». (Luke, 1995, p. 78)

Cet auteur va produire, à la suite de cet article, plusieurs autres réflexions sur la notion d'environnementalité (Luke, 1999, 2000) qui iront dans le même sens.

En 2005, Arun Agrawal, professeur en sciences politiques à l'Université du Michigan[12], publie un article qui s'imposera comme la référence en matière d'environnementalité : « Environmentality : community, Intimate Government, and the Making of Environmental Subjects in Kumaon, India », voir la recension de Robbins (2006). Il explique dans cet article comment un régime d'environnementalité peut produire des « sujets environnementaux » qui finissent par incarner ce que Foucault a pu désigner comme des agents impliqués « par le bas » dans le projet de gouvernementalité. À travers l'exemple de Kumaon en Inde, Agrawal montre comment des communautés forestières sont devenues parties prenantes de la conservation de la ressource forestière grâce au transfert de la gestion de la forêt de l'État à la communauté locale et à la création de « conseils forestiers » reposant sur la participation active des habitants. Même si l'auteur explique que tous les habitants de tous les villages forestiers ne sont pas devenus des sujets environnementaux, ceux qui le sont devenus le doivent en partie au bon fonctionnement du régime d'environnementalité incarné par l'État et les agences de conservation forestière. Il introduit à ce propos la notion de « gouvernement intime » (*intimate government*) pour caractériser le processus de gouvernance à distance mené par l'État par le biais de la création des conseils forestiers (Agrawal, 2005a, p. 178).

Stéphanie Rutherford, professeure assistante de géographie à l'université de Trent[13], publie en 2007 un article de synthèse intitulé

---

[12] http://www.snre.umich.edu/profile/arunagra, consulté le 14/06/2014.
[13] http://www.trentu.ca/ers/faculty.php#rutherford, consulté le 14/06/2014.

« Green governmentality: insights and opportunities in the study of nature's rule ». Elle montre quels sont les intérêts et les limites pour les géographes d'utiliser la notion d'éco-gouvernementalité. Elle explique comment l'éco-gouvernementalité construit les vérités au sujet de l'environnement et comment elles sont utilisées pour gouverner (Rutherford, 2007, p. 295). Selon elle, le régime d'éco-gouvernementalité actuel est mondialisé et se caractérise par la collusion entre les organisations internationales, les États et les ONG environnementales. Ce régime est connecté avec la pensée foucaldienne de trois manières : les analyses sur le pouvoir, la biopolitique et la formation des sujets (environnementaux). Son interprétation des analyses sur le pouvoir rejoint les constats de Luke sur l'*eco-knowledge* et insiste sur l'idée foucaldienne que les individus sont les véhicules du pouvoir et non son point d'application. Selon elle, la biopolitique s'intéressant à l'ensemble des êtres vivants devient une « écopolitique » qui implique alors que la science écologique « become fundamental to the production of regimes of governmentality that create the conditions of possibility to speak about nature as something in desperate need of governing by particularly located experts » (Rutherford, 2007, p. 298). Puis, sur la création des agents environnementaux, elle montre le rôle joué par les ONG environnementales – « many environmental organizations provide tips on how to be a better environmental citizen in manageable and easy steps, such as turning off lights, composting, fixing leaky faucets and using cloth bags for shopping » – tout en critiquant l'inconséquence des acteurs du « haut » pourtant partie prenante du régime d'éco-gouvernementalité. « The responsibility for the environment is shifted onto the population, and citizens are called to take up the mantle of saving the environment in attractively simplistic ways » (Rutherford, 2007, p. 299). Son article se termine par une critique de l'éco-gouvernementalité et appelle à une analyse plus fine des échelles et des divisions d'acteurs au sein du régime d'environnementalité et à une plus grande intégration de la notion d'espace qui est consubstantielle de celle de pouvoir.

Enfin, en 2010, Robert Fletcher, anthropologue à l'Université de la Paix au Costa Rica[14], fait progresser la notion d'environnementalité dans un article intitulé : « Neoliberal Environmentality : Towards a Poststructuralist Political Ecology of the Conservation Debate ». Il introduit la notion de conservation de la nature néolibérale[15], la met

---

[14] https://www.upeace.org/academic/faculty/resident/robert-fletcher, consulté le 14/06/2014.
[15] Basée sur 5 piliers : la création de marchés pour l'échange et la consommation des ressources naturelles, la privatisation du contrôle de ces ressources, la marchandisation

en regard de la notion de gouvernementalité néolibérale définie par (Foucault, 1978) pour introduire l'existence d'un « sous-dispositif » néolibéral d'environnementalité, dont les objectifs tiendraient en une financiarisation à outrance de la gestion de nature. Il montre que cette orientation du dispositif d'environnementalité est concomitante d'autres valeurs ou sous-dispositifs – largement inspirées par Foucault (tableau 2) – qui lui sont parfois reliées (Fletcher, 2010, p. 177).

Tableau 2 : **Différents aspects de la gouvernementalité**

Discipline	Governance through encouraging internalisation of norms and values
Sovereignty	Governance through top-down creation and enforcement of regulations
Neoliberalism	Governance through manipulation of external incentive structures
Truth	Governance in accordance with particular conception of the nature and order of the universe

Source : Fletcher, 2010

– L'environnementalité « disciplinaire » est très proche des préconisations d'Agrawal (2005a) et fonctionne comme une « logique qui consiste à faire internaliser des normes et des valeurs par les acteurs, au travers de l'éducation environnementale en particulier » (Arnauld de Sartre *et al.*, 2014, p. 38).

– L'environnementalité de « souveraineté » est de type *fortress conservation* (courant national-autoritaire proche de l'écologicalité), selon « une logique qui consiste à exercer la souveraineté dans un espace au travers du zonage » (Arnauld de Sartre *et al.*, 2014, p. 38).

– L'environnementalité de « vérité » reprend les arguments présentés par Luke (1995) et Rutherford (2007) sur la production des idéologies de protection de la nature par les ONG environnementales selon une « logique qui consiste à suivre des préconisations morales ou éthiques référées par rapport à une vérité » (Arnauld de Sartre *et al.*, 2014, p. 38).

---

de la nature, le retrait du contrôle étatique sur les marchés et la décentralisation de la gestion de la nature à des collectivités ou à des ONG (Fletcher, 2010, p. 172). Un article récent d'Adams *et al.* (2014) revient sur le contexte néolibéral d'extension des espaces naturels protégés : « This neoliberal market-based framing of biodiversity was tied closely to a new expansive intent in UK conservation. »

Fletcher conclut son article en proposant que les chercheurs se réclamant de la *political ecology* puissent concevoir et éventuellement faire appliquer une autre variante du dispositif d'environnementalité qui soit basé sur l'écologie de la libération (Peet & Watts, 1996) dont l'objectif serait de diminuer les inégalités socio-spatiales inhérentes à la conservation de la nature (néolibérale en particulier).

Il faut donc parler de régimes d'environnementalité au pluriel. Ils se déploient de manière distincte en fonction des types de valeurs des différentes orientations discutées plus haut (discipline, souveraineté, vérité, néolibéralisme, libération) et en fonction des échelles de circulation du pouvoir (*top-down* et *bottom-up*).

L'environnementalité me semble être au cœur du concept de front écologique. Je fais l'hypothèse que les différents régimes d'environnementalité participent à la production des fronts écologiques sous-tendus par telle ou telle valeur propre aux différents « sous-dispositifs » en jeu. Autrement dit, les fronts écologiques correspondent aux processus territoriaux initiés par les différents régimes d'environnementalité. Ceci vient confirmer la définition d'un front écologique comme l'association territoriale entre un pouvoir et une idéologie environnementaliste, qui serait l'application plus ou moins aboutie de vérités scientifiques. À la suite de Fletcher (2010), je pense que plusieurs régimes d'environnementalité peuvent coexister et s'opposer, au même titre que plusieurs fronts écologiques concomitants ne résultent pas forcément de la même logique. Une telle hypothèse permet de concevoir que les fronts écologiques peuvent être autant des créations *top-down*, initiées par les leaders des régimes d'environnementalité, comme les grandes ONG environnementales et les États, que des créations *bottom-up* façonnées par les sujet / agents environnementaux, comme telle communauté écologiste ou tel groupe autochtone. Se pose aussi la question de la puissance d'un régime d'environnementalité par rapport à d'autres formes de pouvoir concurrentes et donc implique une réflexion sur ses modes de conditionnement et de légitimation. Ceci confirme aussi qu'un front écologique – pour être accepté par la population riveraine – doit être en partie porté par celle-ci[16].

On peut réutiliser à profit la grille de lecture proposée par Fletcher (2010, p. 177) pour construire l'opérationnalité du concept de front écologique, en opérant des croisements possibles entre environnementalité

---

[16] Condition nécessaire mais non suffisante.

Une théorie des fronts écologiques

de vérité, de souveraineté, de discipline, néolibérale et de libération. Pour chacune de ces catégories se pose la question de la temporalité, des acteurs et des échelles. On constate qu'il existe aussi des rapprochements sémantiques à faire entre les termes de cette grille de lecture post-foucaldienne et les différentes notions présentées en début de chapitre. En effet, les différents types de fronts et de frontières présentés incarnent différentes formes de territorialités qui puisent leurs fondements dans ces idées de souveraineté, discipline, libération etc. Dans le front militaire et la frontière, on va retrouver les idées de souveraineté (territoriale)[17], de discipline (militaire/policière) et de libération (d'un territoire opprimé). Dans le front de combat percole l'idée de la vérité militante à imposer coûte que coûte. Enfin, dans le front pionnier s'organisent des idées autour de la souveraineté, de la discipline et du néolibéralisme.

Les notions de gouvernementalité et de territorialité sont, à mon avis, deux facettes complémentaires de la géographie politique actuelle. Leur croisement peut s'avérer fécond comme l'explique Rutherford (2007, p. 303) : « power is enacted somewhere – not just as metaphor but a spatial reality. Power works through institutions, governments, corporations and bodies that are material and particularly located ». Mais leur interrelation doit se construire pour pouvoir être intelligible et opérationnelle. Un autre élément clef de ce rapprochement à réaliser entre le monde foucaldien de la gouvernementalité et la géographie politique réside dans la question de l'échelle, comme le défend aussi Rutherford plus loin :

> A scalar analysis will also prove (and indeed has proven) to be particularly helpful in attenuating some of the difficulties with the governmentality littérature. Applying scale to notions of rule means that we can see the ways in which the body, the household, the region, the nation, and the globe are imbricated and mutually constituted by and through the operation of governmentality.

L'applicabilité de la notion d'environnementalité comme « fondement politique » du concept de front écologique implique de considérer la

---

[17] J'encourage la discussion autour de la critique d'Arthur Vuattoux sur la place du territoire dans la pensée de Foucault : « En effet, bien que la question du territoire comme processus d'organisation politique de l'espace semble se poser de façon essentielle dans la gouvernementalité moderne, elle paraît se réduire pour Foucault à une donnée naturelle, un objet privilégié de l'art du Prince (notamment dans le corpus machiavélien). Alors que le problème du Prince est de garantir la sûreté du territoire, celui du gouvernement est lié pour Foucault à la gestion des populations, et seulement secondairement au territoire, lequel n'apparaît plus comme un territoire politique (celui du souverain) mais comme une donnée naturelle. » (Vuattoux, 2011)

question de la temporalité de l'émergence de la notion d'environnement. En effet, parler de régime d'environnementalité pour le front écologique avant les années 1960 relèverait de l'anachronisme. Pourtant, lors de l'étape opérationnelle, je constate qu'il est parfois pertinent d'utiliser une partie du contenu de la notion d'environnementalité pour des périodes antérieures, on utilisera alors le terme de « proto-environnementalité ». Si les différentes formes d'environnementalité décrites par la littérature se retrouvent dans différentes générations de fronts écologiques, elles n'en constituent bien sûr pas le déterminant politique unique.

I.2.2. De l'écologicalité

Une autre notion, l'écologicalité (*ecologicality*), m'a semblé utile à mobiliser et à considérer pour caractériser ces périodes antérieures à l'émergence « officielle » de l'environnementalité. Encore peu développée dans la littérature, la définition qu'en donne ses précurseurs me semble pourtant féconde (DiStefano, 2008 ; Thomashow, 1995, 1997). Ils construisent l'écologicalité comme l'émergence d'une identité écologique nationaliste. Thomashow (1995, pp. 134-135) en fait une sous-catégorie de l'environnementalité : « the processes by which environmentalism, in all its various manifestations – the love of nature, wilderness adventure, ecological awareness, and so on – has helped discipline the modern national subject » et DiStefano (2008, p. 4) va plus loin en y ajoutant la question de l'appartenance et de l'usage de la terre :

> *I* extend his sense of land policy and concepts of land use as a discourse of subjectivity by highlighting a conversation occurring across disciplines so that I may trace the turn of the century roots of a politically articulated and federally endorsed eco-identity of the nation and the citizen. In doing so, my argument extends this idea of ecologicality to show how an environmentally-centered disciplining of national subjectivity incorporates more than the traditionally recognized categories of environmentalism.

L'écologicalité, ainsi définie, fait partie intégrante du projet sous-tendant certains fronts écologiques et apparaît tout à fait complémentaire de la notion d'environnementalité. Comment rendre alors opérationnel le concept de front écologique, théoriquement situé au croisement d'une géographie des fronts de conquête territoriale et d'une proposition sociopolitique sur l'environnementalité ?

II. Construction opérationnelle

Les fronts écologiques sont – en partie – déterminés par un ou plusieurs dispositifs d'environnementalité « pilotés » par des régimes d'acteurs différenciés. Spatialement, ils se diffusent à partie d'une tête de pont (*gateway*), qui peut être contiguë ou réticulaire au front en question, et produisent donc des territoires en partie liés et contrôlés par certains des acteurs du régime d'environnementalité. Les fronts écologiques induisent donc des périmètres territoriaux plus ou moins institutionnalisés en fonction des différents contextes rencontrés et évolutions réalisées.

II.1. Dynamiques spatio-temporelles d'un front écologique

Malgré les propositions de certains auteurs (Belaidi 2011, Héritier *et al.*, 2009) de distinguer le front écologique (comme concept général) de l'éco-front (processus spatial), il me semble difficile de séparer les contextes spatio-temporels et idéologiques d'énonciation des fronts écologiques de leur « construction » sur le terrain. Le schéma ci-dessous (figure 1) montre que tout front écologique est marqué par une étape dite de conception ou de préconisation, qui est à la fois consubstantielle du contexte d'énonciation et phase amont indispensable de toute mise en place sur le terrain. Pour distinguer le contexte du processus, j'utiliserai donc d'abord le terme de « génération » puis celui de « mise en place » d'un front écologique.

Figure 1 : *Les différentes étapes du front écologique*

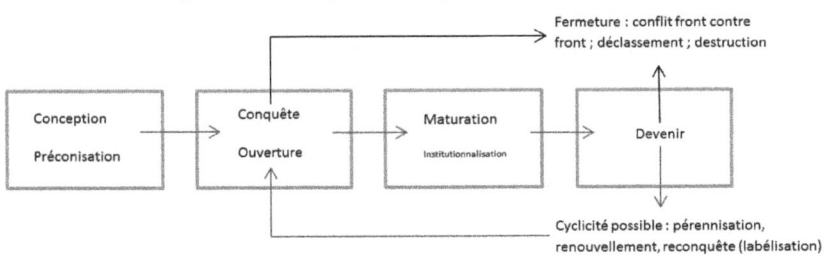

Source : Auteur

II.1.1. Un front écologique en quatre étapes

D'un point de vue spatio-temporel, le processus de front écologique est donc composé de quatre étapes parfois confondues : une phase de conception ou de préconisation, une phase de conquête ou d'ouverture du front, une phase de maturation et d'institutionnalisation, puis une phase de devenir.

La phase de conception ou de préconisation du front écologique est associée à un processus d'énonciation scientifique (apports de recherches sur la construction de la biodiversité comme objet scientifique) et politique (conventions et traités internationaux, réflexion stratégique d'un État). La conception s'arrime aussi à des stratégies sociales (volonté pour un groupe de s'organiser et de se mobiliser au nom de la nature) et économique (étude sur les retombées touristiques potentielles de la création d'une aire protégée). Cette phase permet en général de définir la spatialité du front écologique et de positionner les acteurs en présence. Il arrive que le front écologique en reste à cette phase et s'incarne uniquement comme une virtualité ou une potentialité. L'ensemble des jeux d'acteurs relatifs à cette phase de conception et de préconisation se cristallise au sein de lieux qui décrivent une géographie du contrôle (à distance) de la nature centrée dans les quartiers généraux des grandes ONG environnementales ou dans certaines administrations supranationales ou étatiques. Ce sont les « bases-arrière » des fronts écologiques. Le front écologique se pense toujours contre une situation antérieure jugée non satisfaisante. Les fronts écologiques et les logiques de conflits (environnementaux) sont donc consubstantiels. Le front écologique peut être générateur d'un conflit en induisant sur le terrain une logique du front contre front ou, au contraire, répondre à un conflit existant, parfois en l'envenimant, parfois en le solutionnant.

La phase de conquête ou d'ouverture du front correspond concrètement à l'appropriation pionnière de la nature sur le terrain par des éco-conquérants (encadré 2), pour en faire une aire protégée, un lieu de vie alternatif, une destination écotouristique etc. Le front écologique implique alors des processus de remplacement de logiques non soutenables par des logiques (pseudo-)écologistes. Cette phase d'ouverture permet la matérialisation sur le terrain du front écologique et répond ainsi à plusieurs intentionnalités distinctes de la part des éco-conquérants : idéal de protection, laboratoire scientifique, logiques de pouvoir, lutte contre une autre logique frontale (mine, barrage, agriculture etc.), occupation et appropriation liée à l'esthétique, accessibilité renouvelée sur des espaces marginalisés etc.

Une théorie des fronts écologiques

Encadré 2 : *Les éco-conquérants de la société monde (Guyot, 2011b)*

- Eco-tourists are the common tourists attracted by nature tourism.
- Hedonists seek pleasure through multiple uses of nature, either in a passive or active way.
- Eco-sportsmen enjoy practising outdoor sports (rock climbing, kayaking, hiking, alpinism, etc.) in beautiful landscapes or pristine environments.
- Eco-enthusiasts are the environmentalists venerating the 'all organic'. In a way, they are eco-fashion victims.
- Eco-religious and eco-prophetics associate a fascination with nature with divine revelation. They are the 'new syncretic animists'.
- Eco-businessmen profit from ecological appropriations.

Ces différentes intentionnalités produisent des matérialités distinctes de fronts écologiques entre des sanctuaires de nature, des réserves scientifiques, des espaces stratégiques, des espaces du post-conflit, des colonies écologistes etc. Ces différentes logiques sont associées à des systèmes d'acteurs bien particuliers, nourris par les rivalités, les alliances et les compromis (Guyot, 2006b). Ces systèmes d'acteurs se cristallisent au sein d'un lieu décisif (isolé ou réticulaire) : la tête de pont. Les têtes de pont se connectent en réseau avec les bases arrière et s'imposent comme des lieux stratégiques d'observation des jeux d'acteurs.

La phase de maturation du front écologique est en général une phase d'institutionnalisation où le caractère pionnier cède sa place à un processus normatif et à une volonté de légitimation auprès de tous les acteurs. Cette phase est souvent la mieux étudiée par la littérature sur les espaces naturels protégés.

Enfin, se pose la question du devenir du front écologique, et de sa possible cyclicité (Guyot, 2012b). Plusieurs dynamiques opposées peuvent se produire : soit un processus de fermeture lié à la concurrence exacerbée d'activités extractives ou d'un développement mortifère du secteur touristique (situation du parc national des Galápagos), soit une pérennisation du front écologique par le biais d'un processus de renouvellement (changement de statut, labélisation internationale) ou par la réaffirmation de nouvelles valeurs écologistes.

II.1.2. « Moments » et environnementalités des fronts écologiques

Je peux donc distinguer trois « moments » dans les fronts écologiques : « l'amont », « l'action » et « l'aval » qui regroupent chacun des systèmes d'acteurs et de valeurs différentes, en lien avec différents dispositifs d'environnementalité.

La phase amont distingue donc l'ensemble des processus de recherche et de mobilisation préalables à l'éventuelle ouverture d'un front écologique. Ce sont les scientifiques (naturalistes, etc.) et les militants (écologistes, etc.) qui sont au centre du système d'acteurs. Les uns produisent des connaissances scientifiques intangibles sur la richesse et le fonctionnement de certains milieux naturels et les autres participent au recensement de cette biodiversité, de manière souvent partielle et partiale (voir la thèse de Dunesme soutenue fin 2016 sur « La place de l'incertitude géographique dans la reconnaissance des espèces animales menacées – espaces, méthodes et acteurs »), et militent pour sa préservation. Ils construisent ensemble une valeur de vérité écologique, comme la « priorisation » (Milian & Rodary, 2010), qui servira de référence incontestée aux processus de (re)conquête territoriale réalisés au nom de la nature. Les militants sont parfois reliés aux scientifiques par une valeur de discipline qui induit une intériorisation peu critique des résultats publiés. Au sein de cette phase amont on trouve des associations locales, nationales (des trois pays concernés) et des ONG environnementales internationales, des scientifiques (recherches sur la connectivité, la biodiversité, les écorégions, etc.), les experts de l'UNESCO, du MEA, mais aussi des acteurs privés ayant une « vision écologiste ». Cette phase amont est une phase de préconisation qui ne sera pas forcément suivie des faits, mais qui induit une hiérarchisation spatiale des futurs fronts écologiques.

Le déclenchement de l'ouverture d'un front écologique – phase active – induit un processus de territorialisation, implique un système d'acteurs centré sur des grands organismes publics (internationaux, nationaux, régionaux) et privés (ONG, Fondations, etc.) ayant le pouvoir, le droit et les moyens de (re)conquérir un territoire au nom de la protection de la nature, et mobilisant des valeurs de souveraineté et de néolibéralisme. Dans le cas d'une ouverture d'un front écologique par le bas (autochtone par exemple), la valeur de libération est aussi mise en jeu. Plusieurs sous-processus de la génération globale sont souvent mobilisés pour donner de la consistance et de la légitimité au front écologique. Ainsi l'éco-tourisme apparaît très souvent comme un sous-processus presque permanent d'accompagnement et de légitimation de tous les processus. Des liens de plus en plus forts existent aussi entre les processus relevant d'acteurs publics (UNESCO, parcs transfrontaliers) et d'acteurs privés (BINGO, services écosystémiques, *Green Grabbing*, retour à la nature).

La cyclicité ou non d'un front écologique se résume dans sa capacité à se renouveler dans le temps et dans l'espace. Ce renouvellement s'effectue souvent grâce à l'irruption d'un « nouveau » sous-processus venant repositionner les enjeux écologiques et politiques et reconfigurer les systèmes d'acteurs, souvent sur la base d'une nouvelle définition de la valeur « vérité » (nouvelles échelles, spatialités, systèmes de gestion, etc.). Le changement de statut (parc national), de label (patrimoine mondial UNESCO), d'échelle (parc transfrontalier) et d'usage (services écosystémiques ou lieu de vie alternatif) permet au front écologique de s'inscrire dans des cycles de durabilité spatio-temporelle. Il arrive aussi qu'un front écologique se ferme faute de gestion appropriée ou de défense de son périmètre territorial (parcs de papiers, changement de nature du front, par exemple extractif), quitte à renaître quelques années plus tard.

Ces étapes se retrouvent de manière plus ou moins complète dans les différents projets et réalisations de fronts écologiques dans le monde. Certains projets très récents en sont à la première étape, d'autres font face à la question de leur pérennisation. Parfois, la dynamique interne à chaque front est peu lisible. C'est pourquoi, je me propose de resituer ces processus dans un temps long pour montrer quelles sont les différentes logiques générationnelles qui vont présider à chacune des étapes, afin de montrer dans le chapitre suivant (comparaison des fronts écologiques en Afrique du Sud, Chili et Argentine) l'articulation entre les étapes spatio-temporelles du front écologique et leurs logiques générationnelles.

II.2. Dynamiques générationnelles

Historiquement, les fronts écologiques émergent en même temps que les débuts de la protection de la nature, et évoluent selon trois générations (impériale, géopolitique et globale) qui, en se succédant dans le temps, tendent aussi à se chevaucher et à réémerger. Ce sont des étapes qui peuvent être aussi cumulatives par endroits, en particulier au sein des pays pionniers de la génération impériale.

Je propose d'abord d'analyser ce cadre spatio-temporel visant à différencier trois grandes générations de fronts écologiques, dont chacune se nourrit d'éléments importants de contextualisation historique, politique et territoriale. Chacune de ces générations est façonnée par un ou plusieurs régimes de proto-environnementalité ou d'environnementalité, et peut être cartographiée. Je discuterai ensuite des implications politiques des régimes d'environnementalité associés aux fronts écologiques.

Le tableau 3 permet de comprendre le schéma générationnel général et ses liens avec les grandes notions passées en revue dans la première partie.

Tableau 3 : Trois générations de fronts écologiques

Générations	Temporalité	Diffusion spatiale	Bases arrière (BA) & têtes de pont (TP)	Régimes d'environ-nementalité	Valeurs	Idéologies de la nature	Notions écologiques	Notions géographiques
Impériale	Depuis le siècle des Lumières ; Culmine entre 1850 et 1900	Territoires et colonies UK et USA	**BA** – Clubs d'explorateurs, sociétés de géographie, premières ONG (Londres, San Francisco) **TP** – Pietermaritzburg (AFS), Wellington (NZ) etc.	Proto-environnementalité, écologicalité, régimes impérialiste et colonialiste associés à une fraction de la société civile, construction nationale aux USA, Canada et Suède	Vérité, souveraineté	Romantisme Préservation (autochtoniste ou radicale) ; conservation (patrimoniale ou ressourcisme)	*Impérialisme écologique, processus spécifiques [acclimatation] Voir Crosby 2004*	*American frontier* Front militaire Front de combat
Géopolitique	Depuis le début du XXᵉ siècle : culmine entre 1930 et 1960	Extension au sein des territoires précédents et vers leurs périphéries ; États pionniers en Europe (Suède)	**BA** – Londres, Washington **TP** – en fonction des pays : Bariloche, Pretoria, etc.	Proto-environnementalité, écologicalité, régimes nationalistes associés à une militarisation de la conservation de la nature	Souveraineté, discipline	Conservation de la nature : forte diffusion du parc national	Enclave et biostasisme, climax. Mise sous cloche.	Front militaire, frontière, front pionnier, *green belts, buffer zones*

Une théorie des fronts écologiques

Générations	Temporalité	Diffusion spatiale	Bases arrière (BA) & têtes de pont (TP)	Régimes d'environ-nementalité	Valeurs	Idéologies de la nature	Notions écologiques	Notions géographiques
Globale	Depuis les années 1960 ; culmine à partir de 1992	Diffusion mondialisée	**BA** – Gland, Londres, Washington etc. **TP** – en fonction des pays.	Environnementalité mondialisée, importance de l'échelle glocale, ONG environnementales, experts, États, territoires décentralisés	Vérité, discipline, néolibéralisme, libération	Éco-politique, écologie profonde, Justice environnementale, patrimoine naturel, éco-marketing, etc.	Circulations, écotones, lutte contre les *alien plants*.	Front de combat, front pionnier, parc transfrontalier, réseaux environnementaux etc.

Source : Auteur

La première génération de front écologique est qualifiée « d'impériale ». Elle accorde une place déterminante à la valeur de vérité scientifique basée sur l'impérialisme écologique (Crosby, 2004).

D'un point de vue spatio-temporel, cette première génération fait référence aux premières grandes tentatives de protection de la nature rencontrées dès la fin du XIXe siècle aux États-Unis et au sein des empires coloniaux européens, dont l'empire colonial britannique en particulier. La seconde génération de front écologique est qualifiée de « géopolitique ». Elle concerne une vague de création d'espaces naturels protégés associés à un processus de sécurisation du territoire national [frontalier]. La troisième génération est qualifiée de « globale ». Elle englobe l'ensemble des initiatives de [re]conquête territoriale initiées au nom de la défense de l'environnement et de la biodiversité. Pour chacune des générations je vais justifier du choix de la catégorie et présenter le contexte d'ouverture du front.

Une théorie des fronts écologiques 41

Figure 2 : *Les espaces naturels protégés créés durant la génération impériale de fronts écologiques*[18]

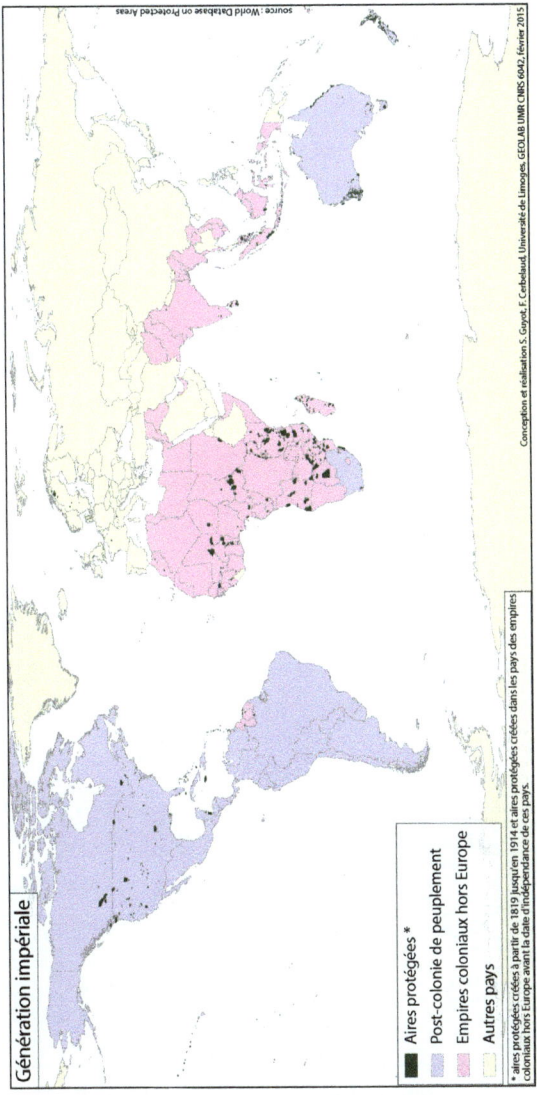

Source : Cerbelaud & Guyot, 2015

---

[18] L'utilisation du seuil chronologique de 1914 pour faire cette carte insère *de facto* plusieurs pays qui ne relèvent pas de la génération impériale *per se* mais dont les modes de colonisation territoriale interne liés à la progression des fronts écologiques peuvent s'apparenter aux logiques de la génération impériale.

Figure 3 : *Les espaces naturels protégés créés durant la génération géopolitique des fronts écologiques, entre la fin de la Première Guerre mondiale et 1960*

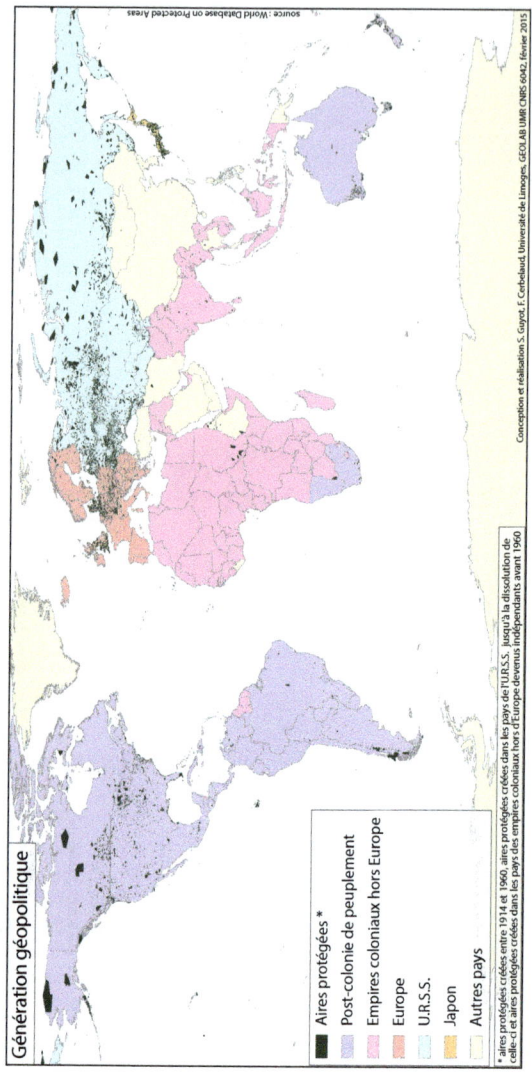

Source : Cerbelaud & Guyot, 2015

Légende : Le front écologique impérial naît dans les postcolonies de peuplement anglophones (USA, Canada, Australie, Nouvelle-Zélande) au nom de la protection d'un patrimoine paysager national, et se diffuse aussi en Afrique (Afrique du Sud, Zimbabwe, Kenya, Tanzanie, etc.), au nom de la protection d'une grande faune sauvage. La Suède fait figure de pays pionnier en Europe pour l'époque (voir figure 7).

Une théorie des fronts écologiques 43

Figure 4 : *Les espaces naturels protégés créés durant la génération globale des fronts écologiques*

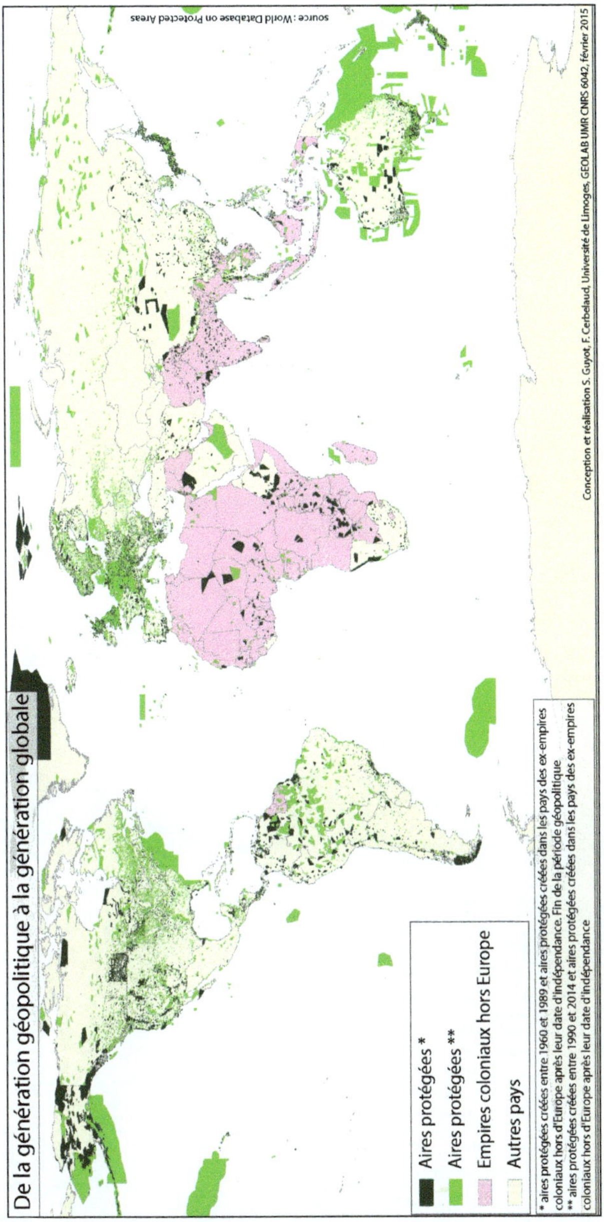

Source : Cerbelaud & Guyot, 2015

44 *La nature, l'autre frontière*

Figure (pages suivantes) 5 & 6 : *Global 200,* Hotspots *et aires protégées*

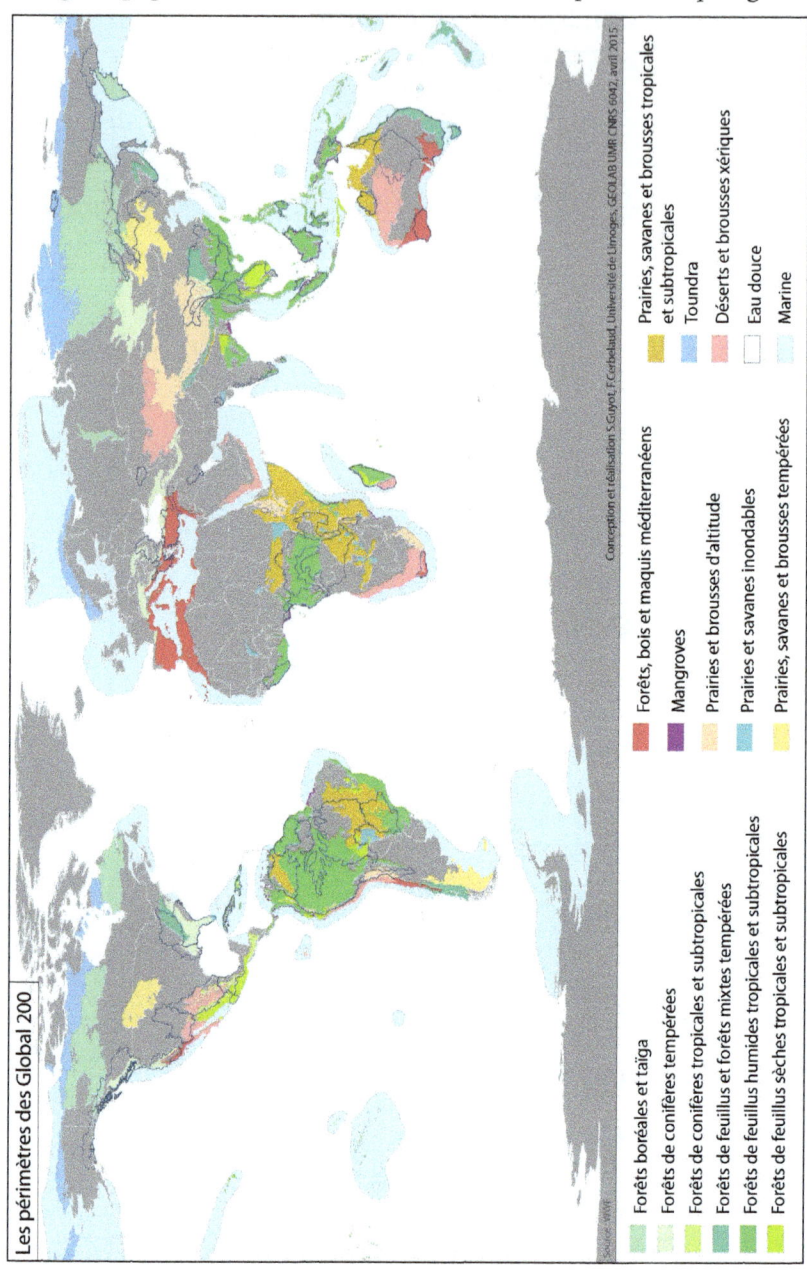

Source : Cerbelaud & Guyot, 2015

Une théorie des fronts écologiques 45

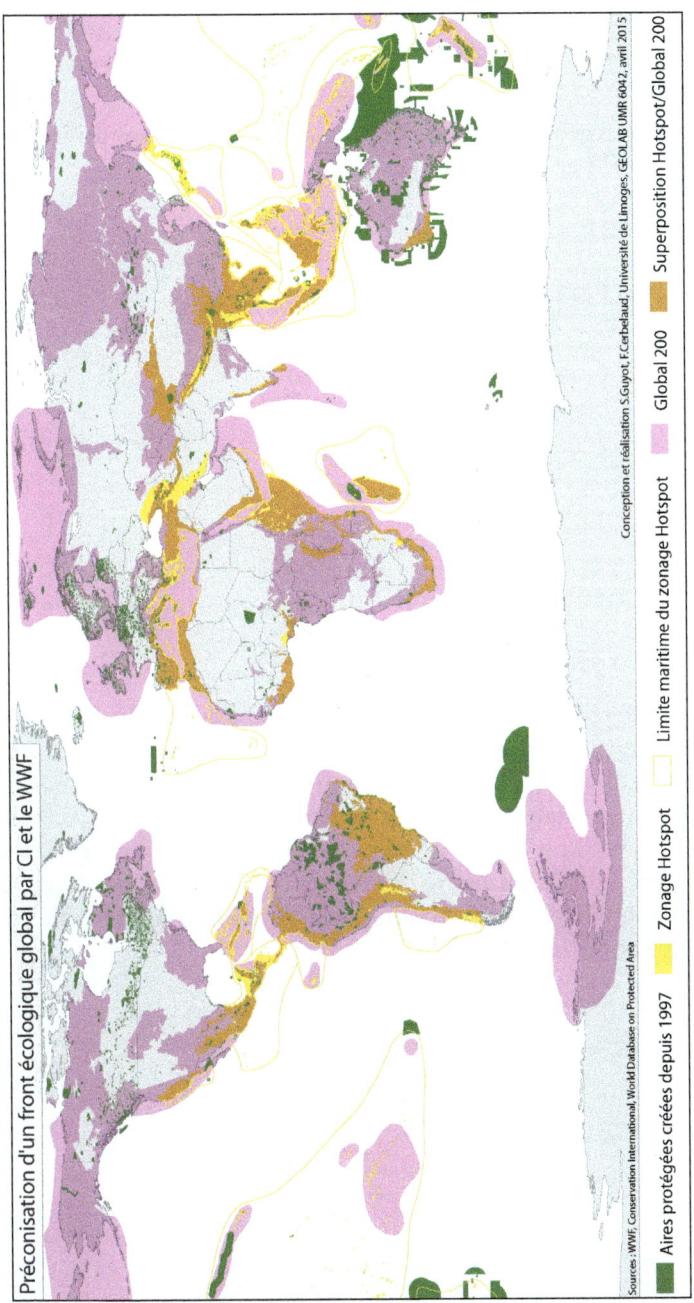

Source : Cerbelaud & Guyot, 2015

Lors de la réalisation des cartes relatives aux trois générations, un ensemble d'aires protégées n'étaient pas datées dans la base de données utilisée, en voici la carte.

Aires protégées non datées d'après la base de données utilisée dans cet ouvrage (WPA et Protected Planet)

II.2.1. La génération impériale

Deux livres fondamentaux regroupent l'ensemble des textes de référence sur les liens entre les colonies de peuplement (avec une importance donnée à l'Empire britannique) et les questions écologiques et environnementales : « Ecology & Empire », coordonné par (Griffiths & Robin, 1997) ; et « Environment & Empire », coordonné par (Beinart & Hughes, 2007). La figure 2 présente la spatialisation de ce front à l'échelle mondiale. Je vais revenir d'abord sur la question du contexte historique et territorial.

Une théorie des fronts écologiques

Figure 7 : *Les parcs nationaux pionniers*

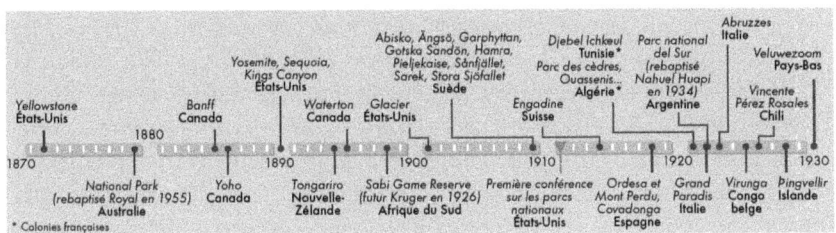

Source : Laslaz *et al.*, 2012

II.2.1.1. Le contexte historique et territorial

Encadré 3 : *Retour sur le tournant esthétique de la nature (Guyot, 2011a)*

> La période moderne, de la Renaissance aux Lumières, est une époque de grandes découvertes, d'émergences artistiques et littéraires exceptionnelles et d'une rationalisation de l'étude des différents éléments naturels. Cette transformation de regard sur la nature est le résultat de deux processus qui s'affirment pendant le siècle des Lumières.
>
> Le premier processus est d'ordre scientifique.
>
> Au XVIIIe siècle sous l'impulsion des encyclopédistes qui dressent l'inventaire scrupuleux de ce qui nous entoure, de grands voyages fondateurs permettent de s'ouvrir à d'autres formes de nature et à d'autres peuples – l'expédition de Bougainville entre 1766 et 1769 ou encore le travail accompli par le géographe allemand Alexandre Von Humboldt entre 1799 et 1804 – facilitant ainsi une avancée majeure sur la connaissance des différentes espèces animales et végétales, annonciatrice des travaux de Darwin (1809-1882). Le fait de mieux comprendre la nature, d'anticiper un certain nombre de ses réactions et de la modifier de plus en plus profondément va permettre une transformation du regard. La nature n'est plus subie et maudite mais devient l'objet d'une relation plus rationnelle, plus scientifique ouvrant la voie à une utilisation technique des ressources naturelles, à une maîtrise des aléas. De fait, la nature reste un monde dangereux, non plus relié dans les représentations à une ignorance peuplée de monstres cruels mais à un monde où les phénomènes naturels ont leur propre dynamique dont il faut savoir se prémunir. Ceci préfigure une vision anthropocentrique et pragmatique de l'utilisation de la nature (ressourcisme).

Le second processus est plutôt d'ordre esthétique et va coïncider avec le romantisme. Ce courant de pensée apparu au XVIIIe siècle est complémentaire de ces avancées scientifiques. En effet, la rationalisation permet donc de comprendre la nature et de mieux l'accepter. L'acceptation est un premier pas vers le sentiment puis vers l'exaltation. Une nouvelle forme d'attachement sentimental à la nature apparaît donc, nourrie d'esthétisme. On voit très bien cela dans une œuvre de Jean-Jacques Rousseau « Rêveries du promeneur solitaire ». Pour Rousseau, le bonheur de l'homme est lié à son ancien état de nature : c'est la définition du bon sauvage. Il regrette les progrès scientifiques et technologiques qui ont corrompu les hommes. Au final, il pense que le fossé grandissant entre nature et culture est néfaste à l'homme. C'est l'homme naturel qui est paré de toutes les vertus. Il explore ainsi une troisième voie, où l'homme non civilisé s'épanouit dans une nature bienveillante, préfigurant de fait une protection de la nature dont le gardien légitime serait un homme non perverti par la civilisation (préservationnisme autochtoniste), le tout inséré dans une dynamique spirituelle forte, principalement d'essence déiste. Rousseau est un précurseur du mouvement artistique romantique (en peinture, musique et littérature) qui s'épanouit au cœur de la révolution industrielle, au XIXe siècle. En effet les romantiques exaltent la nature et en font une source d'inspiration et de détente pour une élite urbaine et intellectuelle centrée sur l'individu. Cette nature devient alors un objet esthétique au service de la contemplation, du plaisir et du loisir de quelques initiés. La diffusion du romantisme dans le monde anglophone et les postcolonies de peuplement donne naissance aux mouvements de protection de la nature. En effet, le romantisme préfigure une protection de la nature exclusive, au service d'une révérence philosophique néo-malthusienne (préservationnisme radical), ou – le plus souvent – d'un projet territorial défini contre les autochtones (conservationnisme).

La montée en puissance du paradigme de protection de la nature au cours du XIXe siècle s'explique également par une prise de conscience des effets négatifs de la révolution industrielle et agricole. L'insalubrité des villes, la destruction de ressources naturelles importantes (comme la forêt américaine) ainsi que la dégradation des paysages ruraux en Angleterre confirme la théorie de Malthus (1766-1834) selon laquelle la démographie serait trop pesante sur les ressources. Le deuxième facteur concerne les empires coloniaux, où l'européanisation forcée des

> paysages (acclimatation) et l'appauvrissement de la faune sauvage par les chasses coloniale et autochtone commencent à être décriés. Enfin, le troisième facteur est lié à la montée en puissance du tourisme (les touring club) qui se positionne de manière paradoxale par rapport à la nature. Ainsi de manière concomitante, le tourisme se développe en harmonie avec la vision romantique de la nature en profitant des changements de représentations affectant surtout les espaces montagnards et littoraux, mais il participe aussi de la destruction de cette nature. Pourtant, une fois protégée, cette dernière devient une nouvelle ressource touristique, mais réservée à une élite.

L'adjectif « impérial » fait d'abord référence aux territoires de l'empire colonial britannique qui ont servi de catalyseurs à la protection de la nature tout au long du XIXe siècle. Au-delà, la génération impériale regroupe l'ensemble des grands empires coloniaux européens jusqu'à l'indépendance de leurs colonies (entre 1940 et 1970 environ) et l'ensemble des postcolonies de peuplement, telles que définis au début de ce chapitre (voir carte). La fascination pour la *wilderness* (nature sauvage) est très présente dans les représentations associées à la colonisation britannique, en particulier dans les grandes postcolonies de peuplement et en Afrique. Deux types de wilderness se dégagent, l'un lié à la faune sauvage (mis d'abord en place dans une logique d'encadrement de la chasse) et surtout présent au sein des empires coloniaux – modèle de la réserve de faune –, en Afrique ou en Asie, et un autre lié aux grands paysages emblématiques – modèle des premiers parcs nationaux – et surtout présent au sein des postcolonies de peuplement[19]. Les réserves forestières sont transversales à ces deux types de *wilderness*. La partie suivante reviendra sur l'articulation entre génération impériale, géopolitique et globale au sein des pays décolonisés des grands empires européens.

Je reviens maintenant sur les grands pays pionniers de la conservation de la nature que sont les postcolonies de peuplement. La mise en pratique de politiques de protection de la nature, en particulier à travers la figure emblématique du parc national, sera surtout du ressort des nouvelles élites bourgeoises appartenant aux nouvelles nations indépendantes, les États-Unis et le Canada en tête. Néanmoins, ces deux pays étant très

---

[19] Certains pays, comme l'Afrique du Sud (voir chapitre suivant) vont regrouper ces deux types. Ceci s'explique par son double statut de colonie britannique africaine et de colonie de peuplement.

vastes et seulement partiellement découverts et appropriés lors de leurs indépendances (1788 pour les États-Unis et 1867 pour le Canada), ils seront le théâtre de processus de colonisation interne, connus sous le nom de *frontiers*. C'est d'abord en relation avec le désastre écologique provoqué par l'ouverture de ces fronts « turnériens » que va grandir dans ces pays un sentiment naturaliste (Guyot, 2011b). Ce sont ensuite les États fédéraux qui vont officialiser la création des premiers grands parcs nationaux (Yellowstone aux États-Unis en 1876 et Banf et Yoho au Canada en 1885 et 1886) au service de la réconciliation nationale de pays qui se pensent comme des empires, et qui ont dû affronter la division interne (guerre de Sécession, conflits au Canada sur la question québécoise). Enfin, les premières expériences de conservation de la nature marquent aussi le triomphe territorial des Blancs sur une nature historiquement appropriée et utilisée par les groupes amérindiens. Les cas de l'Australie et de la Nouvelle-Zélande sont un peu différents dans le sens où la création des premiers parcs intervient avant l'indépendance (statut de dominion) de ces pays vis-à-vis de la couronne britannique : Royal National Park en 1879 et indépendance de l'Australie en 1901 ; Tongariro National Park en 1894 et indépendance de la Nouvelle-Zélande en 1907. Cette phase de création intervient dans un contexte historique d'affirmation du nationalisme, et de son incarnation à travers la valorisation du patrimoine naturel, ce qui est une préfiguration de l'écologicalité. En Afrique du Sud, autre grand pays pionnier de la conservation de la nature, la réserve naturelle de St Lucia est créée en 1895 et la réserve faunique de Sabi (futur parc Kruger) en 1898, mais il faut attendre 1926 pour officialiser la création du premier parc national sud-africain, le parc Kruger, scellant officiellement la réconciliation « nationale » entre Blancs anglophones et Afrikaners, seize ans après la création de l'État sud-africain (Giraut *et al.*, 2005). Spatialement, ces fronts écologiques « impériaux » regroupent l'ensemble des espaces naturels protégés cartographiés en vert foncé sur la figure 1. Le détail des parcs nationaux pionniers est visible dans la figure 7. En Europe, seule la Suède se détache au sein de cette première génération de fronts écologiques, avec la création du parc de Sarek et de huit autres parcs en 1909. Ceci s'explique par son processus de colonisation interne de la Laponie et de la nécessité de protéger une partie de ses ressources naturelles, en partie pour cause de ressourcisme (protection d'une ressource en vue d'une extraction différée, en général sur le temps long), en partie pour ancrer la nation dans une perspective naturaliste nordique renouvelée (Maraud & Guyot, 2016). Le rattachement de la Suède aux logiques des postcolonies de peuplement en lien avec la protection pionnière de la Laponie est défendu par plusieurs auteurs (Green, 2009 ; Mels, 1999).

Ces fronts écologiques « impériaux » permettent initialement à des territoires anciennement contenus dans le grand empire colonial britannique (à l'exception de la Suède) de s'affirmer en tant que nouvelles nations. Ils sont associés à des régimes de proto-environnementalité voire d'écologicalité regroupant des penseurs (auteurs), des scientifiques (naturalistes), des gestionnaires de la nature (forestiers), les premières associations de défense de la nature et des hommes politiques (création des parcs naturels nord-américains, australiens, néo-zélandais, sud-africains).

Cette première logique de création ne s'arrête pas avec la fin de l'empire colonial britannique. On peut lui attribuer la politique de création d'espaces naturels protégés au sein de l'empire colonial français (avec la création dès 1921 de parcs en Algérie et en Tunisie) ou belge (réserves de faune du roi Léopold II), ou encore certaines logiques impérialistes de protection de la nature contenue dans la troisième génération de fronts écologiques dite « globale ». En effet, si les générations se succèdent, elles ne s'annulent pas pour autant et font souvent l'objet de combinaisons entre elles. Cette première génération de fronts écologiques se nourrit d'un ensemble d'avancées scientifiques, littéraires et artistiques, reliées au naturalisme et au romantisme.

II.2.1.2. La genèse d'un régime de proto-environnementalité

Les pionniers du romantisme américain font émerger un préservationnisme autochtoniste bio-centré qui sera très vite critiqué par des scientifiques et des hommes politiques états-uniens influents. Figure pionnière du préservationnisme autochtoniste déiste, Ralph Waldo Emerson (1803-1882) publie son premier livre « Nature » en septembre 1836. Selon lui, la nature conduit l'homme vers Dieu. Il pose les bases du transcendantalisme proche de l'idéalisme allemand de Kant fortement influencé par les philosophies orientales et grecques (Yvard-Djahansouz, 2009). Il se base sur des utopies comme la communion avec la nature, le végétarisme ou encore le pacifisme. Henry Thoreau (1817-1862) est son principal disciple. Son livre le plus représentatif est *Walden* qui pose une réflexion pour une vie simple dans les bois loin des affres de la technologie. Auteurs engagés, ils ont une vision très positive des populations autochtones, considérées plutôt comme des « naturels », qui se devaient donc d'être protégées, au même titre que la nature dont ils faisaient partie. Ils ont donc vivement dénoncé les massacres perpétrés sur les tribus indiennes. Le sociologue Redclift, dans son ouvrage de référence intitulé *Frontiers, histories of civil societies and nature* (2006), justifie d'ailleurs pleinement – à travers une analyse de la pensée et des actions de Thoreau – le lien historique et théorique à opérer entre l'ouverture de la *frontier* américaine, destructrice, et la naissance synchrone d'un front écologique protecteur.

> Thoreau's admiration for nature is matched by his own resource-fullness and pride in what he can do. These values have passed into the cultural cortex of societies founded upon a frontier myth and celebrated for generations by the descendants of immigrants. Much of the impulse behind environmentalism today can be attributed to this vision, and to its re-awakening in every new generation. Thoreau's pond was not a geographical frontier, and it lay close to a frontier of the mind, a metaphor for the human condition in its most elemental form, which continues to resonate today. (Redclift, 2006, p. 4)

La *frontier of the mind* de Thoreau va participer à la création d'une « vérité préservationniste » en matière écologiste[20]. Cette vérité va participer à l'émergence d'une proto-environnementalité, d'abord aux États-Unis, puis dans le monde (Fletcher, 2010, p. 177). Cependant, au cœur du XIXe siècle, la pensée de Thoreau ou d'Emerson sera loin de faire l'unanimité. Des débats conflictuels vont agiter les États-Unis sur la manière d'appliquer la protection de la *wilderness* : rejet ou non de la dimension territoriale, économique, acceptation ou non de la dimension autochtone ? La nature doit-elle être pensée selon un paradigme préservationniste ? Autrement dit, doit-elle être sanctuarisée, c'est-à-dire non fréquentée et non aménagée par l'Homme, pour ne garder que des liens de révérence à distance, matérialisés par des expressions artistiques, culturelles, religieuses ou philosophiques ? Ou bien, la nature doit-elle être pensée par un paradigme conservationniste ? Autrement dit, doit-elle être protégée et aménagée par l'Homme, au nom d'un projet politique pour contrôler et réguler la distribution des espèces, permettre l'observation touristique et la pratique d'activités récréatives de nature, ou même servir de réserve foncière ressourciste ?

Un romantisme développementaliste et exclusif l'emporte à l'échelle fédérale et étatique avec Gifford Pinchot (1865-1946) qui fait émerger le

---

[20] Cette « *frontier of the mind* » est encore aujourd'hui mobilisée comme une référence importante du corpus militant international.

conservationnisme puis, par ricochet, la politique des forêts nationales. En parallèle, à l'échelle de la société civile, c'est un romantisme élitiste et anti-autochtone qui va s'enraciner au cœur des représentations individuelles états-uniennes avec John Muir (1838-1914) en fondant le préservationnisme radical. Les parcs nationaux américains vont représenter une sorte de synthèse pragmatique des deux courants. Les Américains ont d'ailleurs une formule intéressante pour résumer ces différences de conceptions :

> The conservationists focused on the proper use of nature, whereas the preservationists sought the protection of nature from use. Put another way, conservation sought to regulate human use while preservation sought to eliminate human impact altogether. (Akamani, 2006)

Le régime de proto-environnementalité états-unien remonte ainsi au dernier quart du XIXe siècle. Sa construction s'incarne dans l'ensemble des débats et des négociations qui ont agité les milieux naturalistes (philosophes, artistes, militants, scientifiques) et les milieux politiques (fédéraux et étatiques). Yvard-Djahansouz, dans son ouvrage *Histoire du mouvement écologique américain* (2010), présente de manière détaillée l'ensemble de ces débats (p. 52 à 61). On peut retenir que le régime de proto-environnementalité aux États-Unis s'est construit autour de la politique d'affectation et de gestion des terres fédérales (très nombreuses dans l'ouest des États-Unis à l'inclusion des périmètres autochtones) et sur la base du conflit entre conservationnistes et préservationnistes, qui a conduit à la création d'une ONG comme le Sierra Club [par Muir en 1892]. Les enjeux de contrôle foncier et de domination culturelle étaient trop grands pour que les autochtones deviennent des sujets environnementaux reconnus au sein de ce régime de proto-environnementalité. En revanche, ce sont les WASP qui ont été définis comme sujets environnementaux prioritaires, au service de la construction d'une nature nationale ethnocentrée. Ce régime de quasi écologicalité pose directement la question de la « souveraineté » ethnique et territoriale en matière de protection de la nature.

II.2.2. La génération géopolitique

La génération géopolitique[21] (figure 3) s'inscrit dans le prolongement du contexte décrit pour la génération impériale. Les principaux objectifs de cette génération reposent sur l'instrumentalisation nationaliste de

---

[21] L'utilisation géopolitique de la nature remonte à la période romaine (Dion, 1947).

nouveaux territoires de nature à des fins de sécurisation défensive, de contrôle stratégique et de construction identitaire, culturelle et/ou scientifique. L'espace naturel protégé peut alors se transformer en une extension de la frontière d'État, en annexe [para]-militaire et/ou en sanctuaire d'une construction nationaliste. Ces différents objectifs induisent des agencements territoriaux différents[22] en fonction des contextes géographiques :

Les grandes postcolonies de peuplement (ayant – ou non – connu la génération impériale) comme dans les Amériques, l'Afrique du Sud, l'Australie ou la Nouvelle-Zélande vont produire des fronts écologiques pour sécuriser et contrôler leurs vastes étendues territoriales (Alaska, grand nord canadien, zones frontalières d'Amérique Latine, Patagonie andine, zones frontalières internes et externes sud-africaines[23], tout en essayant d'en soustraire certains groupes autochtones (Depraz & Héritier, 2012 ; Héritier & Laslaz, 2008) ou de les assimiler dans la fabrique nationale. Les dispositifs d'environnementalité mobilisés dans ces pays sont essentiellement basés sur des valeurs de souveraineté.

En Europe, la situation est plus complexe car les logiques géopolitiques ne recouvrent pas l'ensemble des logiques de créations d'espaces naturels protégés entre la fin de la Première Guerre mondiale et les années 1960. Certains pays apparaissent plus emblématiques que d'autres : Pologne, Tchécoslovaquie (Slovaquie) et Yougoslavie (Slovénie) (Gauchon, 2008) pour la sécurisation territoriale et le contrôle frontalier et l'Allemagne ou la Hongrie pour le symbole culturel et identitaire (Depraz, 2005a, 2005b, 2007, 2008). Les dispositifs d'environnementalité mobilisés dans ces pays sont essentiellement basés sur des valeurs de vérité et de souveraineté.

Le cas particulier de l'URSS – comme exemple plus ou moins avorté de sanctuarisation scientifique (Cole, 2008 ; Josephson *et al.*, 2013 ; Stahl, 1985 ; Weiner, 1988) – et du Japon comme symbole nationaliste apparaissent comme des cas à part. Les dispositifs d'environnementalité mobilisés apparaissent alors beaucoup plus variés.

Dans le reste du monde, bon nombre de pays nouvellement indépendants vont utiliser la protection de la nature au service des nouveaux

---

[22] Un tour du monde détaillé de la génération géopolitique des fronts écologiques est proposé dans le mémoire d'habilitation à diriger des recherches à télécharger gratuitement en ligne.
[23] Voir chapitre suivant la comparaison entre Afrique du Sud, Chili et Argentine.

Une théorie des fronts écologiques

États, ce qui va impliquer un large débordement chronologique de la génération géopolitique au-delà des années 1960. Pour le cas particulier Israélien, le parc national de Zippori est représentatif d'un front écologique géopolitique tardif[24] (années 1960). Il est érigé en symbole de l'identité nationale israélienne tout en étant aussi représentatif de multiples récits faisant référence à la diversité régionale culturelle et religieuse : juive, chrétienne, palestinienne, etc. (Alon-Mozes & Maya, 2015).

II.2.3. La génération globale

La génération globale (figure 4) peut se définir en premier lieu par la prégnance des nouveaux acteurs globaux de la conservation de nature dans les processus de conception et de mise en place des fronts écologiques. ONG (IUCN, WWF, CI, etc.) ou OIG (UNEP, UNESCO, etc.), ces acteurs globaux vont devenir dominants dans la structuration territoriale et politique des processus de protection de la nature à partir des années 1960.

Réticulaire et multiscalaire, cette génération de fronts écologiques induit une conquête territoriale « au nom de la nature » exponentielle si on en croît l'explosion de la superficie des nouveaux espaces protégés créés après 1960 (figure 8). Entre 1960 et 1990, comme l'ont montré les exemples précédents – ainsi que les exemples à venir de l'Afrique du Sud, de l'Argentine et du Chili, de nombreuses formes d'hybridation existent entre génération géopolitique et globale, ce qui vient valider l'idée que ces générations ne sont pas des catégories figées.

---

[24] « Israel's national parks were first established in the mid-1950s. In 1956, Teddy Kollek, director-general of the Prime Minister's office and later mayor of Jerusalem, established a committee comprising former military officers and archeologists whose objective was to promote local and international tourism within the young state of Israel. Drawing on their military and academic expertise, committee members aspired to establish a network of parks and tourist attractions primarily in restored archeological sites, including the construction of swimming facilities. Thus, thirteen national parks were founded prior to the passing of a law for the establishment of two regulatory authorities – The Nature Reserve Authority and the National Park Authority – in 1963. » (Alon-Mozes & Maya, 2015, p. 5)

Figure 8 : *le tournant quantitatif de la protection*

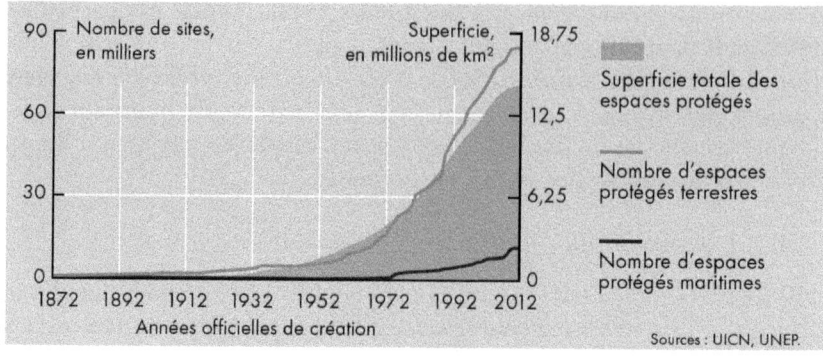

Source : Laslaz, Guyot *et al.*, 2012

La phase 1 (1960-1989) de la génération globale de fronts écologiques est marquée par une ubiquité généralisée et mondialisée des créations d'espaces naturels protégés, avec un renforcement des périmètres dans les pays appartenant aux deux générations précédentes (Alaska, Canada, Amérique latine), création de la « banane verte » de l'Éthiopie à l'Afrique du Sud, généralisation de la protection en Australie, Nouvelle-Zélande et Scandinavie (Groenland, Spitzberg), émergence de l'Europe et de certains pays d'Asie (Inde, Chine, etc.) et en URSS.

La phase 2 (1990-2014) de la génération globale de fronts écologiques est marquée par un renforcement de la protection dans certains pays (Brésil, Australie, Canada, certains pays d'Europe scandinave et occidentale) ce qui montre la plus grande réceptivité de ces pays aux dispositifs d'environnementalités. Au contraire, on note un certain arrêt de la protection aux États-Unis, en raison de la moins grande priorité donnée à la nature dans les politiques nationales, et dans la plupart des pays d'Afrique, en raison des crises des ajustements structurels (à l'exception du Gabon, de l'Égypte ou de l'Afrique du Sud).

Les superficies protégées de la plupart des pays du monde croissent de manière exponentielle à partir du début des années 1970, en particulier en Europe, en Asie et en Amazonie et Papouasie-Nouvelle Guinée. Ce processus « chapeau » est réalisé par des agences de conservation de la nature nationales mais aussi provinciales ou régionales, et respecte les préconisations sur les espèces et les espaces prioritaires à conserver édictées par les grandes ONG internationales. Le système de classification normalisé retenu est celui de l'IUCN. Dans ces nouveaux espaces protégés tentent de se mettre en pratique de nouveaux principes de conservation de la nature « pour et par les populations », remplaçant la « conservation contre les populations » (Rodary & Castellanet, 2003).

Cette troisième génération de fronts écologiques naît d'une critique des effets délétères produits par les deux premières, que ce soit la mise sous cloche de la nature et l'appauvrissement paradoxal de la biodiversité, le contrôle nationaliste et militaire des espaces naturels protégés, l'exclusion des populations locales et autochtones, l'insuffisance quantitative et qualitative de la protection dans le monde et l'absence de vision globale des enjeux. Pourtant, cette génération ne remplace pas systématiquement les logiques passées mais tend parfois à les combiner ou à les travestir au sein de nouveaux agencements multiscalaires.

Figure 9 : *les sites RAMSAR protégés dans le monde*

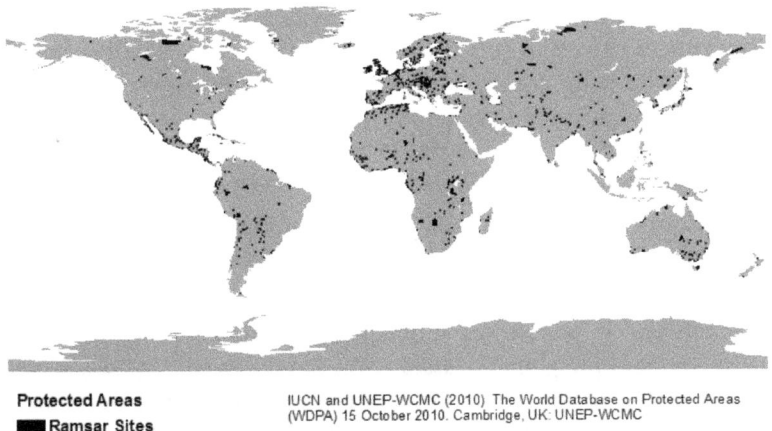

Source : UNEP, trouvé sur http://s3.amazonaws.com/biodiversityatoz/production/map_images/30/original.png?1287668632, consulté le 04/02/2015

Cette dernière génération de fronts écologique apparaît donc au tournant des années 1960-1990. Elle est bien représentée par la montée en puissance de grosses ONG environnementales comme l'Union internationale pour la conservation de la nature ou le WWF, ou par la mise en place de grands traités, comme les accords RAMSAR de 1971 sur les zones humides[25] (figure 9), ou la convention pour la diversité

---

[25] http://www.ramsar.org/, consulté le 04/02/2015.

biologique[26] à Rio en 1992, qui s'appuient sur les héritages des deux générations précédentes pour préconiser une mise en réseau mondialisée des enjeux de protection de la biodiversité (terme créé en 1988), terme qui remplace celui de nature pour la qualifier et la quantifier. Elle s'appuie aussi sur l'émergence de multiples courants de militantisme environnemental, comme la biologie de la conservation, qui se ramifient au niveau des individus. En apparence moins politique et plus technique (voire technocratique) que les précédentes, cette génération semble plus en phase avec les problèmes environnementaux globaux et avec les dynamiques socio-économiques en proposant une diversité de réponses, des plus consensuelles aux plus radicales (Swyngedouw, 2010). Cette génération est associée au triomphe consensuel du discours écologiste sur le nécessaire « sauvetage » de la planète. La génération globale de fronts écologiques peut être associée à une nouvelle épistémè[27], la modernisation écologique. Cette dernière se définit comme la contemporanéité entre l'émergence d'une sensibilité environnementale, la crainte de l'épuisement des ressources naturelles et la volonté de résoudre les crises liées aux biens naturels. Si les deux générations précédentes de fronts écologiques sont directement associées à des formes de modernité « classique » tendant à opposer l'homme et la nature, la génération globale participe d'une réflexion renouvelée sur les rapports entre l'environnement et la société.

Quels sont les différents sous-processus contenus dans cette troisième génération ? Comment les interpréter au regard des différents dispositifs d'environnementalité ?

Le tableau 4, précise les différents grands sous-processus internes au front écologique global, classés selon leur caractère *top-down* (ONG internationales, organisations internationales, États, etc.) ou *bottom-up* (habitants, sociétés civiles locales, etc.) dominant d'émergence, puis par ordre général d'apparition. Ces sous-processus tendent à produire de nouveaux fronts écologiques, se soldant parfois – ou pas – par la création de nouveaux espaces naturels protégés.

---

[26] http://www.cbd.int/, consulté le 20/12/2014. Décisions prises en relation avec la création et la gestion des espaces naturels protégés, voir http://www.cbd.int/protected/decisions/default.shtml, consulté le 20/12/2014.

[27] « L'épistémè est le cadre dans lequel des énoncés peuvent être tenus pour vrai par l'ensemble des acteurs participant à définir la pensée et la politique d'une époque : scientifiques, mais aussi politiques, élites diverses » (Arnauld de Sartre *et al.*, 2014, p. 33).

Une théorie des fronts écologiques

Tableau 4 : les différents sous-processus de fronts écologiques de la génération globale

Sous-processus	Temporalité	Régimes d'environ-nementalité	Valeurs	Sujets environnementaux	Spatialités	Enjeux
TOP-DOWN						
[1] Front écologique UNESCO	UNESCO Patrimoine mondial naturel de l'humanité : 1972 UNESCO, réserves de biosphère : 1976 Paysage culturel de l'humanité : 1992	Organisations internationales (UNESCO), experts, États, territoires décentralisés	Vérité, souveraineté	Société civile nationale et communautés locales à travers les programmes de participation	Ensemble des pays de la planète	Création du paysage culturel pour éviter la césure nature/culture et reconnaître l'empreinte civilisationnelle sur le façonnement des paysages
[2] Fronts écologiques transfrontaliers	USA/Can. (1932), Amérique Centrale (1979), Afrique Australe (1997)	ONG, Organisations régionales, États	Souveraineté, néolibéralisme, libération	Société civile des pays concernés et communautés locales à travers les programmes de participation	Pays ou territoires ayant participé à la seconde génération de fronts écologiques	Permettre la connectivité écologique des espèces et favoriser le tourisme de nature transfrontalier. Problèmes de souveraineté et de gestion frontalière.
[3] Préconisation des fronts écologiques par la priorisation (BINGO)	*Hotspots* : définition 1988, application 1989 WWF Global 2000 : 1997	BINGO[28], organisations internationales, experts, associations écologistes, États etc.	Vérité, discipline	Société civile internationale et communautés locales à travers les programmes d'éducation à l'environnement	Croisement espèces et espaces : écorégions, points chauds etc.	Démarche internationale de protection des zones de forte biodiversité et d'endémisme
[4] Services écosystémiques[29]	Évaluation des écosystèmes pour le millénaire (MEA) : 2005	Organisations internationales (UNEP, UNDP), BINGO, ONG, États, territoires décentralisés	Vérité, néolibéralisme	Utilisateurs et bénéficiaires des services écosystémiques	Ensemble de la planète	Problèmes posés par l'évaluation monétaire et la question du multi-usage des ressources

---

[28] Désigne les « Business-friendly international NGO » or « Big international NGO ».
[29] Les services écosystémiques peuvent servir de justification à l'ouverture de nouveaux fronts écologiques. Ils peuvent aussi parfois justifier l'amorçage de fronts, voir chapitre 2.

Sous-processus	Temporalité	Régimes d'environ-nementalité	Valeurs	Sujets environnementaux	Spatialités	Enjeux
[5] Les fronts du *green grabbing* ou fronts écologiques privés ?	Début du XXIe siècle	Organisations internationales, réseaux économiques, propriétaires terriens	Vérité, néolibéralisme	Entrepreneurs, ONG, propriétaires terriens	Ensemble de la planète	Accaparement foncier à des fins conservationnistes
BOTTOM-UP						
[6] Éco-tourisme	Développement des activités et du tourisme de nature : années 1960	Médias, BINGO, associations locales	Vérité, néolibéralisme	Création d'une société monde *ecologically aware*	Amériques, Europe, Océanie	Consommation du front écologique, et les contradictions que cela pose
[7] Fronts écologiques de retour à la nature	Militantisme occidental : années 1960,	Associations locales et groupements citoyens	Vérité, libération	Rétroaction positive de la part des nouveaux sujets environnementaux de 3e génération (fusion régime-sujets)	Amérique du Nord et du Sud, Europe, Russie, Océanie, essentiellement	Permettre la création de fronts écologiques induits par la base et à forte dimension culturaliste
[8] Fronts écologiques autochtones	Retour du mythe de l'indien écologique : années 1980	communautés autochtones, territoires décentralisés et ONG	libération		Amériques (Amazonie), Afrique, Océanie, Asie	

Source : Auteur

II.2.3.1. Les sous-processus globaux top-down

Les processus *top-down* de la génération globale de fronts écologiques produisent des nouveaux espaces de nature protégée, de manière virtuelle (préconisation) ou réelle (territorialisation), selon des mécanismes fortement réticulaires et mondialisés. J'ai cherché ici à les différencier en cinq sous-processus, pour plus de clarté dans l'analyse, et afin d'y déceler des évolutions, à la fois chronologiques et idéologiques : le front écologique UNESCO avec la patrimonialisation de la nature, le front des BINGO, la connectivité écologique transfrontalière, les services écosystémiques et le *green grabbing* ou la privatisation du front écologique. En réalité ces cinq sous-processus sont intimement reliés dans le temps et dans l'espace, et s'emboîtent ou se recoupent même parfois de manière multiscalaire. En effet, ces cinq sous-processus recouvrent différentes stratégies de territorialisation réticulaire au nom de la protection de la biodiversité et recoupent différentes sous-époques et différents modes. Il est intéressant de constater comment ont évolué les valeurs mises en œuvre par les dispositifs d'environnementalité au sein de ces cinq sous-processus, en particulier le remplacement de la valeur de souveraineté par celle de néolibéralisme.

Une théorie des fronts écologiques

[Sous-processus 1] Le front écologique UNESCO

Figures 10 & 11 *(et page suivante) : Réserves de biosphère UNESCO et patrimoines mondiaux et espaces naturels protégés dans le monde*

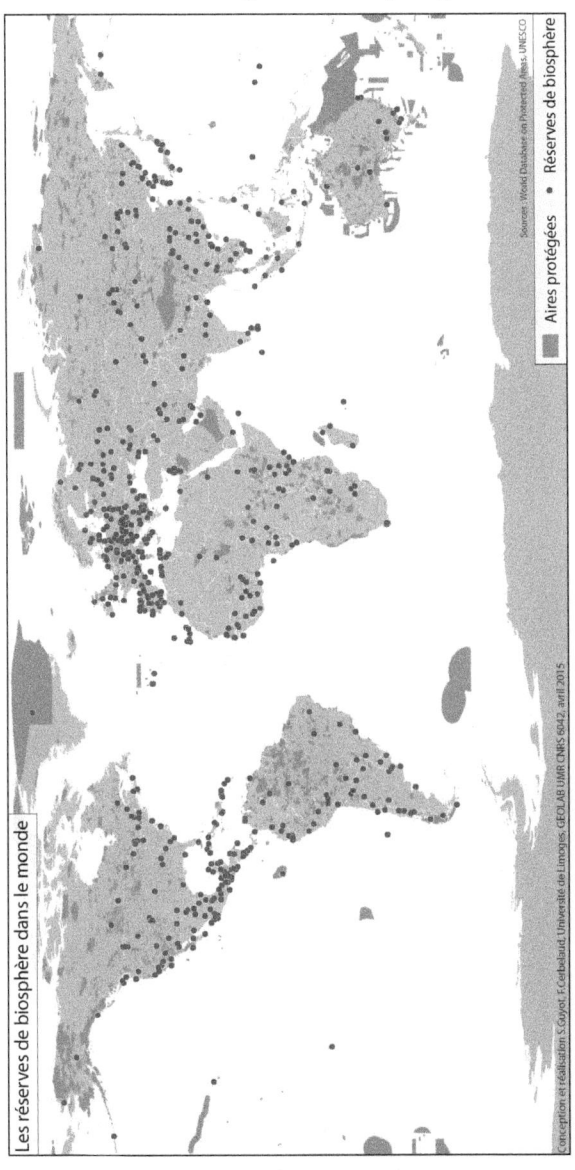

Source : Cerbelaud & Guyot, 2015

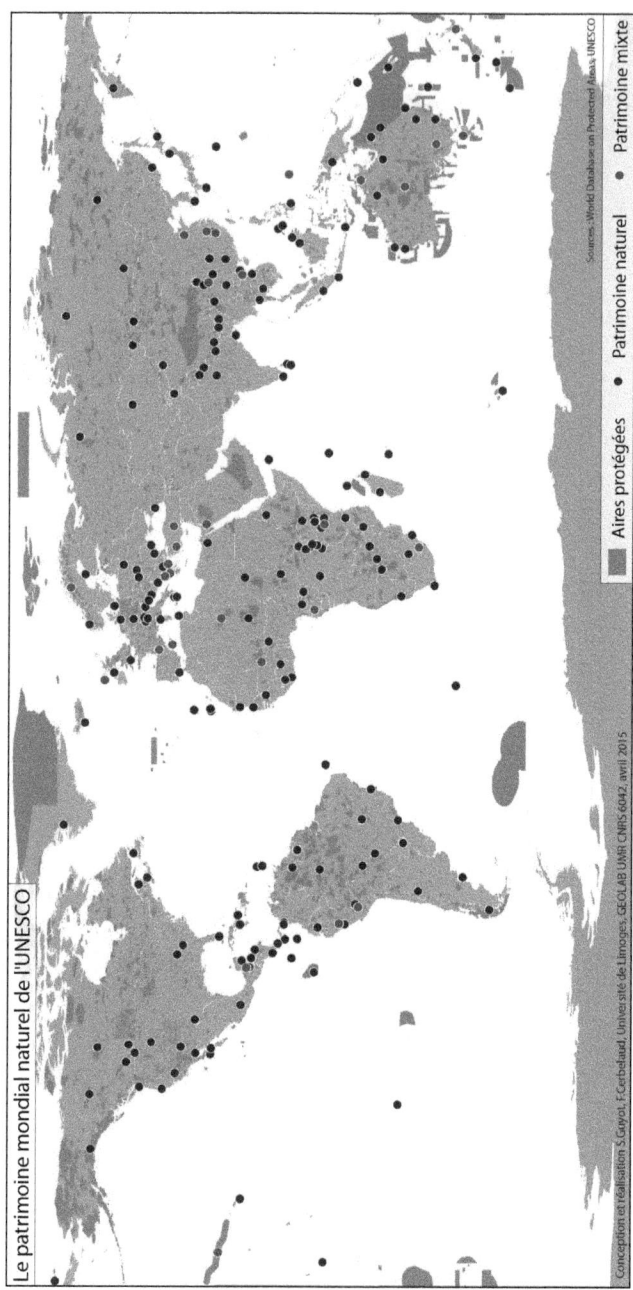

Source : Cerbelaud & Guyot, 2015

L'UNESCO, organisation internationale d'importance, se met à intervenir dès le début des années 1970 (programme Man and Biosphere : figure 10) pour associer les dynamiques de protection de la nature à la reconnaissance d'un patrimoine naturel mondialisé et à la participation des populations riveraines. Deux projets majeurs de fronts écologiques sont alors portés par l'UNESCO, les réserves de biosphère (pensées en 1971 lancées en 1976 et « améliorées » en 1995 (Price, 1996), et les patrimoines mondiaux naturels de l'humanité en 1972 complétés en 1992 par le lancement des paysages culturels. Si les réserves de biosphère (voir figure 10) sont caractéristiques de fronts écologiques *ex nihilo* basés sur l'adéquation spatiale entre une zone de cœur « sanctuarisée », une zone tampon et une zone de transition, les patrimoines mondiaux (naturels et paysages culturels, voir carte en ligne http://whc.unesco.org/fr/list/) correspondent souvent à un processus de re-labélisation d'espaces naturels protégés ou de paysages remarquables déjà existants. Il s'agit donc d'une forme de reconquête écologique, à une autre échelle, d'espaces protégés nécessitant parfois cette reconnaissance internationale pour être pérennisés ou bien servir comme vecteurs de stratégies touristiques. Elle permet d'insérer la notion de patrimoine au cœur des enjeux de conquête territoriale au nom de la nature (Benhamou, 2010 ; Cormier-Salem & Boutrais, 2005 ; Marcotte & Bourdeau, 2010). Le statut de « paysage culturel de l'humanité » permet d'associer les dimensions naturelles et culturelles au service de la protection d'espaces et de populations qui n'étaient alors ni éligibles au patrimoine culturel, ni éligibles au patrimoine naturel.

Le patrimoine mondial de l'humanité de Laponia dans le nord de la Suède aurait pu être éligible au statut de paysage culturel mais le processus d'inscription a débuté en 1987, quelques années avant la création de cette nouvelle forme de labellisation. En 1996, Laponia est donc déclaré patrimoine mondial de l'humanité au double titre de la nature et de la culture. C'est donc une forme mixte de patrimoine mondial, naturel et culturel. Cette double reconnaissance permet d'abord de contenter les défenseurs de la plus grande région de supposée *wilderness* de la Suède, abritant déjà plusieurs parcs nationaux et des réserves naturelles (les parcs Muddus, Sarek, Padjelanta et Stora Sjöfallet, et les réserves Sjaunja and Stubba) en pérennisant – tout en étendant spatialement – les périmètres de protection déjà en place (figures 12 & 13), et en leur donnant une dimension internationale, face aux logiques de fronts forestiers et hydro-électriques (Maraud & Guyot, 2016).

Figure 12 : *localisation du patrimoine mondial de l'humanité Laponia en Suède*

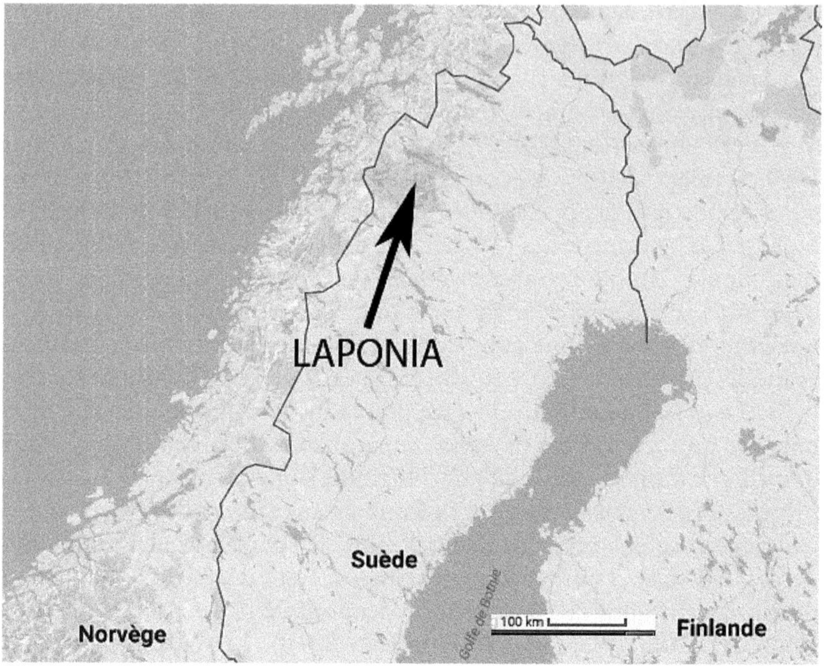

Source : google maps et auteur

Une théorie des fronts écologiques

Figure 13 : *Le périmètre territorial de Laponia incluant plusieurs espaces naturels protégés*

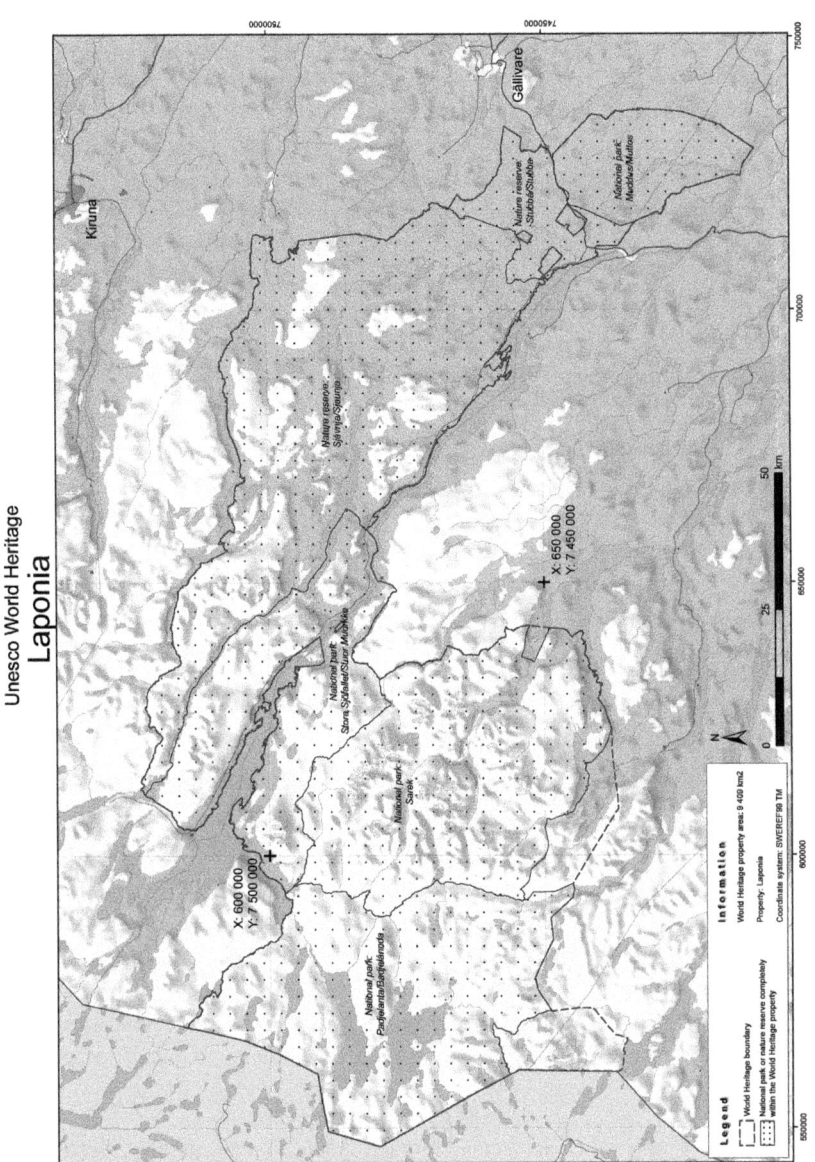

Source : UNESCO, 2017

C'est un bon exemple de cyclicité du front écologique, consacrant le passage de la génération géopolitique à la génération globale. Néanmoins, la reconnaissance culturelle induite par le patrimoine mondial de l'humanité permet aussi de donner certaines satisfactions aux populations autochtones Sami[30] en leur reconnaissant des territorialités spécifiques et, à la suite d'une longue mobilisation de leur part entre 1996 et 2011, en les intégrant aux processus de gestion (Green, 2009 ; Wall Reinius, 2009), le *Laponia process*. La gestion [s']est donc restructurée avec le Laponiatjuottjudus, qui correspond à l'administration de Laponia, dont le siège est à Jokkmokk. Cette nouvelle gestion est basée sur la participation locale et la responsabilité de chacun des acteurs concernés dans le bon fonctionnement de site. Tjuottjodit signifie en Sami Lule « prendre soin », l'organisme est donc clair sur sa mission, « prendre de soin de Laponia » (Laponia, 2011).

Le sous-processus *top-down* de front écologique UNESCO finit donc par se combiner au sous-processus *bottom-up* de front écologique « autochtone ». Mais ces hybridations entre logiques mondiales et logiques locales et entre nature et culture ne sont pas exemptes ni de difficultés, ni de conflits de représentations, en particulier face à des Sami dont l'objectif n'est pas d'être un peuple autochtone muséifié. Un processus d'hybridation des valeurs est en cours au sein d'un dispositif d'environnementalité complexe : la vérité patrimoniale de l'UNESCO se met au service d'une souveraineté renouvelée pour la Laponie suédoise dans laquelle le processus de libération autochtone cherche à se légitimer.

[Sous-processus 2] Fronts écologiques transfrontaliers

L'idée que la conservation de la nature puisse « traverser » les frontières politiques est d'abord influencée par des théories écologiques fondées sur la notion de connectivité, c'est-à-dire la possibilité de connecter les écosystèmes de plusieurs aires protégées plutôt que de les enfermer sous une cloche inamovible. La figure spatiale de la connectivité est réticulaire et prend la forme du corridor de biodiversité. Dans le cas des aires protégées frontalières, il s'agit plutôt de favoriser la contiguïté territoriale et la continuité écosystémique en faisant tomber les clôtures

---

[30] « Seuls les Sami éleveurs de rennes font partie du comité de gestion. Ce n'est donc qu'une petite partie de la population sami qui a obtenu satisfaction. Les non-éleveurs sont contents que les Sami gèrent ce site mais beaucoup ne comprennent pas pourquoi le parlement sami n'est pas impliqué » (Simon Maraud, communication personnelle).

Une théorie des fronts écologiques 67

et en favorisant l'uniformisation des modes de gestion, de part et d'autre de la frontière.

Le besoin d'interconnecter, voire de fusionner, des aires protégées frontalières répond ensuite à des logiques politiques. Dans le cas d'une frontière conflictuelle, ou qui témoigne d'un héritage historique conflictuel voire guerrier, la volonté de créer un espace naturel protégé transfrontalier peut témoigner d'une volonté de pacification et de coopération transfrontalière. Dans le cas d'une frontière non conflictuelle, il peut s'agir de rapprocher des territoires pour leur donner une meilleure visibilité internationale. Les logiques deviennent vite économiques, surtout dans un contexte de développement touristique important.

Ces logiques transfrontalières appartiennent pleinement à la génération globale des fronts écologiques car elles relèvent du dépassement de la nation et de l'internationalisation des enjeux, avec un rôle particulièrement fort joué par les ONG, parfois à leur profit, ou au profit d'un État dominant, comme en Afrique du Sud.

Ces nouveaux fronts écologiques émergent – à l'exception près du Canada et des États-Unis – au début des années 1990. Ils tendent à dépasser les frontières d'une protection de la nature qui avait été mise au service de la guerre (voir les 4 double-pages consacrées à sujet dans (Laslaz *et al.*, 2012), avec par exemple la création de la *Peace Park Fundation* en Afrique du Sud en 1997 dont l'objectif est de créer de vastes parcs transfrontaliers « pour la paix » (Giraut *et al.*, 2005). Si les parcs transfrontaliers appartiennent bien effectivement à une génération de fronts écologiques globaux en raison de leur adoption par des ONG internationales et des organisations géopolitiques régionales, ils relèvent toujours d'une génération que je pourrai qualifier de post-géopolitique, où les questions de sécurité environnementale et de souveraineté transnationale (domination des agences de conservation de la nature d'un pays sur un autre, comme dans le cas de l'Afrique du Sud) sont stratégiques. Outils territoriaux au service d'une approche néolibérale de la conservation de la nature (Duffy, 2007 ; Fletcher, 2010), les parcs transfrontaliers sont, en théorie, au service des communautés locales au travers du développement de projets touristiques intégrés. Le régime d'environnementalité régissant ces parcs, associant organisations régionales, ONG environnementales, États et agences de conservation de la nature, a donc prévu de s'assurer du soutien de ces populations définies alors comme sujets environnementaux. En réalité, des auteurs comme Neumann ou Duffy montrent le caractère peu opérationnel voire contestable d'un tel processus.

> The economic justification for peace parks is closely linked to the use of rural communities as « partners » to give the schemes local legitimacy. In line with theories of global governance, which include devolving responsibility away from national governments, local communities are named as key actors and stakeholders in peace park initiatives. Supporters of peace parks, which have been intimately bound up with notions of community conservation, see communities as vitally important actors in ensuring that the schemes are socially as well as environmentally sustainable. However, as Neumann (2000) argues, demands from local communities for the power to control, use, and access environmental resources are not the same as plans for local participation in externally driven conservation schemes and commitments to sharing benefits locally. Local participation is far from politically neutral and has often helped the dominant economic, political, and social groups within communities further their interests at the expense of others. Furthermore, presenting communities as single units with common interests that support peace parks is a clear oversimplification. Local communities affected by or involved in peace park schemes are organizationally complex, contain many different interest groups, and are stratified by age, gender, income, and so on. [...] Peace parks are highly political interventions, far from the neutral conservation strategies that their supporters might imagine them to be. The advocates' scientific justifications, promotion of tourism as a financially sustainable practice, and the use of communities as partners or stakeholders are not neutral practices. (Duffy, 2007)

La dimension post-(géo)politique des parcs transfrontaliers est donc clairement remise en question ici sur la base d'un non-consensus des populations locales. L'encadré 4 (Amérique centrale) prend à rebrousse-poil les conclusions africaines pour illustrer une *success-story* du front écologique transfrontalier, le parc de La Amistad entre le Panama et le Costa-Rica.

Encadré 4 : *Un front écologique transfrontalier en Amérique centrale (Laslaz et al., 2012)*

Les politiques de conservation de la nature ont émergé à la fin des années 1950 mais n'ont été effectives que beaucoup plus tardivement. Par exemple, en 1985, le Costa Rica renforce son dispositif en donnant au parc international La Amistad un véritable statut d'espace protégé. De son côté, le Panamá accorde entre 1980 et 1988 un statut spécial à la majorité de ses parcs naturels. En 2007, l'IUCN recense 557 espaces protégés en Amérique centrale. Parmi eux, 124 appartiennent à la catégorie des parcs nationaux. Dans les années 1990 apparaissent de nouvelles initiatives transnationales et internationales : la Commission centraméricaine de l'environnement et du développement (CCAD), le Conseil centraméricain des zones protégées ou encore le Plan environnemental pour l'Amérique centrale (PARCA). Toutes ces organisations érigent cette région en véritable « laboratoire » des territoires de la protection de la nature. Deux dispositifs spatiaux ont émergé de ce foisonnement institutionnel : les corridors biologiques et les espaces protégés transfrontaliers. Le corridor biologique mésoaméricain (CBM) est instauré en 1997. Il est conçu comme un système de planification territoriale permettant la connexion d'espaces naturels protégés « dans le cadre d'un régime spécial prévoyant l'organisation et le regroupement des zones centrales, tampons, polyvalentes et de corridor […] en vue de promouvoir des investissements dans la conservation et l'utilisation durable des ressources naturelles » disent les statuts.

> Chaque pays a établi ses propres sections de corridor à partir des espaces naturels existants, de nouveaux zonages et de créations de couloirs de liaison. Ces derniers ont été choisis pour leur potentiel forestier. Le CBM couvre 321 103 km², dont 48,7 % d'espaces protégés, 3,9 % proposés pour la protection et 47,4 % de corridors. Parmi les difficultés rencontrées lors de la mise en œuvre concrète du corridor biologique sur le terrain (poids de l'agriculture et de la sylviculture, tenure foncière privée, périurbanisation, etc.), la question des zones frontalières et de la mise en cohérence des pratiques nationales est fondamentale.
>
> Par conséquent, des comités bi ou tri-nationaux de conservation ont été établis. Des alliances traditionnelles existent à Selva Maya, dans le Golfe du Honduras (TRIGOH), et autour du parc international La Amistad entre le Costa Rica et le Panamá. Ce dernier, inauguré en 1979, s'enrichit du soutien du WWF et de l'UNESCO en 1982, avant d'être reconnu patrimoine de l'humanité en 1990. Sa commission de gestion binationale fonctionne au ralenti depuis 2003. Les contraintes des deux pays et leurs ressources financières insuffisantes obligent les autorités du parc à déléguer le financement de certains programmes d'actions à l'ONG *The Nature* Conservancy. De fait, la réalité de la gestion d'un corridor biologique implique une bonne coordination des différents acteurs et une hiérarchisation des usages des écosystèmes.

[Sous-processus 3] Préconisation des fronts écologiques par la priorisation (BINGO)

Une des formes de dispositif d'environnementalité ayant conquis le plus de pouvoir à l'échelle internationale durant ces dernières décennies repose sur ce que les géographes Milian et Rodary (2010) nomment « priorisation » dans un article de référence sur la question :

> Ces dernières années, un savoir mondialisé sur l'état de la biodiversité s'est consolidé sous l'impulsion des grandes ONG de conservation. Celles-ci proposent des méthodes de sélection des zones à conserver en priorité, qui sont concurrentes et souvent conflictuelles, divergent entre elles, et dans lesquelles l'affichage d'une science globale sur la biodiversité cache des enjeux institutionnels qui risquent de peser lourdement sur l'avenir des politiques de conservation de la biodiversité. (Milian & Rodary, 2010, pp. 33-34)

La priorisation est donc l'application spatiale, à l'échelle mondiale, d'une certaine valeur de vérité scientifique, divergente en fonction des ONG et de leurs intérêts politiques et financiers bien compris. L'autre avantage de la priorisation est de faire table rase du passé et de faire de ces ONG des acteurs majeurs et scientifiquement légitimes de la prospective

Une théorie des fronts écologiques 71

mondiale en matière d'ouverture de nouveaux fronts écologiques. La figure 14 présente la plupart des dispositifs de priorisation, et à la suite de Milian et Rodary, je me propose de développer les deux méthodes les plus médiatisées et discutées, les *hotspots* et les Global 200 (figures 5 & 6, voir pages couleurs précédentes).

Figure 14 : *Différents dispositifs environnementaux de priorisation écologique, vus par différentes ONG environnementales*

Dispositifs environnementaux [classés par ordre de création]	Acteurs	Critères
1988 – Centre of plants diversity 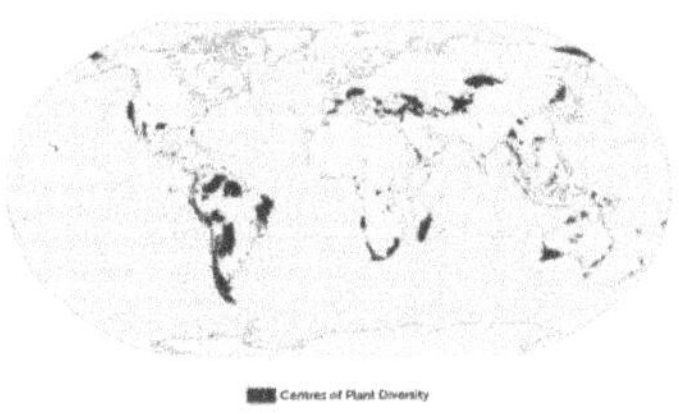	IUCN – WWF	– richesse en espèces – importance de l'endémisme – utilité génétique – diversité des habitats – proportion significative d'espèces adaptées aux conditions édaphiques – menace ou risque de menace de destruction – > 1 000 espèces de plantes dont 10 % d'endémiques
1988 – Megadiverse Countries 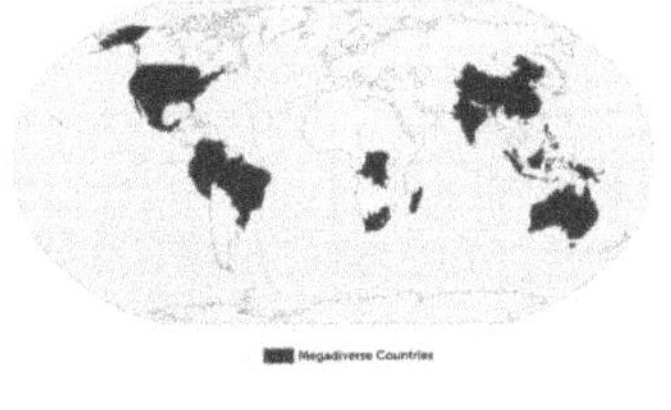	Conservation International	« world's top biodiversity-rich countries. » > 5 000 des plantes endémiques au monde – avoir des écosystèmes marins d'importance – richesse de la biodiversité
2002 – Last of the Wild 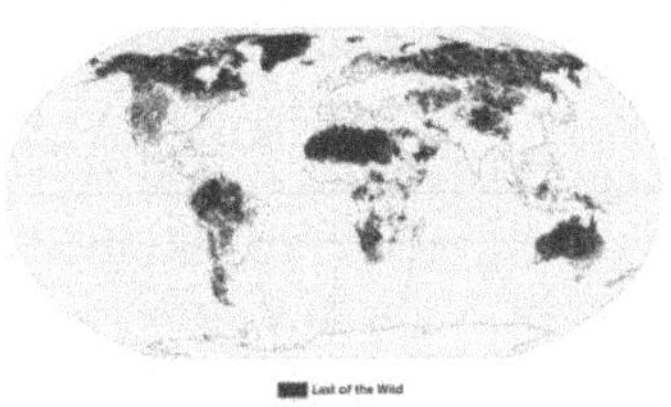	Wildlife Conservation Society – (CIESIN), Columbia University.	10 % des espaces les plus sauvages de la planète : « Within the terrestrial ecoregions (biomes), the '10 % wildest areas' were identified based on the map of human footprint. Of these, the 10 largest contiguous areas within each biome were identified as the 'last of the Wild' sites. For some biomes these are over 100 000 km^2 whereas for others they are as small as 5 km^2. »[31]

---

[31] http://www.biodiversitya-z.org/content/last-of-the-wild, consulté le 24/11/2014.

Dispositifs environnementaux [classés par ordre de création]	Acteurs	Critères
2002-High-Biodiversity *Wilderness* Areas	Conservation International	24 espaces sauvages ≥ à 10 000 km² basés sur les écorégions avec une densité de population ≤5 hab/km² et qui dispose encore de 70 % de son intégrité naturelle historique (d'il y a 500 ans)
2004-Key Biodiversity Areas	IUCN, BirdLife International, Plantlife International, Conservation International, etc.	Dispositif générique regroupant Important Bird and Biodiversity Areas (IBAs); Important Plant Areas (IPAs) ; Important Sites for Freshwater Biodiversity ; Alliance for Zero Extinction (AZE) sites. Préconisations de la Convention sur la diversité biologique. – critères de vulnérabilité et de caractère irremplaçable

Source : Auteur et http://www.biodiversitya-z.org/, consulté le 06/20/2015

Les *hotspots* de la biodiversité édictés par Conservation International en 1989 (Myers *et al.*, 2000) et le programme Global 200 du WWF en 1997 (figure 21), avec l'apparition de la notion d'écorégion (voir l'article d'Olson & Dinerstein (2002)), sont deux dispositifs majeurs de préconisation de fronts écologiques. Le premier désigne des zones à forte biodiversité menacées par les activités anthropiques et devant être protégées en priorité, alors que le second est un catalogue des écorégions les plus représentatives de formes de biodiversité exceptionnelles. Comme l'indique le tableau 5 ci-après et les cartes ci-dessus, parfois plusieurs écorégions sont contenues dans un seul *hotspot*. Je constate aussi qu'une grande partie des nouveaux espaces naturels protégés se localise au sein de ces deux méthodes de priorisation de fronts écologiques mondialisés. Ils montrent comment des grandes ONG tentent d'imposer leur vérité écologique aux autres acteurs (autres ONG, États, agences de conservation etc.) à travers une discipline normative très précise et en général fondée sur des recherches scientifiques reconnues, comme la biologie de la conservation, bien que souvent alimentées par des chercheurs affiliés aux ONG (Milian & Rodary, 2010).

Tableau 5 : Comparaison entre *hotspots* et Global 200

	BINGO et date d'émergence	Critères	Traduction spatiale	Importance mondiale
Hotspots	Conservation International 1989 d'après la définition de Norman Myers en 1988	Zone qui contient au moins 1 500 espèces de plantes vasculaires endémiques et qui a perdu au moins 70 % de sa végétation primaire (idée de mise en péril anthropique).	Zones prioritaires de protection de la biodiversité de tailles différenciées	35 zones représentant 2,3 % de la surface terrestre et près de la moitié des espèces endémiques du monde.
Global 200	World Wildlife Fund en 1997	– La richesse en espèces – Le caractère endémique des espèces – Le caractère unique des taxons les plus évolués – L'existence d'une situation particulière – La rareté du type d'habitat associé	Concept d'écorégion	238 écorégions – 142 sont des écorégions terrestres. – 53 sont des écorégions d'eau douce. – 43 sont des écorégions marines.

Source : Auteur

La superposition spatiale entre *hotspots* et Global 200 laisse apparaître de vastes zones peu couvertes par les espaces naturels protégés (espaces marins en général, prairies de la Patagonie argentine, taïga sibérienne, Afrique du Nord méditerranéenne, toundra et taïga du grand nord canadien, steppes d'Asie Centrale) et d'autres zones déjà plutôt bien dotées (forêt amazonienne, Massif himalayen, Toundra norvégienne, etc.). On note aussi que beaucoup d'espaces naturels protégés existants ne se sont pas corrélés avec ces zonages de biodiversité exceptionnelle car leur processus de création renvoie à une valorisation d'aspects paysagers, patrimoniaux et esthétiques. Les fronts écologiques du futur se localiseront donc – prioritairement – dans ces zones (en orange sur la carte, figure 6) de superposition entre *hotspots* et Global 200 qui correspondent aux espaces aujourd'hui les plus convoités écologiquement : espaces marins[32], zones de fort endémisme et forêts tropicales. Il se trouve que ce sont aussi des espaces convoités pour d'autres usages (miniers, agricoles, etc.) ce qui renvoie au débat sur les services écosystémiques, voir sous-processus n° 4.

---

[32] Projets de sanctuaires marins de Pew en Polynésie, voir http://www.pewtrusts.org/fr/projects/global-ocean-legacy-french-polynesia, consulté le 07/11/2014. Voir aussi le rapport « NOAA's Office of National Marine Sanctuaries, « Regional Strategy Pacific Islands 2012-2015 ».

L'encadré 5 reprend certaines des logiques internes préconisées par ces ONG pour « sélectionner » et « découper » ces nouveaux espaces de nature à protéger. La connectivité écologique par la création de corridors de biodiversité est au cœur de ces logiques réticulaires. Les notions d'endémisme et de réservoirs de biodiversité ont permis de discriminer la plupart des espaces éligibles (forêts humides, écosystèmes méditerranéens, semi-déserts, etc.).

Encadré 5 : *Front écologique 'global', BINGO et frontières de la nature (Guyot, 2015)*

> Contemporary strategies of global control over nature carried out by international NGOs are highly influential. Environmental BINGOS may currently be the most powerful stakeholders responsible for valuating, designing and demarcating spaces of nature worldwide in the form of reticular eco-frontiers. Such organisations create categories of valuable nature and distinguish between exceptional and ordinary forms of nature. These borders are mobile and exist in two dimensions. The first logic is linear. In fact, the exceptionality of this designed form of nature is reassessed on a regular basis in consideration of changing natural management and human pressures. Consequently, designed areas will then evolve. The second logic is reticular. Borders of exceptional forms of nature are determined at BINGO headquarters based in the US or in Switzerland and typically ignore national borders or regional boundaries on the field. Examples of such vast networks of high-value biodiversity areas include the « biodiversity hotspots » created by the US-based environmental BINGO « Conservation International » and the « Global 200 eco-regions » created by the WWF. What thus distinguishes these spaces is not delimitations of specific areas of locally or regionally bounded nature but reticular « high biodiversity spaces » drawn by these powerful networks.
>
> Hotspots are not the only features that are devised for assessing global conservation priorities. BirdLife International, for instance, has identified 218 « Endemic Bird Areas » (EBAs), each of which provides a habitat for two or more bird species found nowhere else in the world. The World Wildlife Fund-US has developed the « Global 200 Ecoregions » system for selecting priority Ecoregions for conservation within 14 terrestrial, three freshwater, and four marine habitat areas.

These areas are chosen based on degrees of species richness, endemism, taxonomic uniqueness, unusual ecological or evolutionary phenomena, and global rarity. All hotspots contain at least one Global 200 Ecoregion, and all but three contain at least one EBA ; 60 per cent of the Global 200 terrestrial Ecoregions and 78 per cent of the EBAs overlap with hotspots (Conservation International, 2013). As stated by Conservation International, BINGOs share similar logics and values. Spatial overlaps between biodiversity hotspots, eco-regions and endemic bird areas are unequivocal. This introduces even more uncertainty to the process of defining nature borders for multi-stakeholders, as stated by Conservation International (2013) :

> Delineating hotspots is by no means an exact science. It requires that a line – that might be easily discernible or rather vague on the ground – must be drawn to represent a transition between two habitats. The map of Ecoregions developed by the World Wildlife Fund-U.S. is now the most widely used system for such bioregional classification. In order to facilitate analysis, interoperability, and collaboration, we have therefore gone to considerable lengths to ensure that both the boundaries of the hotspots (and those of the high biodiversity wilderness areas) correspond directly to those of the World Wildlife Fund-U.S. Ecoregions.

As stated by Conservation International (2013), hotspot analysis is undergoing constant evolution. There are two ways in which hotspots and their boundaries can change over time :

> The first is a real effect. Threats and their impacts change, meaning that some places may become more threatened while others may recover. The second is that our knowledge of biodiversity, threats, and costs is continually improving. Over the last few years these data have become better compiled. Now, several years after the publication of the previous reassessment of the hotspots strategy, it was time to revisit the hotspots themselves. The aims of the Hotspots Revisited analysis was not to rework the entire hotspots concept ; rather, it was to revisit the status of the existing hotspots, refine their boundaries, update the information associated with them and, most importantly, consider a number of potential new hotspots. Consequently, the criteria for what qualifies as a hotspot remained unchanged.

The linear border that surrounds each hotspot is clearly the product of reticular modes of classification that are created and controlled from locations far from the field.

Pour illustrer l'applicabilité sur le terrain de la priorisation des fronts écologiques préconisés par les *hotspots* et les Global 200, deux exemples sud-africains peuvent être convoqués : le parc national d'iSimangaliso (ex-Greater St Lucia Wetland Park) et la Wild Coast en Afrique du Sud (figure 15).

Ces deux espaces sont inclus dans le *hotspot* de la biodiversité Maputaland-Albany HS[33] reconnu par Conservation International (CI), et dans l'écorégion Global 200 « Montane Grasslands and Shrublands' » Dans le premier cas, c'est une autorité nationale qui contrôle un parc naturel au sein duquel les ONG environnementales affiliées à CI et au WWF ne jouent qu'un rôle secondaire. Dans le second cas, le projet de création du parc national du Pondoland ayant échoué, c'est donc un réseau d'ONG internationales et nationales qui contrôle la progression du front écologique face aux tentatives d'extraction minière des dunes de Xolobeni, sur la partie nord de la Wild Coast (Guyot, 2009a ; Guyot & Dellier, 2009).

---

[33] Voir le descriptif du *hotspot* ici : http://www.cepf.net/Documents/CEPF_MPA_ENG_R2.pdf, consulté le 19/06/2014.

Une théorie des fronts écologiques

Figure 15 : *Pondoland-Albany* Hotspot *de la biodiversité*

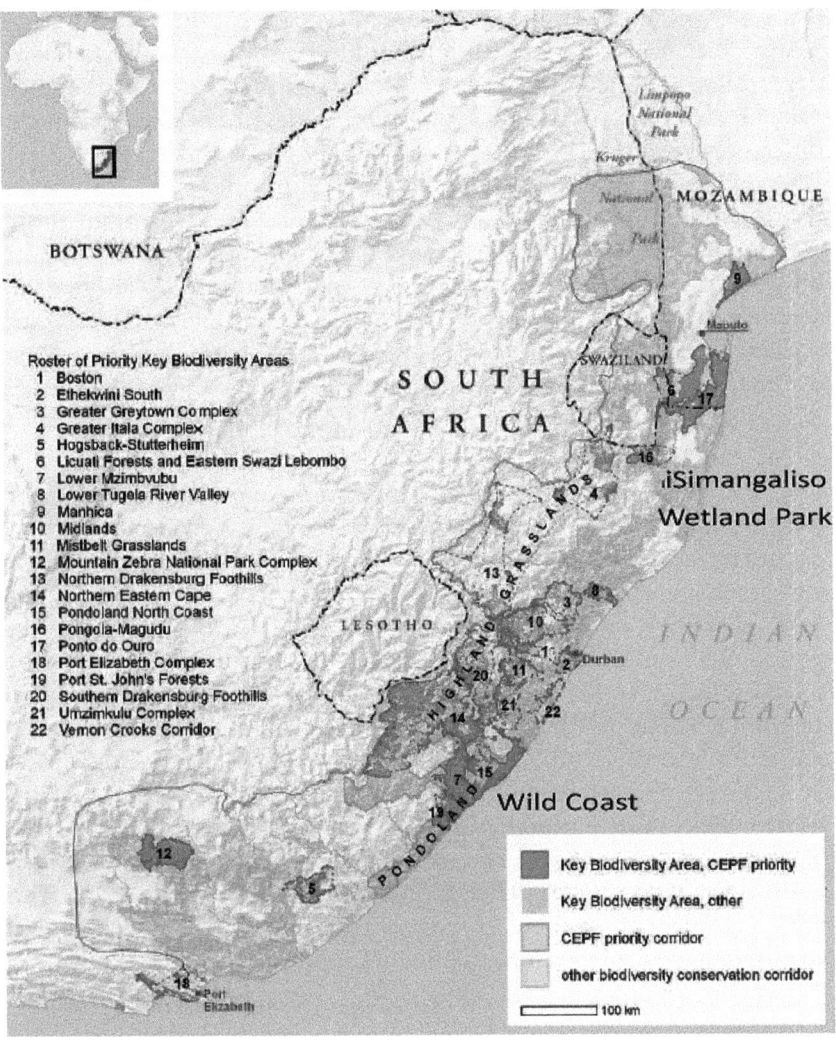

Source : CEPF

Dans le cas d'iSimangaliso Wetland Park, l'objectif pour le gouvernement sud-africain était de prouver à la population locale rurale qu'un parc naturel pouvait impulser du développement local post-apartheid[34] et favoriser une amélioration des conditions de vie. Son but

---

[34] http://agln.aspeninstitute.org/projects/rural-enterprise-programme, consulté le 23/06/2014.

était de pouvoir capter leurs votes et retourner électoralement au profit de l'African National Congress une région qui votait majoritairement pour le parti traditionaliste zoulou de l'Inkatha Freedom Party (Guyot, 2006b). Ce résultat a été atteint si on tient compte à la fois de l'amélioration évidente de la fourniture en certains services de base et des résultats des différentes élections nationales et locales (2014 pour les dernières en date). Les communautés rurales riveraines du parc ont donc été considérées comme des nouveaux sujets environnementaux au service d'un projet électoral porté par un régime d'environnementalité composé d'abord du gouvernement puis des agences de conservation de la nature et de certaines ONG. En revanche, les habitants vivant à l'intérieur des limites du parc (exemple de KwaDapha à Kosi Bay) sont impliqués dans une recrudescence de conflits environnementaux et ne se sentent considérés ni par l'autorité nationale du parc ni par la nouvelle municipalité (Guyot, 2005 ; Hansen, 2013).

Dans le cas de la Wild Coast, le régime d'environnementalité est composé d'un ensemble d'ONG environnementales, reliées aux BINGO par des réseaux associatifs ou privés, comme le WWF Afrique du Sud qui est naturellement associé depuis les origines au WWF-International, ou la Wildlife Environmental Society of South Africa (WESSA) qui gère des projets d'éducation à l'environnement en commun avec Conservation International et le WWF. Malgré quelques influences entre les cercles environnementalistes blancs et certains ministres, le gouvernement sud-africain semble encore hésiter sur la stratégie de développement de cette portion du littoral sud-africain entre exploitation minière, construction d'une autoroute et projets écotouristiques. De même, les habitants ne s'insèrent que très partiellement dans le schéma de 'sujets environnementaux', tant ils sont pris en tenaille entre les différents projets portés par des acteurs extérieurs à leur territoire. Les conflits environnementaux et les luttes politiques sont encore d'actualité.

Dans les deux cas cependant, le statut international d'*hotspot* permet aux représentants du régime d'environnementalité de légitimer leurs discours et de justifier des actions de protection de la nature. Les ONG environnementales nationales servent alors de relais aux BINGO en leur permettant de tenter de concrétiser leurs préconisations. Mais les contextes politiques, sociaux et économiques locaux et nationaux ne permettent pas aux ONG d'accomplir totalement leurs projets de protection de la biodiversité. Dans d'autres pays du Sud, aux systèmes étatiques et à la société civile moins développés qu'en Afrique du Sud, les BINGO peuvent avoir tendance à dominer plus franchement le processus de passage de la carte des *hotspots* ou des Global 200 aux mesures de contrôle territorial sur le terrain (Carr *et al.*, 2013). Les problématiques de priorisation peuvent aussi être considérées selon une approche diachronique (Milian & Rodary, 2010) et peuvent être appliquées à la mise en place de fronts écologiques « historiques », selon des méthodes de proto-priorisation – essentiellement naturalistes –, comme aux îles Galápagos, qui fait partie du *hotspot* « *Eastern Tropical Pacific Seascape* » (figure 16).

Figure 16 : *Eastern Tropical Pacific Seascape* hotspot

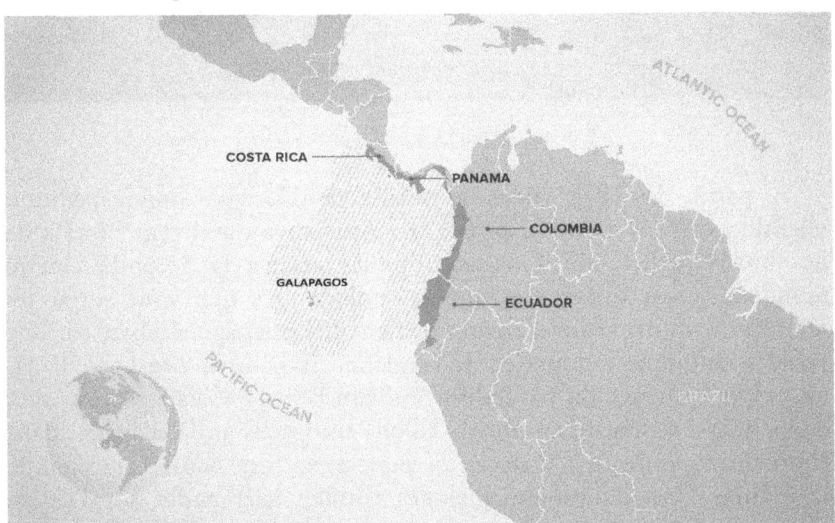

Source : http://www.conservation.org/where/pages/eastern-tropical-pacific-seascape.aspx, consulté le 06/02/2015

L'ouverture d'un front écologique aux îles Galápagos (équatoriennes depuis 1832) doit beaucoup aux influences et collusions entre les préconisations des scientifiques et celles des grandes ONG environnementales internationales. Cet archipel est un véritable laboratoire de la priorisation écologique. La première exploration scientifique pionnière remonte aux cinq semaines passées par Darwin dans l'archipel en 1835. Révélatrice de la théorie de l'évolution, cette expédition va être aussi fondatrice de l'imagerie du front écologique galapagueño, avec la médiatisation de dessins de tortues géantes et d'iguanes (figure 17).

Figure 17 : *Photos d'iguanes et de tortues géantes aux Galápagos*

Cliché : Josselin Guyot-Téphany, 2014

À partir de 1872, dans le sillage de Darwin, une expédition scientifique d'envergure organisée par Agassiz va ouvrir l'archipel à de nombreuses autres missions scientifiques jusqu'à la Seconde Guerre mondiale. C'est durant ces années exploratoires que vont surgir les prémices d'un dispositif d'environnementalité galapagueño basé sur une vérité scientifique renouvelée de l'endémisme naturel. Ainsi, en 1924, est publié l'ouvrage du naturaliste William Bebee « Galapagos : world's end » qui va attirer de nombreux colons européens aux Galápagos dans la première moitié du XXe siècle, en quête d'exotisme naturaliste, comme le montre l'installation de quelques familles allemandes sur l'île de Floreana[35]. Ces colonies d'éco-conquérants vont contribuer à médiatiser l'image édénique de l'archipel (Hennessy & McCleary, 2011) en Europe et en Amérique du Nord (figure 25).

---

[35] « Les colons européens (robinsons des Galapagos) n'ont jamais ouvertement réclamé la création d'une réserve ou d'un parc aux Galapagos, même s'ils ont en partie soutenu les conservationnistes après la création du parc national des Galapagos. Ils voulaient plutôt vivre dans l'isolement » (Josselin Guyot-Téphany, communication personnelle).

Une théorie des fronts écologiques 81

Figure 18 : *Les Galápagos, un paysage édénique ?*

Cliché : Josselin Guyot-Téphany, 2013

En 1936, la conception du front écologique s'accélère : un premier décret de création de réserve nationale est édicté sous la pression des scientifiques et des éco-conquérants. Avec le déclenchement de la Seconde Guerre mondiale, il ne sera jamais appliqué. Les Galápagos sont alors, à cette période, dans le contexte d'une génération impériale « alternative » de fronts écologiques (impérialisme scientifique et colonies européennes), une proto-génération globale en réalité.

> In the 1930s, leaders from the American Committee for International Wild Life, the Carnegie Institution, the British Museum, and the California Academy of Sciences began to express concern about the future of the islands. This initial concern led the government of Ecuador to adopt Executive Decree 607 in 1934, protecting key species, regulating collections, and controlling visiting yachts. A 1936 US Tariff Act and Customs Order backed this law by mandating confiscation of all Galápagos fauna taken in violation of Ecuadorian law. Victor Wolfgang von Hagen led an expedition to Galapagos in 1935 to mark the centenary of the Beagle's visit and erected a bust of Darwin on San Cristobal. One of von Hagen's objectives was to establish a scientific research station and to mobilize scientists in Ecuador, the US, and Europe to conserve

Galapagos. In 1936, through Supreme Decree 31, the Ecuadorian government declared the Galapagos Islands a national reserve and established a national Scientific Commission to design strategies for the conservation of the islands. (Oxford *et al.*, 2009)

En effet, la conquête et l'ouverture de ce front écologique s'opèrent lors d'une subtile transition entre « impérialisme scientifique » et génération globale, avec une montée en puissance du pouvoir d'influence local et national des ONG environnementales internationales. En 1959, la création du parc national Galápagos (et fixation des limites sur 97 % des terres émergées, voir figure 19), du Service du parc national Galápagos (entité en charge de la gestion du PNG) et de la fondation Charles Darwin, acteur majeur de la génération globale aux Galápagos, en tant qu'institution « conseil » du gouvernement équatorien pour la conservation de la nature, sont révélatrices de l'entrée dans cette génération globale, comme le montrent Oxford *et al.* :

In the late 1950s, a formidable lineup of scientists and conservationists set to work with the government of Ecuador to turn around the situation in Galapagos. The team included Julian Huxley of UNESCO, Peter Scott of the World Wildlife Fund (WWF), Victor Van Straelen and Marguerite Caram of IUCN, Dillon Ripley and Jean Delacour of the International Council for Bird Preservation, Harold Coolidge of the IUCN Commission on National Parks, Misael Acosta-Solis of the Central University of Quito, Kai Curry-Lindahl of the Nordic Museum, and Jean Dorst of the Paris Natural History Museum. On June 15, 1959, the Ecuadorian government passed a new law making all of the Galapagos Islands a national park, except for those areas owned by existing colonists. The new law also banned the capture of species, such as iguanas and tortoises, and made the port captains the authority for implementing the new rules. (Oxford *et al.*, 2009)

Une théorie des fronts écologiques 83

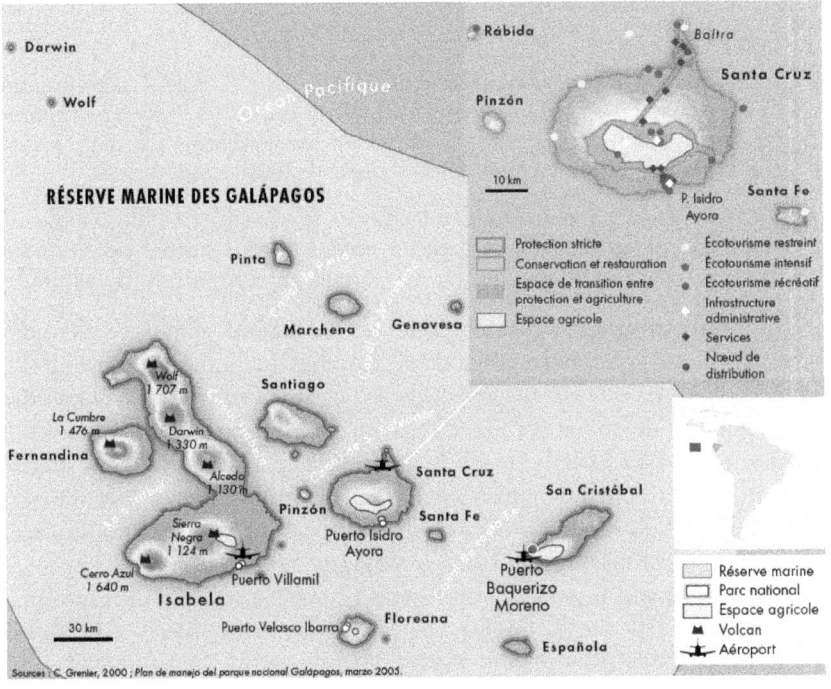

Figure 19 : *Les espaces protégés des îles Galápagos*

Source : Laslaz *et al.*, 2012

Grenier (2000, p. 202) fait d'ailleurs un parallèle intéressant entre la « naturalisation globale » des Galápagos et celle de l'Antarctique.

> Si les naturalistes ont réussi à obtenir un continent, l'archipel suivra : ils utilisent le traité de l'Antarctique pour montrer leur influence internationale au gouvernement équatorien. Car l'Antarctique est l'exemple d'un espace dont la conservation, à vocation scientifique et gérée par des naturalistes, est garantie par la communauté internationale. Si les naturalistes ne peuvent « geler » tout à fait de la même façon les Galápagos – territoire peuplé appartenant à un État –, ce traité symbolise leurs conceptions de la conservation comme leurs prétentions à être les « légataires universels » de l'archipel.

La maturation du front écologique galapagueño va alors être marquée par un triple processus de reconnaissance écologique opéré à l'échelle globale, comme le souligne Guyot-Téphany.

– Consolidation du PNG comme aire protégée et territoire mondial pour les ONG et OIG : le contrôle du territoire et des ressources naturelles est assez défaillant au début, mais s'accroît progressivement dans le temps et, malgré les conflits récurrents entre les institutions de la conservation et l'État et la population d'autre part, ces derniers acceptent le territoire du parc et les restrictions.

– Labellisation et patrimonialisation des Galápagos : 1978, les Galápagos sont l'un des quatre premiers sites naturels à intégrer la liste des sites du patrimoine mondial de l'Humanité ; 1984 : inscription des Galápagos à la réserve Man and Biosphere ; 1986 : création de la Réserve de Ressources Marines

– Développement touristique fulgurant : la construction du mythe de l'espace vierge est issue du naturalisme, mais a aussi et surtout été repris par les entreprises touristiques pour le développement du tourisme de nature[36].

À contre-courant chronologique de beaucoup d'autres exemples internationaux – en particulier dans les pays du Sud –, le devenir du front écologique des Galápagos, et de sa possible fermeture, va dépendre de la réussite de son insertion dans une logique tardive de génération géopolitique. La LOREG (loi spéciale des Galápagos) de 1998 va mettre en tension les échelles nationales, globale, régionale et locale dans la résolution des contradictions entre développement socio-économique et volonté de pérennisation du front écologique galapagueño.

The Special Law was approved and became part of Ecuador's Constitution in 1998. It lays out legal framework over which many aspects of island life are to be regulated, including regional planning, inspection and quarantine measures, fisheries management, residency and migration, tourism, agriculture, and waste management. While the law places restrictions on rights Ecuadorians would have on the mainland (restrictions on migration, import of goods, where people live, the kind of pets they have, etc.) it offers certain rights not available to non-residents (various subsidies, access to tourism and fishing rights, etc.). The Special Law has been under revision since Ecuador adopted a new Constitution in 2008 (http://www.galapagos.org/about_galapagos/governance/, consulté le 05/02/2015).

Le parc national des Galápagos a été déclassé en 2010 au rang de patrimoine mondial de l'humanité en péril. La fondation Charles Darwin est en difficultés financières. De plus, le gouvernement équatorien actuel a bloqué la réforme de la loi spéciale de 1998. Localement les logiques de front contre front sont légion : front d'urbanisation, front touristique, front migratoire, etc. Est-ce un prélude à une fermeture du front écologique et selon quelles modalités, en fonction des différentes îles ?

---

[36] Communication personnelle.

[Sous-processus 4] Le front des services écosystémiques

Les services écosystémiques[37] rendus sont un élément important de cette dernière génération de fronts écologiques. Ils s'imposent au début des années 2000 avec la publication du rapport du Millenium Ecosystem Assessment[38] pour qualifier l'état de la biodiversité. Cette notion de services écosystémiques permet de repenser le front écologique en fonction des services rendus par les écosystèmes à la société, et selon une échelle de valeur financière qui doit permettre leur hiérarchisation spatiale en termes de protection (Naidoo *et al.*, 2008). Costanza *et al.* (1998, p. 253) définissent les services écosystémiques comme :

> Les biens (comme la nourriture) et les services (comme l'assimilation des déchets) écosystémiques représentent les bénéfices que les hommes tirent, directement ou indirectement, des fonctions des écosystèmes. [...] Comme les services écosystémiques ne sont pas entièrement capturés dans des marchés commerciaux ou quantifiés de manière adéquate et comparable avec les services économiques et les capitaux naturels, il leur est souvent donné un trop faible poids dans les décisions politiques.

À la suite d'Arnauld de Sartre *et al.* (2014, p. 36), dire que « les services écosystémiques permettent de penser un rapprochement – hiérarchisé – entre les hommes et la nature [implique que] la notion de services écosystémiques est caractéristique de la modernité écologique [... et s'impose] comme un dispositif de gouvernementalité ». En réalité, les services écosystémiques transcendent plusieurs dispositifs d'environnementalités.

Je peux insister ici sur les deux conceptions principales de fronts écologiques produites par ce débat autour des services écosystémiques. Il s'agit du *land sparing* et du *land sharing*, notions évaluées par Green *et al.* (2005) dans un article séminal de *Science*, et reprises dans un

---

[37] L'ouvrage d'Arnauld de Sartre *et al.*, 2014, *Political ecology des services écosystémiques* est une excellente synthèse critique sur la question.

[38] Ce rapport propose 4 scénarios pour la prise en compte de l'environnement dans l'action : « Global Orchestration », une société mondialement connectée dans laquelle la croissance économique prime » ; « Order from Strengh », un monde fragmenté dans lequel la préservation de la sécurité nationale passe au premier plan ; « Adapting Mosaïc », un monde décentralisé et hétérogène, une mosaïque de stratégies locales de gestion des écosystèmes ; « Technogarden » : un monde jardiné ; une nature entièrement humanisée par la technique mise au service de l'environnement. Voir Carpenter S.R., 2005, Millenium Ecosystem Assessment (Program) Scenarios working group, 2005. Ecosystems and human well-being : scenarios : findings of the Scenarios Working Group, Millennium Ecosystem Assessment, Washington, DC, Island Press, The Millennium Ecosystem Assessment series, 560 p.

débat scientifique consistant, abondé par les travaux d'HDR de Xavier Arnauld de Sartre (2016). La première conception[39] (*sparing*) correspond à la mise en place, à l'échelle planétaire, d'un système binaire de zones fortement exploitées, d'un point de vue agricole par exemple, et de zones de protection intensive de la nature, ces dernières produisant les nécessaires services écosystémiques permettant de contrebalancer les externalités négatives des premières (figures 20 et 21). Ce dispositif d'environnementalité, d'inspiration néo-libérale, est piloté de manière conjointe par des grands groupes agro-alimentaires comme Monsanto et par des BINGO comme WWF ou Conservation International, ayant des intérêts convergents (Arnauld de Sartre, 2014, communication orale) et appliqué dans des pays comme l'Argentine ou le Gabon. La seconde conception[40] (*sharing*), appelé aussi *Wildlife friendly farming*, repose sur l'autonomisation de territoires à une échelle locale et régionale, avec un « maintien d'îlots d'habitats naturels, une culture extensive des habitats des espèces animales, une minimisation des intrants » (Arnauld de Sartre, 2016).

Figure 20 : *Diagrammes spatiaux (1/2) montrant les différences entre* land sparing *et* land sharing

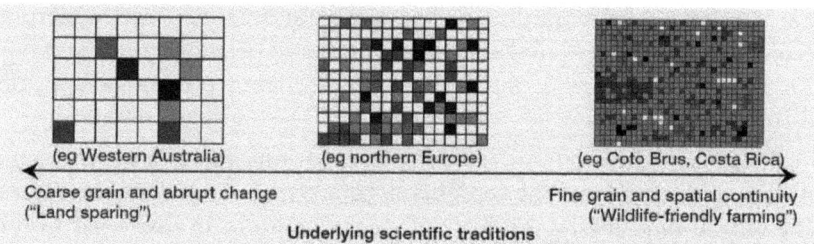

Source : http://ecologyforacrowdedplanet.wordpress.com/tag/land-sharing-vs-land-sparing/, consulté le 07/11/2014

L'Australie Occidentale est plus proche d'un modèle de *land sparing* (forte différenciation de l'utilisation des sols entre exploitation et protection, et parcelles de grande taille ; services écosystémiques rendus sous forme de compensation d'un espace vers un autre) alors que le Costa Rica se rapproche plutôt d'un modèle de *land sharing* (faible différenciation de l'utilisation des sols en agro-agriculture et parcelles de

---

[39] Elle renvoie au scénario « Technogarden » du MEA.
[40] Elle renvoie au scénario « Adapting Mosaïc » du MEA.

Une théorie des fronts écologiques   87

petite taille ; services écosystémiques rendus intégrés dans la dynamique productive).

Figure 21 : *Diagrammes spatiaux (2/2) montrant les différences entre* land sparing *et* land sharing

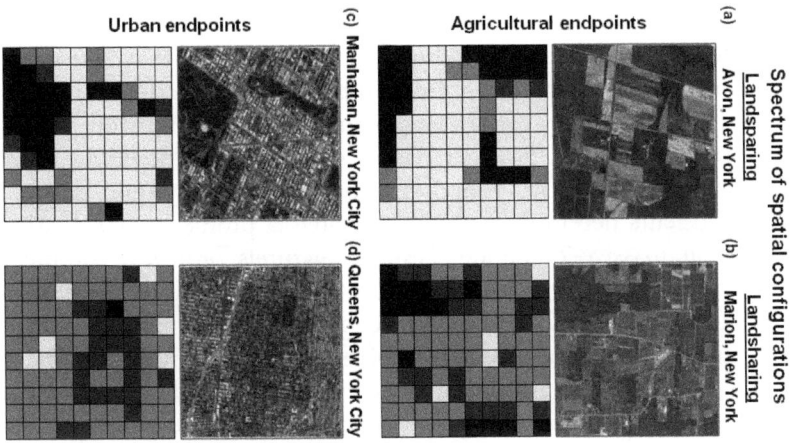

Source : http://ecologyforacrowdedplanet.wordpress.com/tag/land-sharing-vs-land-sparing/, consulté le 07/11/2014

Exemples de *land sparing* versus *land sharing* aux USA, en milieu rural et urbain. On peut faire les mêmes remarques que plus haut sur les différentes manières de concevoir les services écosystémiques.

Le *land-sharing* se rapprocherait de ce que je pourrais appeler un front éco-agricole, représentatif d'un dispositif d'environnementalité basé sur des valeurs de vérité, de discipline mais aussi de libération (voir Fletcher, 2010), et très présent au Brésil (Arnauld de Sartre *et al.*, 2014). De manière certes un peu résumée, le *land sparing* renvoie très directement au prochain sous-processus de « *green grabbing* » alors que le *land sharing* semble se corréler avec certains sous-processus *bottom-up* de fronts écologiques. Bonin & Rodary (2012) montrent comment les services écosystémiques peuvent être aussi un moyen de justifier l'ouverture de nouveaux fronts écologiques avec, en particulier la création de nouvelles aires protégées[41].

---

[41] « Le concept de services écosystémiques permet en ce sens d'intéresser un plus grand nombre d'acteurs et de sensibiliser plus facilement les politiques aux problématiques liées aux aires protégées. [...] La création du parc Monts de Cristal, au Gabon, projet

Dans le cas du Gabon, Arnauld de Sartre et son équipe reviennent de manière critique, dans leur livre de référence sur les services écosystémiques, sur l'importance de la prise en compte des services écosystémiques dans les politiques de conservation de la nature. Le front écologique gabonais s'est ouvert très récemment, en 2007, avec la création de 13 parcs nationaux et la mise en place de l'ANPN (Agence nationale des parcs nationaux), suite à la déclaration solennelle du président Omar Bongo[42] au Sommet de la Terre à Johannesburg en 2002 indiquant la volonté du Gabon de se mettre en conformité avec les grands objectifs internationaux du développement durable, en particulier avec la recommandation de Convention pour la Diversité Biologique de protéger 10 % d'un territoire national. Le travail de certaines grandes ONG environnementales sur le terrain gabonais depuis plusieurs décennies a rendu réalisable la promesse présidentielle de création massive et rapide d'espaces naturels protégés, comme la Wildlife Conservation Society – WCS et le World Wildlife Fund – WWF. Dans cette logique, Lee White, gabonais d'origine britannique, directeur de WCS-Gabon pendant quinze ans a été nommé à la tête de l'APNP en 2009[43]. Le Gabon est donc caractéristique d'une génération globale récente de fronts écologiques, à ceci près que le président de cette république réputée autoritaire, a souhaité garder le contrôle du processus du début à la fin, allant jusqu'à le mettre en scène[44] à la manière des anciens monarques, et à ignorer les autres services de son administration (environnement, forêt, etc.). Les parcs nationaux se sont vite imposés dans l'imaginaire gabonais comme étant la « chose » du président et comme un dispositif échappant partiellement à la population du pays, comme le soulignent Xavier Arnauld de Sartre *et al.* :

---

soutenu par la Wildlife Conservation Society (WCS) illustre ce phénomène, [ou encore l'exemple] d'une aire protégée visant la protection de forêts au Congo. Cette aire protégée était originellement basée sur la conservation de la diversité biologique. La meilleure compréhension du rôle des forêts dans le stockage du carbone a créé un argument supplémentaire pour la création de l'aire protégée. En termes de gestion, cela crée de nouvelles opportunités de financement. Alors que le Congo ne voyait pas les forêts comme un enjeu stratégique national, les gouvernements se sont rendu compte depuis 2003-2004 qu'il y avait un intérêt à une bonne gestion de ces forêts. » (Bonin & Rodary, 2012, p. 6)

[42] Politique continuée par son fils : voir http://www.unep.org/ourplanet/2014/nov/en/article1.asp, consulté le 06/02/2015.

[43] http://gabonreview.com/blog/lee-white-un-scientifique-a-la-tete-des-parcs-nationaux/, consulté le 06/02/2015.

[44] L'histoire de la mise en protection de ces espaces telle que racontée par l'ANPN est assez révélatrice de cette logique : http://www.gabon-nature.com/pdf/Dossier_de_presse.pdf (Arnauld de Sartre *et al.*, 2014, p. 148).

> Les liens entre l'Agence nationale des parcs nationaux et les Organisations non gouvernementales sont simples et clairs. La compétence des ONG en matière, principalement, de biologie de la conservation et de sciences de l'éducation vient en appui de la souveraineté nationale sur un territoire. Le fait que l'État gabonais n'assure pas la totalité de sa politique de conservation et qu'il recoure à un petit cercle d'ONG produit cependant, auprès d'une partie de la population gabonaise au moins, à un mouvement de rejet de la politique des parcs nationaux. [...] Le très faible développement de l'écotourisme explique une partie des rejets des parcs nationaux, et risque de provoquer de nouvelles désillusions. En effet, le « géotourisme » *a été l'argument central de création des parcs nationaux, celui sur lequel le modèle économique* des parcs nationaux était alors fondé. En 2012, tout le monde s'accorde à constater l'échec de ce modèle : au parc de la Lopé, qui est souvent cité comme le parc offrant le plus grand potentiel géotouristique, on a compté, en 2011, 700 entrées payantes dans le parc. Or la plupart de ces entrées sont le fait d'expatriés vivant au Gabon, et pas de touristes venus de l'étranger. (Arnauld de Sartre *et al.*, 2014, pp. 151-153)

L'hypothèse défendue dans leur ouvrage est que l'adoption par les États d'une politique de paiement des services écosystémiques pourra être un argument central de réaffirmation d'une politique nationale, au moins à l'échelle internationale. Dans le cas du Gabon, les auteurs montrent que l'application d'une telle politique pourrait, à terme, permettre de renationaliser certains enjeux de la conservation, en montrant ainsi aux habitants que c'est l'État qui est aux manettes et non plus des ONG extérieures. Ces processus sont exemplifiés par l'initiation d'un processus rémunéré « d'empêchement de la déforestation » du parc national des Monts de Cristal, localisé de part et d'autre du bassin-versant de la rivière Mbé. « Il ne s'agit pas, par ce mécanisme de PSE, de payer le parc national pour implémenter une nouvelle politique, mais juste de lui permettre de continuer à agir comme il le faisait déjà. En fait, cela s'insère dans une stratégie de diversification et de sécurisation des sources de financement du parc national (Arnauld de Sartre *et al.*, 2014, p. 158). Le paiement des services écosystémiques va-t-il amener le front écologique gabonais à rentrer dans la génération géopolitique ? Rien n'est moins sûr tant que les parcs ne servent qu'à instrumentaliser des politiques nationales aux effets surtout internationaux. Il faudrait alors que les valeurs de discipline et souveraineté remplacent celles de néolibéralisme actuellement dominantes au sein du dispositif d'environnementalité gabonais.

[Sous-processus 5] Les fronts du « *green grabbing* » ou fronts écologiques privés ?

Les fronts écologiques initiés par les processus de « green grabbing » sont ainsi parfois contenus dans les autres sous-processus passés en revue précédemment, mais ils s'imposent comme une catégorie plus large et plus engagée d'analyse et de débat relayée par la revue « *The Journal of Peasant Studies* », incluant en particulier toutes les stratégies privées d'accaparement foncier réalisées au nom de la protection de la nature. La notion de « green grabbing » a été popularisée par un journaliste du *Guardian*, John Vidal, en 2008 puis reprise par plusieurs chercheurs en 2012 (Fairhead, Leach & Scoones) pour désigner l'appropriation de la terre et des ressources à des fins environnementales dans un article de référence « Green Grabbing : a new appropriation of nature ? ». Cette notion recouvre l'ensemble des appropriations foncières « écologiques » réalisées au service d'un objectif financier ou commercial (séquestration du carbone, agro-carburants etc.). Elle est très reliée à la question de la valorisation des services écosystémiques. Le *green grabbing* inclut une première stratégie de la part des grands groupes et des grandes ONG pour récupérer du foncier au nom de la lutte contre certains grands périls planétaires, et une seconde stratégie, effectuée à un niveau plus individuel, pour acheter des terres comme placement environnemental ou reconvertir des terres en zone de protection pour profiter d'allégements d'impôts (système d'*ecological easements*, comme aux USA)[45] ou de bénéficier d'une nouvelle légitimité foncière. La première stratégie se situe clairement dans l'*economy of repair*, notion proposée par Fairhead. « The economy of repair has been smuggled in within the rubric of "sustainability", but its logic is clear : that unsustainable use "here" can be repaired by sustainable practices "there", with one nature subordinated to the other. [...] Nature serves both – and thus acquires value ; some would say its "true", full value » (Fairhead *et al.*, 2012, p. 242). La seconde stratégie relève de nouvelles pratiques privées d'accumulation foncière réalisées au nom de la protection de la nature, et masquant des intérêts parfois philanthropiques mais le plus souvent financiers ou ressourcistes (voir l'article de Sullivan (2013), *Banking nature*). Ces deux types de stratégies induisent toutefois certains processus d'aliénation socio-spatiale. « While grabbing for green ends does not always the wholesale alienation of land from existing claimants, it does involve the restructuring of rules and authority over the access, use and management of resources, in related

---

[45] Voir http://www.landtrustalliance.org/, consulté le 1/07/ 2014.

labour relations, and in human-ecological relationships, that may have profoundly alienating effects » (Fairhead *et al.*, 2012, p. 239).

La thèse en fin de rédaction d'Andres Rees Catalan[46] sur deux espaces naturels protégés de la région de Valdivia (Chili), l'un public, l'autre privé, aborde la question de la collusion entre grands groupes miniers et ONG environnementales. Depuis 2013, The Nature Conservancy (ONG environnementale) bénéficie d'un soutien financier de 20,4 millions de dollars sur trois ans, pour la gestion de la réserve côtière valdivienne, de la part de BHP Billiton (grand groupe minier international, présent au nord du Chili[47]. Ce soutien financier semble valider la notion d'*economy of repair*. Catalan mène actuellement des entretiens pour tenter de comprendre les motivations d'un tel rapprochement. Cette réserve est constitutive d'un front écologique au cœur de l'écorégion de la forêt valdivienne préconisée par les Global 200 du WWF[48]. La gestion de la réserve est actuellement évaluée par l'ONG Conservation International, en tant que partie constitutive d'un *hotspot* de la biodiversité.

Holmes (2014)[49] propose une autre illustration de la seconde stratégie énoncée plus haut. Il rappelle que dans le contexte néolibéral post-dictatorial chilien la conservation privée de la nature semble représenter une réelle alternative environnementaliste face à une société civile fragmentée.

> [Chilean] biodiversity is under threat. This is not only from weak environmental regulation and from economy which is highly focused on primary products, but also because the political suppression of the Pinochet era has left a weak and fragmented civil society and environmental movement which is unable to provide substantial political pressure in favour of the environment. […] It could be argued that this, combined with Chile's neoliberal outlook and lax environmental regulation, creates an environment which favours private action for conservation (e.g. private protected areas) rather than civil society or broad political movements as a tool for protecting the environment.

---

[46] Thèse codirigée par Samuel Depraz, et moi-même.
[47] Escondida, la plus grosse production de cuivre au monde, en plein désert d'Atacama et au sud de la ville d'Antofagasta ; Spence, également dans le désert d'Atacama dans la commune de Sierra Gorda ; et, Cerro Colorado, 120 km à l'est de la ville d'Iquique.
[48] Ce propos sera développé dans le chapitre suivant.
[49] Article repris d'une note synthèse du même auteur disponible sur internet et dont j'ai tiré les citations, voir http://povertyandconservation.info/sites/default/files/Holmes%20-%20Private%20protected%20areas%20and%20land%20grabbing%20in%20Southern%20Chile_0.pdf, consulté le 19/02/2015.

Selon Holmes (2014), il y a au Chili 315 espaces naturels protégés privés représentant 1 600 000 ha soit 2,12 % de la superficie du territoire chilien (à comparer aux 18 % du Chili protégés par des ENP publics). Il précise que les dix plus grandes propriétés comptent pour 81 % de ce total. Il revient sur les importantes acquisitions foncières de Douglas Tompkins (ancien patron de Northern Face et Esprit) en Patagonie (voir figures 22 à 24).

Figure 22 : *Le parc Pumalin (partie nord et partie sud), Patagonie Chilienne*

Source : http://wadersandwoods.com/images/image746.jpg, consulté le 1/07/2014

Figure 23 : *L'imagerie naturaliste de Pumalin*

Source : http://www.parquepumalin.cl/photo_gallery.htm, consulté le 1/07/2014

Figure 24 : *page d'accueil du site du parc Pumalin*

Source : http://www.parquepumalin.cl/index.htm, consulté le 1/07/2014

Le parc Pumalin posait un problème de souveraineté national pour le Chili car il coupait le Chili en deux parties (Amilhat Szary 2013), et il génère des conflits avec le front d'exploitation hydro-électrique, ou en relation avec les populations locales.

> Finally, Tompkins was accused of coercing small peasant farmers who owned land in the area to sell out, and of not addressing the rights of farmers who had long farmed land he purchased but who lacked legal title. The controversy was such that the Chilean government forced Tompkins to sign an accord in July of 1997, agreeing to greatly limit any further land purchases in Chile, amongst other commitments. As Nelson and Geisse (2001) note, this is highly unusual in a country that prides itself on its respect for law and its friendly conditions for foreign investors, and contrasts greatly with the support given to foreign land purchases for agriculture, forestry, or hydro-electric power generation. (Holmes, 2014)

D. Tompkins, au-delà de « son » parc Pumalin, a été à l'initiative d'un véritable front écologique « privé » à l'échelle de tout le Cône sud (voir carte ci-dessous). Ce dernier sous-processus *top-down* du front écologique global remet bien sûr en question la hiérarchie du régime d'environnementalité, au profit des éco-mécènes (ou éco-barons, voir (Humes, 2009) et des

Une théorie des fronts écologiques

financiers, dans une logique typiquement néo-libérale, avec l'État qui peut devenir un sujet environnemental à part entière au service du secteur privé. C'est le cas pour Tompkins qui a proposé à l'État argentin de transformer plusieurs de ses propriétés foncières en parc national comme avec le projet de Monte Léon National Park en Patagonie Argentine (figures 25 & 26). J'y reviendrai dans le chapitre suivant. Suite au décès de Tompkins, son épouse a décidé de léguer ce parc, ainsi que le Pumalin, à l'État chilien.

Figure 25 & 26 : *Le front écologique Tompkins en Argentine et au Chili*

Source : http://www.tompkinsconservation.org/all_protected_areas.htm, consulté le 1/07/2014

À une autre échelle, les processus de création de *land trusts* (servitudes volontaires de conservation), sont une excellente illustration des dynamiques de fronts écologiques privés. Le principe général du *land trust* est d'inciter un propriétaire terrien de pratiquer le *land sharing*, défini plus haut, et donc de transférer tout ou partie de ses terres de manière permanente en conservation de la nature. En fonction des pays et des contextes politiques, les avantages fiscaux d'une telle démarche sont plus ou moins importants mais représentent toujours une incitation non négligeable comme je le montrerai dans le chapitre suivant, en Afrique du Sud, en Argentine et au Chili. Saumon s'est emparée de cette question, dans le cadre de sa thèse en cours sur les migrations d'aménités dans le Montana (Saumon, 2018).

Figure 27 (a et b) : *Image d'un* land trust : localisation et affiche.

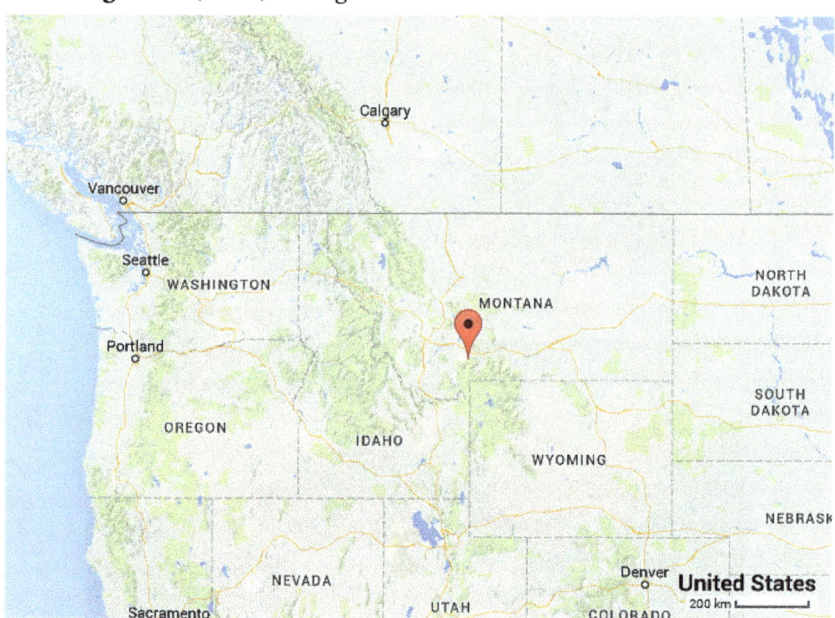

Source : d'après google maps

Une théorie des fronts écologiques

Source : http://www.gvlt.org/, consulté le 20/02/2015

Saumon montre que la démarche de mise en place d'une servitude volontaire de conservation suit plusieurs étapes – avec l'exemple du Gallatin Valley Land Trust[50] (figure 27) – en accord avec les différentes phases de construction d'un front écologique (figure 1). L'étape de la « conception » de la servitude écologique est primordiale. Elle comprend plusieurs sous-étapes, telles que la détermination par les propriétaires et l'association du *land trust* de l'opportunité de faire une servitude de conservation, la détermination de couverture des coûts de la servitude et la détermination des termes de la servitude de conservation. L'étape de conquête s'apparente à l'achat des terres ou à leur donation au profit de l'association du *land trust* dans un objectif de bonne gestion des milieux (*stewardship*)[51]. Certaines de ces associations sont locales ou régionales, d'autres militent pour un réseau mondial des servitudes écologiques (*The Nature Conservancy*). Puis, l'étape de l'ouverture de la servitude est matérialisée par son approbation et son enregistrement par les autorités administratives du Comté, suivie de près par son institutionnalisation formelle, réalisée lors du premier exercice fiscal. C'est un front écologique très lié à son pouvoir de rémunération indirecte réalisée par divers allégements financiers : « la valeur de la servitude est considérée comme un don et est déductible des impôts fédéraux sur le revenu (*federal income tax*) ; la servitude peut réduire les impôts liés aux droits de succession (*estate tax liability*) ; enfin des dépenses liées à la donation sous forme de servitude de conservation peuvent être déductibles » (Saumon, 2018). En ce sens, les servitudes écologiques renvoient à la rémunération des services écosystémiques, matérialisés ici par une non-déprédation des habitats naturels.

La servitude écologique est réputée s'inscrire sans limite de durée. Les acteurs rencontrés par Saumon dans le Montana précisent bien qu'elle induit un processus de réappropriation territoriale totalement privé, et ce, malgré la nécessaire approbation du Comté et des organismes fiscaux fédéraux. Ainsi protégées, la jouissance des terres reste l'apanage des propriétaires ou de l'association. Ces servitudes écologiques ne sont pas forcément très contraignantes d'un point de vue écologique car elles n'interdisent pas certains usages agricoles ou prélèvements modérés (chasse, pêche, cueillette, etc.). Leur objectif n'est donc pas la préservation de la *wilderness per se* mais la conservation d'un paysage, dans l'idée de sa transmission – sous forme d'héritage – à la descendance ou de sa

---

[50] Gallatin Valley Land Trust, http://www.gvlt.org/, consulté le 20/02/2015.
[51] http://www.gvlt.org/land-conservation/stewardship/, consulté le 20/02/2015.

Une théorie des fronts écologiques

passation à des nouveaux venus, en soulignant la puissance identitaire de ces lieux de nature.

> The force of place can be gravitational – difficult to describe, impossible to escape. And few places attract like western Montana. We are blessed to call this dramatic, distinct landscape home. The cold, clear waters that course through these valleys feed the needs and thirsts of growing communities and productive farms. Wild, mountain country creeps up to the very edges of our neighborhoods and towns offering adventure and reward for those who follow trails into the untracked landscape. Fertile soils left in the wakes of ancient glaciers and lakes grow the hay and wheat that support generations of working families and feed us all. The wildlife that shares the land with us, fish that haunt the shadow waters, dark forests, bushes heavy with wild berries and native grasses bending in the wind enrich our lives and our understanding of the natural connections that sustain us. All of these – from the farmer sinking his hands into dirt to mountain peaks jutting into sky – attract and hold us here as surely as gravity itself[52].

Les servitudes écologiques sont donc selon Saumon (2018) un instrument de pouvoir (foncier, économique, symbolique et politique) qui permet de relire les grands enjeux autour des logiques d'héritage et d'appropriation de l'environnement dans l'ouest du Montana. Ces fronts écologiques privés permettent ainsi de perpétuer différentes formes de dominations foncières à plusieurs échelles en articulant des logiques *top-down* à des logiques *bottom-up*.

II.2.3.2. Les sous-processus globaux bottom-up

Les sous-processus *bottom-up* de la génération globale des fronts écologiques ne sont pas isolés des logiques *top-down* présentées précédemment en raison des interrelations réticulaires entre les différents acteurs, en particulier l'éco-tourisme, ce qui est le propre des dispositifs d'environnementalité. Toutefois, ces sous-processus multiformes induisent d'autres stratégies de reconquête territoriale au nom de l'écologie, parfois plus spontanées, aussi plus volatiles et cherchant, parfois, à dépasser la référence unique à l'ontologique occidentale de la nature.

Les fronts écologiques *bottom-up* reposent sur des mobilités humaines temporaires (éco-tourisme), spécifiques (fronts de retour à la nature) ou permanentes (front écologique autochtone). Ils seront détaillés au sein de ces trois catégories.

---

[52] Brochure « *Protect the land Preserve the place* » du FVLT (Five Valleys Land Trust), citée par Saumon (2015).

[Sous-processus 6] Éco-tourisme

Les processus écotouristiques sont au cœur des stratégies de valorisation des sous-processus évoqués précédemment, et mobilisent particulièrement les valeurs néolibérales et de vérité des dispositifs d'environnementalités. Ils sont toujours associés, soit à une initiative *top-down* (ONG) ou à une initiative *bottom-up* (développement local lié au retour à la nature), voir (Honey 1999). Ils passent en partie par la multiplication des documentaires et magazines consacrés aux espaces de nature dans le monde et à la montée en puissance d'une classe de riches écotouristes partant à la recherche de l'*eco-frontier dream* (voir Vieillard-Baron, 2011 sur l'attraction de la jungle dans les pratiques écotouristiques). Ce processus est générateur d'une imagerie très explicite sur les fronts écologiques sur la jouissance sans limites d'une nature sans frontières, voir figure 28.

Figure 28 : *Imageries du front écologique*

Source : cours de M1 de Sylvain Guyot (2013-2016) « Espaces et territoires protégés & http://www.berghahnbooks.com/covers/VivancoTarzan.jpg, consulté le 13/02/2015

Les écotouristes font partie des éco-conquérants, « véritables "*fashion victims*" de l'écologisation de la société monde ». Si certains écotouristes (antarctiques par exemple) font office de sujets environnementaux sincères, la plupart d'entre eux cherchent à exercer une forme de profit personnalisé sur la nature, plus ou moins directement centré sur sa « consommation » directe.

Une théorie des fronts écologiques

L'Antarctique est un exemple emblématique de front écologique triplement hybridé : une hybridation entre les logiques des générations géopolitique et globale, une hybridation entre un front écologique stabilisé et consensuel et un double front dynamique (écotourisme et recherche), et une hybridation entre une logique *top-down* forte et une logique *bottom-up* difficilement contrôlable : écotouristique et scientifique. Cette triple hybridation induit des contradictions fortes. En effet, ce continent protégé au nom de la paix mondiale fait l'objet de multiples appropriations nationales, pour ne pas dire nationalistes, dans le cas de pays comme l'Argentine ou le Chili qui investissent sur l'importance stratégique des têtes de ponts portuaires (Guyot, 2012a). De même, ce laboratoire de la préservation exclusive d'un milieu froid, océanique comme continental, est mis en péril par deux des catégories d'éco-conquérants qui prétendent le défendre : les scientifiques et les écotouristes. C'est la cohésion même d'un dispositif d'environnementalité international qui est en cause, tiraillé entre des valeurs de vérité, de souveraineté et de néolibéralisme.

Dernier continent à avoir été découvert, puis exploré[53], l'Antarctique est une terre grande comme vingt-deux fois la France (12,5 millions de km^2), recouverte d'une épaisse calotte glaciaire, et presque totalement inhabitée de manière permanente. Jusqu'à la Seconde Guerre mondiale, l'Antarctique est un front pionnier original dont l'exploration n'implique pas de processus de colonisation humaine massive, mais induit plutôt une territorialisation politique de papier. Il faut citer l'exception notable de la création précoce de la base argentine Orcadas (Omond House à l'époque), par l'expédition Scotia (1902-1904) de William Speirs Bruce, située sur l'île Laurie des îles Orcades du Sud, en périphérie du continent.

---

[53] Une partie de ce texte sur l'Antarctique a été écrite par l'auteur et publié dans l'Atlas coordonné par Laslaz *et al.*, 2012.

Figure 29 : *Géopolitique de l'Antarctique*

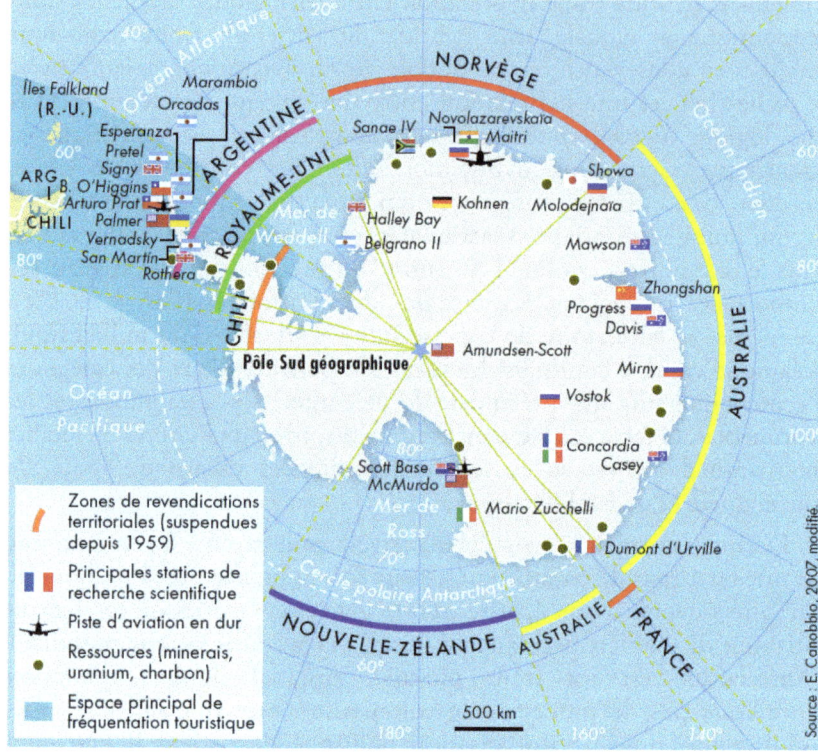

Source : Laslaz, Guyot *et al.*, 2012

La période de l'après-guerre voit en Antarctique l'établissement d'une frontière dont l'objectif est l'appropriation de fait du territoire, par le biais de l'implantation de bases militaires et scientifiques : Signy, Royaume-Uni, 1947 ; Base General Bernardo O'Higgins, Chili, 1948 ; Esperanza, Argentine, 1952 ; Mc Murdo, États-Unis, 1955 ; Dumont d'Urville, France, 1956, etc. (figure 29). Depuis 1959, toutes ces revendications territoriales sont gelées. Pour laisser à l'écart de tout conflit ce continent vierge, l'Antarctique est déclaré « continent de paix » par le Traité de Washington. Ratifié par douze États (Afrique du Sud, Argentine, Australie, Belgique, Chili, États-Unis, France, Grande-Bretagne, Japon, Nouvelle-Zélande, Norvège et URSS), ce Traité de l'Antarctique s'applique à l'ensemble de la zone située au sud du 60e parallèle. Il légitime la recherche scientifique et proscrit toutes les activités militaires, y compris nucléaires, sur le continent.

Ainsi, 1959 marque la fin de la conquête de la frontière antarctique de fait, même si de nombreuses bases scientifiques « post-traité » voient le jour dans l'idée de poursuivre l'occupation du terrain pour le compte d'un État (comme la base de Bellinghausen, URSS, 1968). Le traité de l'Antarctique est par la suite amendé par plusieurs conventions sur la protection de la faune et de la flore, mais surtout par le protocole de Madrid qui ajoute en 1991 un volet environnemental au traité, établissant ainsi un moratoire de 50 ans sur l'exploitation des ressources minières. L'Antarctique devient donc un front écologique global dédié à la paix et à la science.

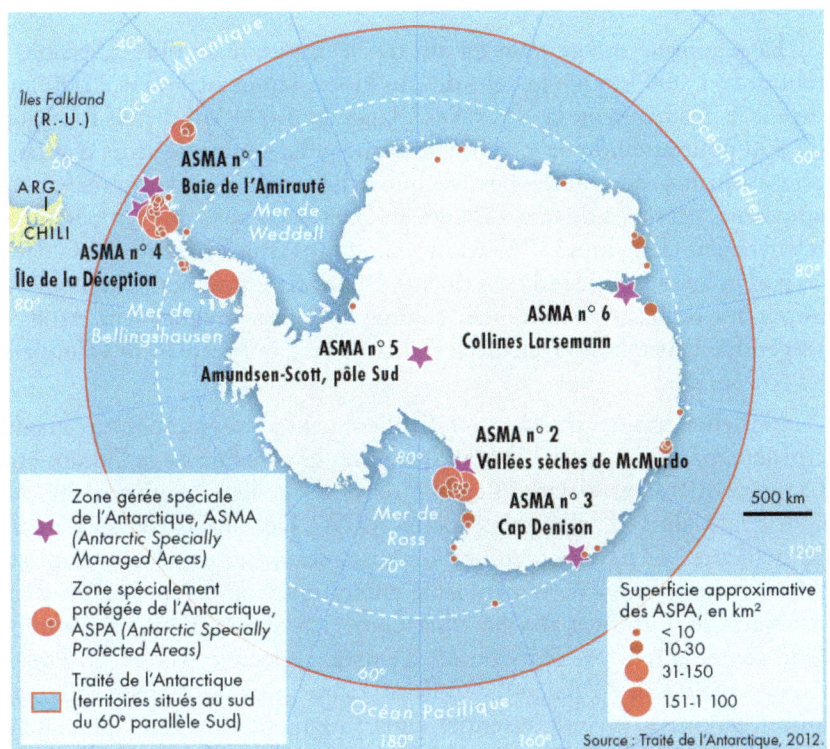

Figure 30 : *Le front écologique antarctique*

Source : Laslaz, Guyot *et al.*, 2012

L'Antarctique constitue ainsi la plus grande aire protégée au monde, même si depuis 1991 seulement certaines zones sont effectivement concernées par des statuts de préservation stricte (*Antarctic Specially*

Protected Areas ou ASPA, voir figure 30). Les scientifiques doivent d'ailleurs requérir une autorisation spéciale pour y travailler auprès du pays en charge de la réserve. Les années 1990-2000 connaissent, de plus, un grand mouvement de valorisation culturelle du patrimoine historique antarctique, avec la création des *Antarctic Specially Managed Areas* (ASMA), réservées pour la protection et la valorisation du patrimoine culturel. La fouille et la mise en valeur des sites archéologiques et patrimoniaux antarctiques est du ressort de chaque État, ce qui génère un autre mode d'appropriation nationale des espaces du continent, au service de stratégies géopolitiques. Ces mesures de protection se localisent majoritairement sur la péninsule antarctique et les îles avoisinantes, qui sont d'ailleurs les lieux les plus fréquentés par les écotouristes.

La péninsule antarctique est de fait le territoire le plus accessible : moins de 1 000 km la séparent du cap Horn, tandis qu'il faut 2 600 km depuis la Tasmanie ou la Nouvelle-Zélande et 4 000 km depuis l'Afrique du Sud pour atteindre le « continent blanc ». La péninsule attire d'autant plus les écotouristes qu'elle possède une riche faune (pingouins, manchots empereur, éléphants de mer, baleines, etc.), et ce en raison de températures relativement clémentes : -5°C en moyenne sur l'année (contre -50°C dans les parties les plus froides du continent). Enfin, cette zone abrite un nombre important de bases scientifiques, comme la station uruguayenne Artigas, l'argentine Esperanza ou encore la chilienne Frei, qui accueillent volontiers les écotouristes.

Plusieurs dizaines de sites sont régulièrement visités par des bateaux de croisière, parmi lesquels l'île Half Moon ou encore l'île de la Déception. Cette dernière est paradoxalement devenue le lieu le plus visité du continent, alors qu'elle abrite deux ASPA. Des infrastructures quasi permanentes se développent sur les bases scientifiques (école, hôpital, poste, banque, etc.) de la péninsule antarctique, où se chevauchent les revendications territoriales de trois États (Argentine, Chili, Royaume-Uni) matérialisées par leurs portes d'entrée respectives (Ushuaia, Punta Arenas et Stanley-Falkland). Celles-ci sont plus accessibles que les autres et jouent un rôle essentiel dans l'augmentation tant qualitative que quantitative de l'appropriation humaine en Antarctique. Il en résulte que des logiques de conquête présentées comme associées au front écologique (présence militaire, recherche et écotourisme) peuvent apparaître contradictoires, car certaines activités présentent différents niveaux de risques pour l'environnement antarctique. Ainsi, beaucoup

Une théorie des fronts écologiques

de tour-opérateurs écotouristiques antarctiques, souvent critiqués pour leurs stratégies de commercialisation d'une nature « bien commun de l'humanité », rappellent que les activités de recherche ont des impacts environnementaux terrestres très importants sur la *wilderness* antarctique. Pourtant, les derniers naufrages de navires de croisières posent à nouveau clairement la question de la durabilité de la protection de l'Antarctique face à l'accroissement de la demande écotouristique – de la part d'une clientèle aisée et souvent bien connectée dans les réseaux d'ONG environnementales – sur des espaces extrêmement vulnérables, malgré les régulations mises en place[54]. L'Antarctique est représentatif d'une logique *top-down* marchandisée par le biais de l'éco-tourisme.

[Sous-processus 7] Le front du retour à la nature

Dans le monde occidental, les années 1960 et 1970 marquent un renforcement sans précédents d'un militantisme écologiste qui s'inscrit dans la lignée idéologique des grands préservationnistes américains comme Emerson, Thoreau, Muir ou Aldo Leopold. De nouveaux courants apparaissent comme l'écologie profonde (Naess), l'hypothèse Gaïa (Lovelock) et cherchent à transformer la vie des militants écologistes sur la base de principes biocentriques. Ce tournant écologiste *bottom-up*, incarné par les célèbres mouvements beatnik[55] ou hippies[56] résonne entre autres comme une critique de la société de consommation et de militarisation. Il correspond à une rupture face à la génération géopolitique de fronts écologiques. De nombreuses associations locales sont créées pour accompagner un vaste mouvement de retour à la nature (Halfacree, 2007), qui passe par la réappropriation de terres dans les zones rurales et une plus forte demande en espaces naturels protégés. Les premières coopératives écologistes et éco-villages sont créés au sein de ces mouvances[57], et sont souvent accompagnés de dynamiques artistiques, comme le festival de Woodstock qui a lieu en 1969 à Bethel sur les terres du fermier Max Yasgur aux États-Unis, à une soixantaine de kilomètres de Woodstock dans l'État de New York. En France, on pense spontanément au mouvement de mai 1968 puis

---

[54] http://iaato.org/home, consulté le 09/20/2015.
[55] Et en particulier le livre de Jack Kerouac « Sur la route (On the Road) », publié en 1957 (écrit de 1948 à 1956) traduit en français et publié par Gallimard, Folio, 1976.
[56] Voir René Barjavel, *Les Chemins de Katmandou*, Hachette, 1969.
[57] Voir l'article de Katja Gaskell http://www.greenlifestylemag.com.au/features/993/ecovillages-hippy-town-or-way-future, consulté le 24/10/2014.

au mouvement de reconquête du Larzac[58], ainsi qu'à l'ensemble des projets alternatifs écologistes localisés dans les Basses-Alpes[59] ou en Ardèche (Hameau des buis)[60]. De nombreuses utopies du retour (à la terre et à la nature) vont être portées dans les décennies suivantes et jusqu'à nos jours en Europe (Léger, 1979 ; Mathieu, 1998 ; Tovey, 1997), Amérique du Nord (Fortmann & Kusel, 1990 ; Jones *et al.*, 2003), et ailleurs. Ce mouvement va préfigurer la néo-ruralisation ainsi que certaines formes de gentrification rurale (voir concept de « greentrification », (Richard, 2009)) et une certaine écologisation des campagnes (Champagne, 2008 ; Depraz, 2007). Ces fronts écologiques d'un autre type sont avant tout fondés sur l'appropriation de périmètres où la vie en harmonie avec la nature pourra être rendue possible. Ils se localisent donc souvent à proximité de fronts écologiques stabilisés, comme des forêts protégées, des parcs ou des réserves naturelles. Ils peuvent parfois aussi correspondre à un désir de protection d'espaces naturels protégés délaissés ou en péril. Le processus de création des éco-villages est représentatif de ce sous-processus de front écologique global *bottom-up*. Internet regorge de sites promouvant des projets et des réalisations d'éco-villages un peu partout dans le monde. Le *Global Ecovillage Network* (GEN) (http://gen.ecovillage.org, consulté le 09/02/2015) présente l'essentiel des réalisations de manière géo-référencée à l'échelle de la planète (figure 31).

Le GEN est une ONG basée en Écosse[61]. Elle se fonde sur une définition de l'éco-village (présentée dans l'encadré 6) très proche de mon acception du sous-processus de front écologique de « retour à la nature » avec les idées de « régénération de l'environnement naturel », de référence à l'âge d'or rousseauiste et les renvois aux paradigmes globaux sur le développement durable. Une des dernières publications internes de l'ONG s'intitule d'ailleurs « Ecovillages – New Frontiers for Sustainability »[62].

---

[58] Voir http://www.larzac.org/resister/histoire.html, consulté le 24/10/2014.
[59] Voir http://www.alpes-de-lumiere.org/fre/index/notre_histoire.html, consulté le 24/10/2014.
[60] Projet porté par la fille de Pierre Rabhi, http://www.la-ferme-des-enfants.com/, consulté le 24/10/2014.
[61] http://gen.ecovillage.org/en/page/what-gen, consulté le 09/02/2015.
[62] http://gen.ecovillage.org/en/page/publications, consulté le 09/02/2015.

Une théorie des fronts écologiques 107

Figure 31 : *La carte des éco-villages dans le monde d'après le* Global Ecovillage Network

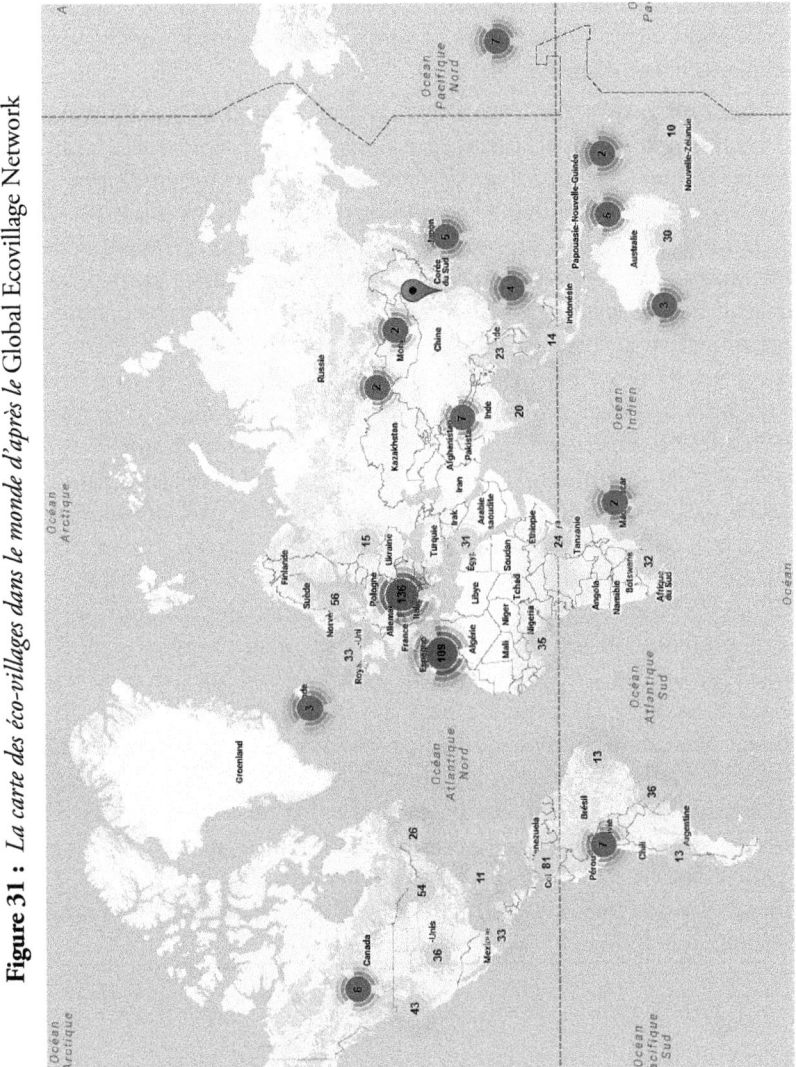

Source : http://gen.ecovillage.org/en/projects/map, consulté le 09/02/2015

Encadré 6 : *Définition de l'éco-village par le GEN (http://gen.ecovillage.org/en/article/what-ecovillage, consulté le 09/02/2015)*

> An ecovillage is an intentional or traditional community using local participatory processes to holistically integrate ecological, economic, social, and cultural dimensions of sustainability in order to regenerate social and natural environments.
>
> The motivation for ecovillages is the choice and commitment to reverse the gradual disintegration of supportive social/cultural structures and the upsurge of destructive environmental practices on our planet. For millenia, people have lived in communities close to nature, and with supportive social structures. Many of these communities, or « ecovillages », exist to this day and are struggling for survival. Ecovillages are now being created intentionally, so people can once more live in communities that are connected to the Earth in a way that ensures the well-being of all life-forms into the indefinite future. Ecovillages are one solution to the major problems of our time – the planet is experiencing the limits to growth, and our lives are often lacking meaningful content. According to increasing numbers of scientists, we have to learn to live sustainably if we are to survive as a species. The United nations launched its Global Environment Outlook 2000 report, based on reports from UN agencies, 850 individuals and over 30 environmental institutes, concluding that « the present course is unsustainable and postponing action is no longer an option ». Ecovillages, by endeavoring for lifestyles which are « successfully continuable into the indefinite future », are living models of sustainability, and examples of how action can be taken immediately. They represent an effective, accessible way to combat the degradation of our social, ecological and spiritual environments. They show us how we can move toward sustainability in the 21st century (Agenda 21). In 1998, ecovillages were first officially named among the United Nations' top 100 listing of Best Practices, as excellent models of sustainable living.

Une théorie des fronts écologiques

Cette organisation se fonde sur une typologie de créations de lieux de vie durables, et d'actions multiformes, dont la création d'éco-villages *per se* ne représente d'un aspect parmi d'autres formes d'actions écologistes orientées selon une philosophie de réconciliation nord-sud. L'ONG est basée en Europe, en Amérique du Nord, en Amérique latine, en Asie-Océanie et en Afrique[63], et le nombre de projets se répartit partout avec une certaine surreprésentation de l'Europe et de l'Amérique du Nord.

En France, certains éco-villages sont référencés au sein de cette ONG internationale, d'autres non. D'autres organisations existent[64] comme *Écovillage France* (http://www.ecovillage-france.com, consulté le 09/02/2015), et des projets individuels fleurissent, surtout dans le sud et le sud-est de la France[65]. Beaucoup de ces éco-villages construisent des projets en relation avec l'art, cet aspect sera développé dans le chapitre 3.

Les valeurs utilisées relèvent de la « vérité », avec des références faites aux origines de la pensée écologiste (Thoreau ou Rousseau) et, fait nouveau par rapport aux autres processus analysés, de la « libération ». L'initiative « par le bas » de reconquérir un territoire au nom de valeurs écologistes intériorisées et personnalisées relève d'une forme de libération par rapport aux contraintes du monde moderne, même si chacun de ces projets finit par relever de formes d'hybridation entre nature et culture, et tradition et modernité. En Russie, l'exemple de l'éco-village Grishino en Russie[66] est très révélateur de l'instrumentalisation de ces valeurs (figure 32).

---

[63] http://gen.ecovillage.org/en/page/global-network, consulté le 09/02/2015.
[64] Les sites Web du réseau français des éco-villages ne semblent plus mis à jour, http://www.rama.1901.org/ev/, accédé le 09/02/2015 & http://rfev.free.fr/#quezaco, consulté le 09/02/2015.
[65] http://eva.coop/, http://ecovillagestecamelle.fr/, consulté le 09/02/2015.
[66] http://gen.ecovillage.org/en/ecovillage-grishino, consulté le 09/02/2015.

Figure 32 : *Présentation de l'éco-village de Grishino en Russie*

We live in Ecovillage Grishino, located in the North-West region of Russia in a historical village called Grishino (about 300 km north-east from St. Petersburg). Our ecovillage is located at the confluence of two rivers – the Vazhinka and the Muzhala. Here we have been living and building our community since 1993.

We came here from many different places, mostly from cities. We live close to the earth and try to create harmonious relations between each other and with Nature. Each one of us has different world conceptions, but we are learning to understand each other and to create our community together.

We live in Grishino all year round. There are several traditional, Russian-style, common and private houses. We eat vegetables grown in our own gardens. We pick wild herbs and make tea, especially Rose-Bay tea.

Our ecovillage is surrounded by forest, where we pick berries and mushrooms for food. Also there are wild birds and animals, such as beaver, moose, bear, hare, fox, wolves, mountain lion, and many others.

Today our forest is in danger because of logging done by industrial forest companies. To prevent forest devastation we are starting different projects, including: a tree-planting camp, designing arboretum, and developing eco-friendly forest management in our region.

We intend to revive the traditions of our ancestors – the folk culture and art. We learn songs and dances, woodcraft, ceramics, and village architecture. Our dream is to create a family school for our children. Each summer we host different types of seminars related to spiritual life, handicrafts, etc. Work and spiritual practices in our community are the best ways to merge with the Spirit of Nature.

We are developing an ecological tourism project here in Grishino. We are inviting families and individuals to visit us and spend time in the wild and beautiful nature of the North. You are always welcome to Grishino!

Source : Grishino

Cet éco-village renvoie à une préservation « à la manière de H.D. Thoreau » fondée sur un retour à la nature, mais dans une optique beaucoup plus communautarisée.

[Sous-processus 8] Front écologique autochtone

Encadré 7 : *Essai de théorisation du front écologique autochtone*[67]

Les Autochtones obtiennent une place graduellement importante au sein de la protection de la Nature au niveau mondial. Il semble nécessaire de questionner cette place et les logiques qui accompagnent ce type d'initiatives afin de mieux comprendre les relations de pouvoir et de domination dans la mise en place de cette nouvelle conservation « autochtone ». Le front écologique permet de lire les réalités sociales, politiques, économiques et territoriales camouflées derrière les raisons écologiques de la conservation. Envisager un front écologique autochtone pose la question de la décolonisation de la conservation. Le front écologique, étant par essence un outil colonial, relève d'une gouvernementalité dominante qui exclue les populations locales ou autochtones qui portent des valeurs non reconnues par les dirigeants. Or, il semblerait qu'aujourd'hui, l'aire protégée corresponde à l'un des rares espaces au sein desquels une forme de décolonisation pourrait émerger. En utilisant le front écologique autochtone, la question de la redistribution du pouvoir est essentielle, or cette dernière est loin d'être automatique dans les processus d'intégration des Autochtones dans la gestion des aires protégées.

La lecture du front écologique via le prisme de l'autochtonie permet d'envisager trois problématiques : le contexte colonial de départ, la tête de pont et l'environnementalité prônée. Le front écologique autochtone se traduit par la volonté de protéger la Nature, mais tout en étant accompagnée d'autres ambitions d'ordre politique, éthique, social, moral, économique et juridique. Il s'agit d'un processus de réappropriation des terres ancestrales par la revendication d'une gestion écologique mettant en avant les valeurs socio-environnementales autochtones concernées – et leurs représentations coloniales (Maraud et Guyot, 2016). Théoriquement, c'est donc un renversement du rapport de domination qui s'opère avec ce front. La protection de la Nature est un acte politique en soi, elle permet un contrôle territorial et idéologique. Elle peut notamment permettre la légitimation d'une entité socioculturelle – en l'occurrence autochtone – par l'utilisation d'un lien spécifique au territoire. La production de cette Nature écologique serait alors un outil de gouvernance territoriale.

---

[67] Cet encadré sur le front écologique autochtone a été rédigé par Simon Maraud, doctorant en géographie (universités de Limoges – France – et de Laval – Québec).

Si front et écologique peuvent paraître contradictoires sur un bon nombre de points, il n'en est pas moins paradoxal d'associer front et autochtone. Le front est directement associé à l'idée de colonisation (Lacoste, 2003). Le front écologique, comme le front pionnier, le front d'exploitation, ou le front militaire, correspond à la colonisation d'un territoire par l'affirmation d'une autorité (voir chapitre 1). Par conséquent, le front écologique autochtone ne relève pas des mêmes logiques ou moyens organisés par les élites coloniales. L'*indigenous resurgence* (Corntassel, 2012) appuie l'idée qu'il serait absurde, pour les Autochtones, de coloniser un territoire qui appartient déjà aux Autochtones – ou plutôt, dont ils prennent soin depuis des temps immémoriaux. Il est donc important de bien préciser que le front écologique autochtone met en avant les logiques de reconquête de pouvoir au sein des territoires et non pas de reconquête du territoire en lui-même. Par cela, l'idée d'un front, comme reconquête de l'autorité au sein des territoires, pourrait fonctionner. Cela amène à repenser le processus non plus selon un système *top-down* mais *bottom*-up afin de concevoir l'objet colonial en outil décolonial.

Le front écologique autochtone est complexe, mais surtout ne garantit pas la réappropriation territoriale autochtone. Il est en réalité basé sur le compromis et cela à plusieurs échelles, que ce soit dans sa structure, dans son évaluation, dans sa gestion et – surtout – dans sa compensation. Il sera donc question de savoir jusqu'à quel point le compromis est nécessaire afin qu'il y ait front écologique autochtone, et surtout s'il est encore pertinent de parler d'initiative autochtone après cela.

En effet, l'une des caractéristiques principales du front écologique autochtone est que celui-ci permet de rendre visibles les compromis établis entre le monde occidental capitaliste et le monde autochtone. Il est alors possible de déterminer le degré de compensation pour la récupération du pouvoir autochtone au sein d'aires protégées. La lecture critique des relations d'acteurs dans l'arène étudiée offerte par le front écologique autochtone permet ensuite de définir le niveau de réappropriation du pouvoir par les Autochtones.

Le front écologique n'a pas été conçu dans un contexte de décolonisation mais plutôt dans un cadre de domination coloniale (externe, impérialiste puis interne, nationaliste). En proposant le front écologique autochtone en tant qu'outil d'éco-décolonisation, cela implique de revoir la logique de nivellement qui n'est plus présentée

Une théorie des fronts écologiques

comme émanant des élites de la société dominante, mais du « bas », à savoir les Autochtones, en tant que société dominée. Il faut dès lors identifier les acteurs de cette « société du bas » qui sont impliqués, car les ambitions vont varier entre le peuple et l'élite autochtone.

Figure : Essai de schématisation du front écologique autochtone

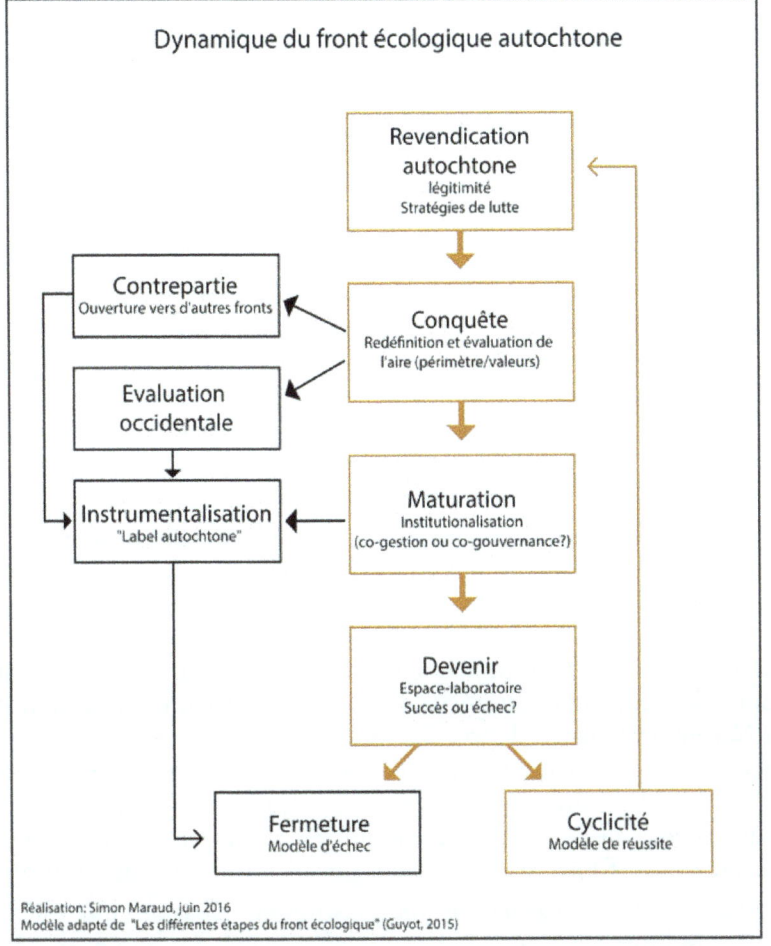

Sur ce schéma, le front écologique autochtone est caractérisé par deux aspects, à droite (en marron), se trouve l'émancipation autochtone au sein du processus ; et à gauche (en noir), les cases correspondent aux externalités découlant du compromis avec la société capitaliste.

Premièrement, il y a une revendication autochtone, face à la situation postcoloniale comprenant notamment l'exploitation du territoire et l'absence de représentants autochtones dans les processus de décision, ces derniers clament une légitimité territoriale et éthique pour la sauvegarde de la Nature et de la pratique traditionnelle. C'est donc l'émergence d'une lutte qui se traduira par différentes stratégies mises en place par les Autochtones, accompagnés ou non d'organismes (ONG environnementalistes par exemple). La deuxième étape correspond à la conquête, c'est-à-dire la définition de la zone, de sa richesse, de ses vertus. Les Autochtones établissent les critères qui font que l'aire en question mérite une protection et prouvent sa valeur. Il faut par la suite convaincre les développeurs qu'il est nécessaire de « condamner » cet espace en le retirant à l'exploitation.

L'étape de l'évaluation est une des menaces pour le front écologique autochtone puisque celle-ci pourrait être uniquement occidentale, selon des critères occidentaux qui ne prendraient alors pas en compte l'ensemble des réalités objectives et subjectives du territoire (Castree, 2004 ; Desbiens, 2013). Il faut donc savoir si cette évaluation est opérée par des grandes institutions occidentales, des grandes institutions autochtones, ou des ONG – et à ce moment-là, savoir lesquelles –, ou bien par concertation – entre quels acteurs – etc.

Ensuite vient la contrepartie, il est rare qu'une telle entreprise soit gratuite. La prise en charge par les Autochtones de certaines aires protégées nécessite généralement un compromis envers la métropole et les développeurs. Les négociations découlent d'insatisfactions, les deux parties doivent alors trouver un moyen de se satisfaire mutuellement. De ces négociations peut découler une protection de la Nature en échange de son exploitation à un autre endroit, c'est la logique de la compensation qui démontre très clairement la dimension paradoxale de la conservation capitaliste (Brockington *et al.*, 2008). Il faut négocier des aires compensatoires en contrepartie, afin d'ouvrir de nouveaux fronts d'exploitation sur d'autres pans du territoire.

Puis, c'est la maturation ou l'institutionnalisation qui est un critère indispensable pour la mise en place d'une aire protégée. Mais là encore, se posera la question de la structure adaptée à une aire protégée autochtone. Cette étape peut être négative dans le cas d'une instrumentalisation du critère autochtone. Si la structure s'avère être en réalité entièrement occidentale, alors les Autochtones deviennent utilisés et instrumentalisés pour devenir un label qui légitime les actions de compensation venant d'acteurs exogènes tout en revendiquant les ambitions progressistes de l'inclusion des Autochtones dans la gestion de leurs terres. L'évaluation occidentale et la contrepartie peuvent participer de manière importante à cette instrumentalisation.

Vient alors le devenir du front écologique autochtone. Bien qu'il y ait aujourd'hui une tendance mondiale d'inclusion des Autochtones dans les systèmes de protection de leurs terres (Berkes, 1999 ; Brockington *et al.*, 2008), cela reste marginal et au sein d'espaces-laboratoires. Ainsi, leur devenir est l'étape essentielle, car étant des processus nouveaux, ils en deviennent les symboles. Cela peut se traduire par un modèle de réussite en matière de consensus entre gouvernement et Autochtones dans la volonté de redéfinir un système de gestion commun, soit en termes de gestion uniquement autochtone – cela démontre que les Autochtones sont capables de gérer leur territoire eux-mêmes. Un tel succès permet la cyclicité du modèle, puisque celui-ci encourage d'autres territoires et peuples autochtones à suivre la mouvance, mais également les gouvernements à généraliser ce type d'initiatives. Mais cela peut aussi être un exemple d'échec si l'entente est impossible à trouver et que la gestion est dès lors bloquée, les Autochtones sont alors vus comme incapables d'être responsables (*sic*) et facteurs de blocage. C'est donc la fermeture du front écologique autochtone qui permet de légitimer des actions gouvernementales d'ingérence coloniale dans la gestion des terres ancestrales. Il devient alors la référence de l'échec qui bloque d'éventuelles autres perspectives similaires ailleurs. L'ensemble des instrumentalisations précédentes participe à la fermeture.

Enfin, un dernier point peut être évoqué, le front écologique autochtone reste un facteur de dynamisme qui peut encourager d'autres activités telles que l'éco-tourisme, et des mécanismes comme la mise en avant d'une culture distincte et le renforcement d'une identité malmenée. La culture autochtone est ce qui fait la spécificité de ce type de front écologique, il est donc aussi question de protéger cette culture que ce soit par la préservation de ses pratiques – la chasse, la pêche, le piégeage, l'élevage, etc. –, la sauvegarde de sa territorialité et l'exposition de certaines de ses spécificités. Mais le mouvement conservationniste étant fondamentalement lié à celui du développementalisme (Harvey, 2008 ; Brockington, 2008 ; Maraud et Desbiens, 2017), cette protection culturelle et naturelle doit s'intégrer dans un système de valeurs basé

> sur les logiques de marché et donc monétaire. Ces deux derniers éléments amènent à questionner la véritable nature du front écologique autochtone. Il est vrai que mettre en place un modèle de protection et de gestion de la Nature – même en impliquant les Autochtones – correspond à la continuité de la dynamique occidentale naturaliste. Et le fait que ce modèle doive s'intégrer dans un projet de développement pour les Autochtones – avec le tourisme notamment – et ne doive pas freiner d'autres projets de développement sur le territoire – d'où les espaces compensatoires pour l'exploitation – participe également à la continuité de la gestion occidentale. Par conséquent, parler d'un front écologique autochtone doit être mesuré. Si le front écologique autochtone rend le pouvoir de gestion aux Autochtones, mais dans une structure et une vision du monde d'origine occidentale, peut-on vraiment parler du « remplacement d'un ordre socio-spatial par un autre » (Héritier et al., 2009 : 4) ?
>
> L'utilisation de ce terme montre donc des limites quant à la nature autochtone du front écologique, ce qui n'est en rien un problème. Son but est de lire les relations de domination entre les acteurs dans la mise en place de l'intégration des Autochtones dans la conservation. Le front écologique autochtone ne signifie donc pas la reprise du pouvoir par les Autochtones, mais, au contraire, la questionne.

Pour poursuivre cette discussion engagée par Simon Maraud dans l'encadré 7 présenté ci-dessus, peuvent être aussi rattachées au front écologique autochtone l'ensemble des initiatives de *community-based nature conservation* ayant été couronnées de succès et impliquant soit des communautés locales soit des communautés autochtones (Guyot, 2011b).

Le meilleur exemple de grand pays ayant initié un processus remarquable de créations *bottom-up* de fronts écologiques est le Brésil. Ce pays, malgré la création durant la génération géopolitique de quelques parcs très renommés (Iguaçu en 1939) ou symboliques d'un certain nationalisme brésilien de la *frontière* (Brasilia en 1961), n'a véritablement débuté son effort massif de protection de la nature qu'après la dictature militaire (1985) et sous l'impulsion d'ONG environnementales nationales et internationales. L'entrée du Brésil dans la génération globale se fait alors selon le paradigme original *socioambiental* (socio-environnemental), induisant de nombreuses créations de réserves naturelles par le bas. Les deux processus emblématiques de ce paradigme sont le mouvement socio-environnemental des *seringueros* de Chico Mendès dans la seconde moitié

Une théorie des fronts écologiques   117

des années 1980 avec la création des réserves extractivistes (Aubertin, 1995), et le mouvement de création de réserves naturelles autochtones dans les années 1990 et 2000 (Fontaine, 2006), voir figure 33.

Figure 33 : *Carte des réserves naturelles autochtones au Brésil*

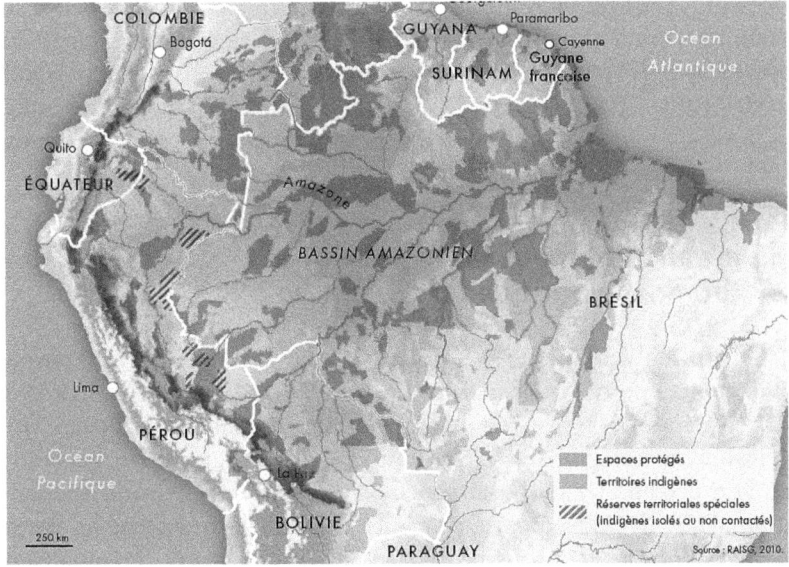

Source : Laslaz *et al.*, 2012

Mittermeier *et al.* (2005, pp. 602-603) reviennent sur ces deux processus importants :

> The state of Acre was the birthplace of the extractive reserve – a consequence of the rubber-tappers' movement led by Chico Mendes. This type of reserve first arose in 1987, not as a protected area but as an instrument for securing rights to land use, attending particularly to communities suffering encroachment and the destruction of their forests through highway construction and cattle ranching in the southwest Amazon. The concept, promoted nationally and internationally by Mary Allegretti (later to hold important positions with the Ministry of the Environment), captured popular imagination as a way to combine the Amazonian people's needs with the protection and sustainable use of the resources on which their livelihoods depend. […] Key to state level protection in Amazonia was the sustainable development reserve concept, pioneered by Jose Marcio Ayres in Mamirau´a in the early 1990s. This innovative approach, underpinned by an intense and prolonged program of research involving and supporting local communities, showed that conservation could be linked with appropriate local-scale development and

led to a host of new conservation initiatives. The result is major commitment from several Amazonian states just since 2002. Particularly noteworthy examples include the state of Amapa, where protected areas and indigenous reserves now cover an astonishing 65 % of the state.

L'exemple brésilien – et en particulier celui de l'État d'Amapa présenté ci-dessus – montre bien que le front écologique peut être associé à une dynamique socio-environnementale dont l'appropriation territoriale coïncide avec les attentes des populations rurales et autochtones (Arnauld de Sartre *et al.*, 2012) selon des valeurs de libération, pour revendiquer et légitimer un certain nombre de droits sociaux et territoriaux (Fontaine, 2006 ; Stabinsky & Brush, 1996).

II.3. Environnementalités politiques ou post-politiques ?

Ce front écologique « global » est synchrone du tournant environnementaliste international qui a débuté à la fin des années 1960. Cette génération de front écologique aurait pu d'ailleurs s'appeler 'front environnemental global'. C'est vraiment à partir de cette génération que l'on peut parler de l'émergence de dispositifs d'environnementalité mondialisés. Ils regroupent en régimes d'environnementalité les acteurs mobilisés dans les sept sous-processus (décrits plus haut) : les organismes internationaux, les États, les régions (ou provinces), les BINGO, les associations environnementales, les acteurs économiques et certains citoyens plus ou moins engagés. Ce régime est loin d'être monolithique, car il est traversé par des lignes idéologiques qui restent encore vivaces par exemple sur la réelle intégration des populations locales, mais tend à s'organiser en réseau et selon des dispositifs multiscalaires pour produire la future carte mondiale de la nature protégée. L'environnementalité est fondé sur la valeur de vérité induite par la pensée écologiste dominante et avérée de la raréfaction de la biodiversité et le danger environnemental planétaire. Cette pensée presque unique est coproduite par les scientifiques et les experts, les philosophes et les organisations internationales. Les autres valeurs partagées par certains régimes d'environnementalité reposent sur la discipline, avec le nécessaire recours massif à l'éducation à l'environnement – comme mode de culpabilisation des masses – et la participation à la gestion des ressources ; la souveraineté qui se pose à l'échelle mondialisée et implique la question de la montée du pouvoir des lobbies environnementaux face aux organisations politiques régionales et aux États ; et le néolibéralisme, avec l'imposition d'un système de valeurs marchandes sur les écosystèmes. À la suite de Fletcher (2010), on peut invoquer le nécessaire recours à une valeur de « libération » pour tenter de faire de l'environnementalité globale un processus de réduction des inégalités sociales, mais peu de processus au sein du front écologique global l'intègrent (sauf certains fronts *bottom-up* par exemple).

Le consensus idéologique et scientifique autour du péril écologique s'impose comme une valeur de vérité universelle et correspond à la phase de « conception » du front écologique. La communication de ce concept au travers l'action des grands médias, des grandes conférences internationales, et des programmes d'éducation à l'environnement relève de la transmission disciplinaire de ce consensus écologique. Elle correspond à la phase de 'légitimation et de mise en place du front écologique'. La souveraineté du régime d'environnementalité global repose donc sur une base intellectuelle légitime et peu contestée, en apparence, par la plupart des acteurs politiques internationaux ou nationaux, ce qui correspond à la phase d'acceptation du front écologique. Ces constats relèvent de la thèse récente de Swyngedouw (2010) mettant l'accent sur la condition post-politique de l'environnementalisme contemporain. Cette reconnaissance universelle et consensuelle d'une vérité environnementale tend à gommer, en apparence, les enjeux politiques qu'elle génère pourtant. À mon sens, le régime d'environnementalité global contemporain instrumentalise sa propre condition post-politique pour tenter de désamorcer ou de régler des conflits pouvant entraver son bon fonctionnement. La définition de sujets environnementaux est un des éléments clefs de cette instrumentalisation. En effet, la possibilité de formater des parties prenantes pouvant être des maillons forts de la mise en place de fronts écologiques globaux relève de la volonté de créer les conditions post-politiques du succès de l'environnementalisme contemporain.

Les exemples que j'ai développés au sein des différents processus du front écologique global montrent plutôt une bonne résistance des conflits environnementaux qui ont tous une substance politique très forte. Les dispositifs d'environnementalité contemporains font l'objet de multiples formes de contestation. Il est nécessaire d'approfondir ces enjeux en montrant la dimension profondément politique des fronts écologiques où les relations de domination semblent toujours l'emporter. La post-politisation de l'environnementalisme contemporain est, à mon avis, une stratégie portée par les grands régimes d'environnementalité pour tenter de gommer l'émergence d'un nouveau système de valeurs fondé sur l'écologie de la libération et de la justice environnementale.

CHAPITRE II

Le front écologique, entre impérialisme et constructions nationales (Afrique du Sud, Argentine, Chili)

Le concept de front écologique, multiscalaire par essence, peut s'appliquer à l'échelle des pays. Je fais l'hypothèse qu'il peut rendre opérationnel une comparaison basée sur des temporalités et des processus communs. L'application de ces catégories aux trois pays va permettre de comprendre en quoi ils se ressemblent et en quoi ils diffèrent, du point de vue des problématiques des [re]conquêtes territoriales, souvent autoritaires, réalisées au nom de la nature.

Mon choix d'approche comparative renvoie à la catégorie « encompassing » proposée par Robinson (2011, p. 5), traduisible par « englobant ». Ma stratégie de comparaison implique en effet un processus systémique commun (le front écologique) fondé sur une hypothèse de convergence dans sa finalité (dans sa troisième génération, c'est un processus mondialisé qui peut produire les mêmes effets ici et là). De plus, mes hypothèses de causalité rejoignent aussi l'idée proposée par Robinson de différenciation dans la mise en place du processus (variété des contextes historiques, juridiques et fonciers entre les trois pays). Au final, j'admets le postulat que les contextes nationaux se font dépasser par des logiques englobantes et puissantes : « Encompassing approaches thus tend to place the comparison outside of history, either within an abstract theoretical framework, or within a historical analysis that assumes in advance the nature of the "whole" that governs the "parts" » (Robinson, 2011, p. 8).

L'Afrique du Sud, l'Argentine et le Chili, pays du sud de l'hémisphère sud peuvent apparaître comme comparables. Ils ont donné lieu à de nombreuses recherches sur leurs interrelations frontalières, politiques et économiques, et leurs arrière-plans historiques, en particulier autoritaires, se ressemblent.

Si la distinction entre régime autoritaire et régime totalitaire est avérée (Linz, 2007), elle n'est pas forcément simple à résumer en quelques lignes. Il y a des débats sur la catégorisation de tel ou tel régime (URSS stalinienne, Allemagne nazie etc.) dans la première ou la seconde catégorie, en fonction par exemple du contexte historique (avènement, chute). L'Afrique du Sud de l'apartheid, l'Argentine de la junte militaire et le Chili de Pinochet sont des régimes autoritaires (Sidicaro, 1983 ; Sigal, 1984) mais possèdent certaines caractéristiques qui pourraient les faire tendre vers le totalitarisme. Les trois pays se retrouvent *a minima* dans une définition générale du régime autoritaire comme régime politique qui par divers moyens (propagande, encadrement de la population, répression) cherche la soumission et l'obéissance de la société. Ce régime peut être autocratique, va avec une absence de pluralisme, un entremêlement des trois pouvoirs, une faiblesse voire une absence des contre-pouvoirs, une absence de légitimité et du principe de souveraineté nationale et la restriction des libertés individuelles. Le régime totalitaire va plus loin dans la soumission, veut convaincre la population du bien-fondé d'une idéologie et cherche à la contrôler dans son ensemble, quitte à pratiquer des crimes contre l'humanité. De ce point de vue là, l'apartheid est proche d'un totalitarisme racial et le régime de Pinochet proche d'un totalitarisme économique néo-libéral. Cependant, dans l'Afrique du Sud de l'apartheid, la tenue régulière d'élections réservées aux Blancs et la présence très active d'une députée de l'opposition (Helen Suzman, Progressive Party) plaide plutôt pour un régime autoritaire, au moins du point de vue de la minorité blanche. De même au Chili, près de la moitié de la population soutient la dictature de Pinochet (44 % de « oui » au référendum du 5 octobre 1988 pour le maintien au pouvoir du dictateur). Ce résultat plaide plutôt pour un régime autoritaire qui ne considère pas toutes les strates de la population de la même manière en fonction de leur positionnement économico-politique. C'est peut-être en Argentine que la dictature militaire a le moins bénéficié des relais de la société civile, ce qui explique sans-doute sa faible longévité (sept ans). De plus, l'Afrique du Sud, l'Argentine et le Chili contemporains n'en sont pas au même point de la gestion de leurs héritages autoritaires.

À ce jour peu de travaux comparatifs en sciences sociales embrassent une comparaison entre les trois pays. La littérature comparative existante en relation avec ces trois pays traite des régimes autoritaires (pour l'Argentine et le Chili voir Sidicaro, 1983) de la question des commissions vérité et réconciliation mises en place dans les années 1990 en Afrique du Sud, en Argentine et au Chili (Espinoza Cuevas *et al.*, 2002). Elle traite aussi des aspects juridiques relatifs aux conflits communautaires

Le front écologique, entre impérialisme et constructions nationales

en Afrique du Sud et au Chili (Gordon, 2011), de la mondialisation et des relations bilatérales entre l'Afrique du Sud et l'Argentine (D'Elía & Stancanelli, 2012), de l'agriculture fruitière en Afrique du Sud et au Chili (Mashabela & Vink, 2008) et des liens militaires pendant la guerre froide entre l'Afrique du Sud et le Chili (Bystrom, 2012). Les trois pays ont aussi en commun de posséder chacun une porte d'entrée vers le continent antarctique : Cape Town, Ushuaia et Punta Arenas[1].

À la suite de Bystrom qui souhaite approfondir la comparaison et les liens entre ces trois pays de l'Atlantique Sud, je pense qu'ils ont beaucoup en commun. Ils partagent une position géographique de terminaison continentale au sein de l'hémisphère sud, qui induit en partie la richesse tout à fait spécifique de leurs milieux naturels (mosaïque bioclimatique presque complète pour les trois pays) et de leur biodiversité. Le tableau 6 indique des niveaux de biodiversité assez contrastés entre les trois pays. Il faut donc le nuancer en ayant à l'esprit les forts taux d'endémisme, en particulier pour le Chili et l'Afrique du Sud. Difficilement quantifiables à l'échelle des pays, ils s'appréhendent plus facilement à l'échelle des écorégions.

Tableau 6 : Biodiversité totale par pays

	Afrique du Sud	Argentine	Chili
Biodiversité totale[71]	25 052 (n° 6)	11 285 (n° 23)	6 059
Nombre d'espèces endémiques[72]	87	134	57
Hotspots	3 – Cape Floral Kingdom, Succulent Karoo, Maputaland-Pondoland-Albany	≤1 – Chilean Winter Rainfall Valdivian Forest (petite portion).	≤1 – Chilean Winter Rainfall Valdivian Forest (petite portion).

Source : World Conservation Monitoring Centre of the United Nations Environment Programme (UNEP-WCMC), 2004. Species Data (unpublished, September 2004), http://rainforests.mongabay.com/03highest_biodiversity.htm, consulté le 18/07/2014

---

[1] http://www.circlesofsustainability.org/projects/antarctic-cities/, consulté le 03/06/2015.

[2] Nombre total d'espèces de poissons, oiseaux, mammifères, reptiles et plantes vasculaires par pays.

[3] Source : http://www.iucnredlist.org/about/summary-statistics#Table_8, consulté le 17/04/2015, « only presents figures for the more comprehensively assessed species groups » (Mammals, Birds, Amphibians, Sturgeons, FW Crabs, Reef-forming Corals, Conifers, Cycads). Ne comprend pas toutes les espèces, et en particulier les arbustes d'où la sous-représentation du fynbos.

Figure 34 : *Taux d'endémisme par écorégions en Afrique du Sud, Argentine et Chili*

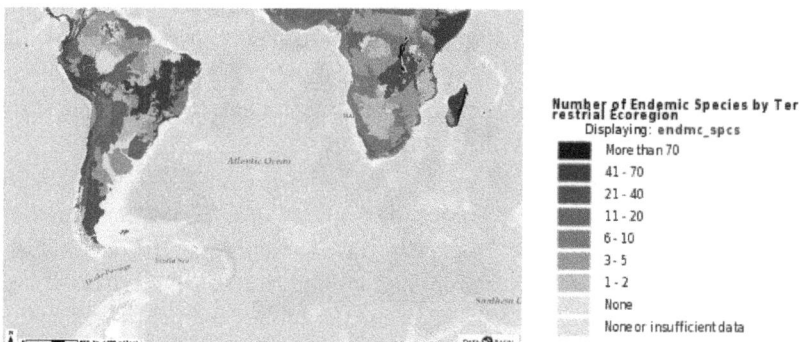

Source : http://salcc.databasin.org/maps/new#datasets=87b2386f92a84e30aa91f90be08 6c73a, consulté le 22/04/2015

Ces trois pays sont réputés pour la beauté et la diversité de leurs grands espaces, ainsi que pour la richesse de leur contexte multiculturel fait d'influences européennes et « autochtones », plus ou moins métissées et s'exprimant dans un contexte postcolonial différencié.

Ces trois pays sont à la fois exemplaires et décalés par rapport à la grille générationnelle générale, ce qui renforce leur valeur heuristique dans cette recherche. Cette exemplarité se manifeste par la bonne correspondance entre la génération impériale et le cas sud-africain, entre la génération géopolitique et les cas argentin et chilien et entre la génération globale et les trois cas qui apparaissent comme de véritables laboratoires de cette dernière génération. L'Argentine et le Chili ne sont pas concernés par la génération impériale car ces deux pays ont été décolonisés bien avant les premières créations d'espaces naturels protégés et n'appartiennent pas à l'Empire britannique, fer de lance idéologique de cette génération. Néanmoins, dès le début du XXe siècle, la colonisation interne des territoires nationaux de ces deux pays est marquée par la progression du front écologique, ce qui implique des ressemblances durant cette période entre les générations impériale et géopolitique, en particulier sur le caractère pionnier de la conservation de la nature.

Néanmoins, les trois pays apparaissent en décalage par rapport aux grandes tendances internationales, en particulier en relation avec la durée particulièrement longue de la génération géopolitique essentiellement explicable par la subsistance jusque dans les années 1980 de pouvoirs autoritaires voire dictatoriaux engendrant un certain repli national et/ou frontalier. Autre élément intéressant, ces trois exemples montrent bien le caractère non linéaire du passage d'une génération à une autre avec la coexistence entre plusieurs logiques, et ce, encore aujourd'hui. Ainsi l'Afrique du Sud de la fin du XIXe siècle semble très représentative d'un impérialisme sur la nature, caractéristique de la génération impériale, et elle est aussi associée à une montée en puissance précoce de la génération géopolitique. De même, si les trois pays persistent plus longtemps que d'autres dans la génération géopolitique, cela ne les empêche pas d'être concernés dès les années 1960-1970 par les premières dynamiques de la génération globale (voir chapitre III).

I. Le front écologique impérial : le privilège de l'Afrique du Sud

L'Afrique du Sud est un pays clef au sein de la génération impériale de fronts écologiques. Avant la création de l'Union Sud-africaine en 1910, le pays est divisé en 1885 en plusieurs territoires, de statuts différents : deux colonies britanniques (le Cap et le Natal), trois États boers « indépendants » (Stellaland, Orange Free State, South African Republic – Transvaal), et des réserves indigènes (Zoulouland, Griqualand, Tongaland) qui sont la résultante de l'histoire complexe du pays qui a mis en tension deux groupes coloniaux européens (Britanniques et Boers) avec les populations autochtones (Khoisan) et Africaines présentes sur le territoire (Xhosa, Zoulous, etc.). Le contexte politique d'émergence de la génération impériale du front écologique en Afrique du Sud se déroule sous fond de lutte territoriale entre les Britanniques et les Boers.

I.1. Les colonies pionnières du Cap et du Natal

Les Britanniques, au sein des colonies du Cap et du Natal, créent des aires protégées (figure 35) en phase avec les principes pionniers de conservation impériale de l'époque. Le régime de proto-environnementalité est constitué essentiellement des autorités coloniales, de passionnés de chasse, de naturalistes et d'une partie de la haute société aristocratique coloniale (les *lords*). Les valeurs de ce dispositif sont la vérité et la souveraineté. La valeur de souveraineté s'illustre clairement par l'instrumentalisation de la protection de la nature, et de la faune sauvage en particulier, pour contrôler les périphéries de la colonie, au cœur des zones de population africaine.

Le point de départ de la gestion sud-africaine de la nature est l'animal. Gênant et convoité en même temps, on veut l'enfermer dans des réserves. Il est ainsi exclu de l'espace productif européen. En même temps, il est institué comme objet de loisir, via la chasse sportive. Celle-ci est un privilège britannique et une marque de supériorité : la recherche et l'exposition du trophée incarnent le triomphe de l'Anglo-Saxon face à la sauvagerie africaine. Elle s'oppose aux pratiques des autres populations sud-africaines, celle des Africains pour qui le gibier est un élément de subsistance et celle des Afrikaners, pour qui le produit de la chasse est une ressource commercialisable. La délimitation de réserves de chasse en Afrique du Sud ne recouvre pas que des fonctions cynégétiques et esthétiques. Elle participe d'une mutation économique majeure des campagnes sud-africaines. Les populations locales, privées de l'accès à des ressources de gibier essentielles dans l'économie traditionnelle, sont poussées à aller travailler dans les mines. La géographie de ces réserves est un élément supplémentaire pour expliquer ces conséquences sur les populations : il s'agit d'un ensemble d'isolats au sein de l'espace rural qui jouxtent de fortes concentrations de populations africaines. (Giraut *et al.*, 2005)

Les espaces naturels protégés sont ainsi fondés sur la protection d'une nature sauvage (*wilderness*) dont sont a priori exclues les populations africaines (*natives*). Ce dispositif de « frontières raciales » sépare les réserves indigènes (Native vs Nature Reserves – le terme est le même pour les espaces assignés aux indigènes et ceux dévolus à la nature) du domaine approprié par les colons (Terres de la couronne : Crown Land). Ce dispositif est mis en place au fur et à mesure de la conquête de l'espace bantou et est l'un des moyens du contrôle colonial. Il commencera à être théorisé au milieu du XIXe siècle par Theophilus Shepstone dans la Colonie du Natal avec le *location system*, et sera en quelque sorte standardisé et étendu à l'ensemble de l'Afrique du Sud en 1913 avec le Native Land Act. Le partage très inégal des terres connaît alors une traduction territoriale duale. Aux colons, un vaste domaine organisé en provinces et disposant d'institutions municipales qui intègrent la grande majorité de l'espace sud-africain et notamment les villes et la quasi-totalité des terres les plus fertiles ou disposant de ressources minières ; aux indigènes, un archipel de réserves densément peuplées où règnent la propriété collective et les autorités tribales (Giraut *et al.*, 2005). Dans cette nouvelle géographie, les parcs et réserves naturelles sont des enclaves de nature. Ils sont soustraits à l'espace des Africains pour offrir à la colonie de peuplement blanche des espaces de loisir.

La valeur de vérité implique l'imposition de conceptions particulières de la nature mises en jeu dans ces politiques de création d'espaces naturels protégés. Ces conceptions ont valeur de vérité car elles sont portées par un régime d'environnementalité associé aux plus hautes sphères du pouvoir colonial. Ce sont des conceptions qui font la part belle aux représentations coloniales et à certains postulats scientifiques naturalistes.

Dans l'Afrique du Sud de la fin du XIXe siècle cette valeur de vérité est double et répond à une double acception de l'idée de nature sauvage (*wilderness*) :

– [1] une *wilderness* incarnée par la grande faune sauvage (*wildlife* : *big five*) et protégée par le biais de réserves animalières (*game reserves*), à l'image du reste de l'Afrique coloniale britannique,

– [2] un autre type de *wilderness* incarné par la présence de grands paysages littoraux ou de montagnes grandioses et fragiles, protégé par le biais de réserves naturelles et de parcs nationaux, à l'image de l'Amérique du Nord et de l'Australie.

L'Afrique du Sud est une colonie importante de peuplement européen, localisée dans la partie australe de l'Afrique et caractérisée à la fois par des milieux bioclimatiques typiques de l'Afrique coloniale (savanes, semi-déserts) et d'autres beaucoup plus atypiques (méditerranéen, montagnard, etc.). Cette protection de la nature est donc à la fois représentative de la volonté de l'Empire colonial britannique de conserver la grande faune caractéristique de la sauvagerie du continent africain et de protéger des grands espaces de nature « vierge », à la manière des États-Unis. Ainsi, les premiers espaces naturels protégés créés dans les deux colonies britanniques du Cap et du Natal se partagent en effet entre ces deux logiques. Elles impliquent des pratiques différentes, chasse sportive régulée puis safaris dans le premier cas et activités de plein air (*outdoors*) dans le second. Carruthers (2013) montre – à travers l'exemple du Natal National Park créé en 1906 – que cette seconde logique de protection de la nature a été très peu valorisée et aussi très peu étudiée en Afrique du Sud. La conservation de la faune sauvage semble dominer à la fois les débats de l'époque et l'historiographie. Elle l'explique par la domination du grand animal sauvage dans la représentation impériale de la nature africaine. En revanche, la seconde logique de protection basée sur la valorisation des grands milieux naturels, montagnards ou littoraux, renvoie selon elle à la logique qui a présidé à la création des grands parcs nationaux aux États-Unis et s'adresse à une clientèle urbaine en quête de grands espaces de nature pour y pratiquer des activités touristiques de plein air. C'est cette seconde logique qui va justement déterminer en partie la création du parc national du Natal (National Park), dans les montagnes du Drakensberg de la Colonie du Natal, dès 1906 (Carruthers, 2013, p. 463). Il est intéressant de constater qu'ici, une colonie s'incarne en tant que Nation au sein d'un ensemble territorial sud-africain culturellement plus que disparate, ce qui va dans le sens des formes d'autonomisation portées par les élites coloniales au sein de nombreux empires outre-mer dans le Monde.

Figure 35 : *Le front écologique impérial en Afrique du Sud*

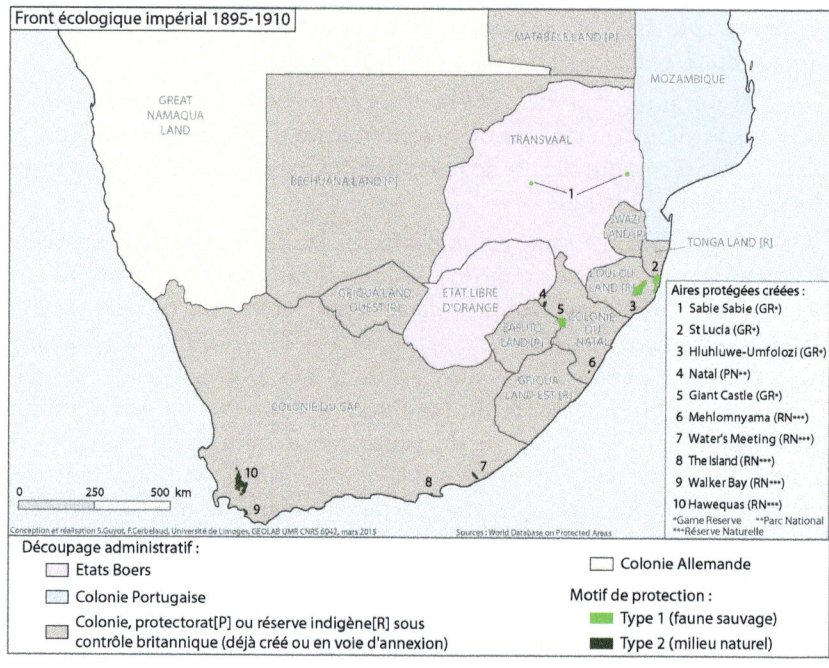

Source : Cerbelaud & Guyot, 2015

Le front écologique, entre impérialisme et constructions nationales 129

Figure 36 : *Front écologique géopolitique de l'unité nationale*

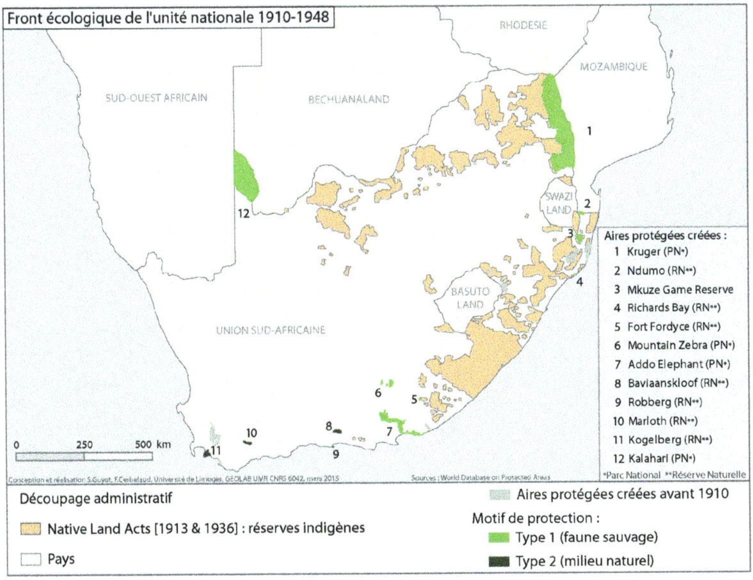

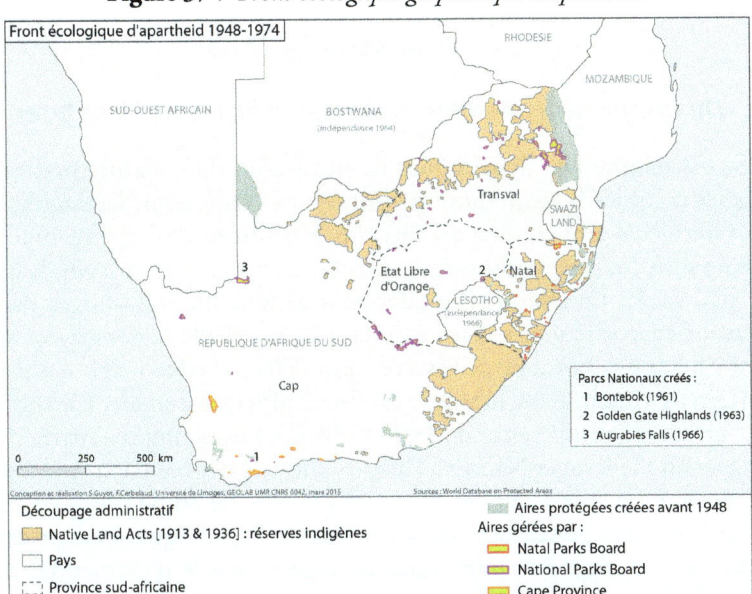

Source : Cerbelaud & Guyot, 2015

Figure 37 : *Front écologique géopolitique d'apartheid*

Source : Cerbelaud & Guyot, 2015

Figure 38 : *Front écologique géopolitique du grand apartheid*

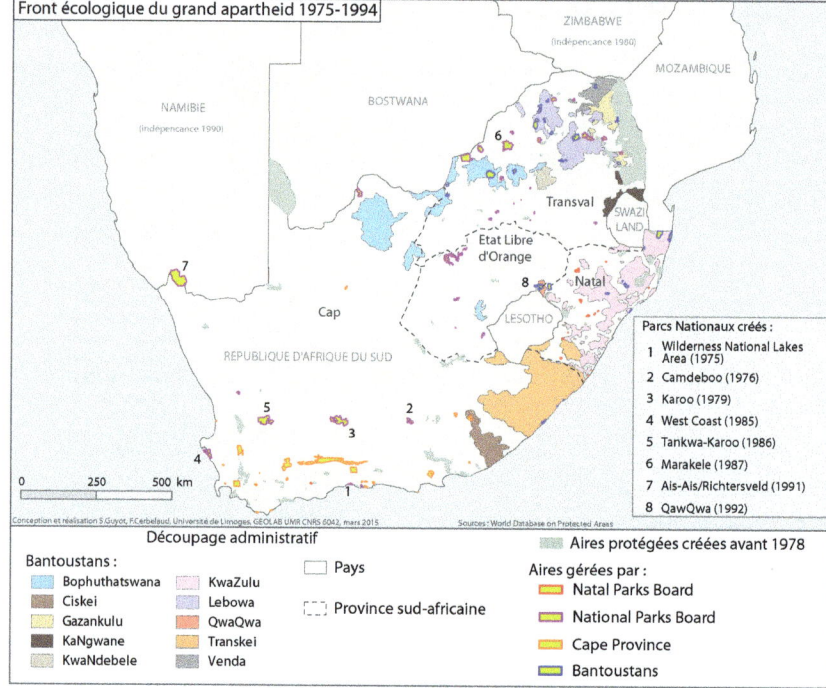

Source : Cerbelaud & Guyot, 2015

I.2. De l'impérialisme britannique au nationalisme boer

Se restreindre aux dynamiques de protection de la nature pratiquées dans les colonies britanniques du Cap et du Natal serait lacunaire. Car si ces dernières sont en effet archétypiques du front écologique impérial, elles ne sont pas hégémoniques au sein du territoire sud-africain de la fin du XIXe siècle. En effet, la République d'Afrique du Sud, dirigée par les Boers, et en particulier à cette époque par le président Kruger, va aussi créer un certain nombre de réserves animalières (*game reserves*) sur son territoire, en mobilisant la valeur de souveraineté nationale. Carruthers, dans un article de référence de 1994 intitulé « Dissecting the myth : Paul Kruger and the Kruger National Park » démontre très bien deux processus. Elle explique d'abord que les quelques réserves de faune mises en place par le Volksraad (assemblée législative de la République) étaient certes un moyen de régénérer une faune sauvage menacée d'extinction, dans une logique ressourciste, mais servaient surtout des intérêts géopolitiques pour protéger les frontières « républicaines », très vulnérables, dans un contexte renouvelé de guerres contre les Britanniques (Anglo-Boers wars) et les populations africaines avoisinantes (Zoulou, Thonga). Un cas illustre bien ce constat : la création en 1889 de la réserve animalière de Pongola (Game Reserve), à la frontière entre la république sud-africaine et le Natal-Zoulouland, soit six ans avant les premières réserves naturelles dans les colonies du Cap et du Natal.

> In exploring what purpose such a state game reserve might have served, it seems that political considerations were paramount. Occupation of the small spit of land of seven farms, which included the Pongola Poort and the northern bank of the Pongola River, was strategically important to the Transvaal government because it formed a vital link in the Transvaal's envisaged access to the sea through Tongaland. British policy in the region vacillated between allowing the Transvaal to claim Tongaland, or annexing Tongaland to British Zoulouland, and consequently the Transvaal and Britain vied to obtain control over the region and its African chieftains. State intervention by way of a game reserve was an effective solution to the Transvaal's problem of control, in that an official would reside in the area, resident Africans would be evicted, and trespassers forbidden entry. (Carruthers, 1994, p. 268)

Carruthers montre à quel point la protection de la nature est instrumentale de stratégies géopolitiques internes à l'Afrique du Sud partagée entre différentes influences coloniales et pouvoirs autochtones. Ceci prouve que génération impériale et génération géopolitique de fronts écologiques s'entrecroisent dès la fin du XIXe siècle compte tenu des instabilités territoriales sud-africaines. Cette auteure affirme aussi dans cet article que les autorités de cette république Boer, et Paul Kruger en particulier, n'avaient pas spécialement ni l'envie, ni le projet de protéger la *wilderness* pour elle-même, mais plutôt en restreindre l'accès aux populations non-blanches, induisant une sorte de concurrence spatiale pour la ressource faunique entre Boers et Africains. À rebrousse-poil des interprétations données ici ou là, Carruthers prouve ainsi le caractère éminemment paradoxal d'avoir nommé, le premier parc national de l'Union Sud-Africaine en 1926, du nom de Paul Kruger.

> As head of state, Kruger's signature appears on the proclamation of the eastern Transvaal game reserve, some of which, situated between the Crocodile and Sabie Rivers, survives within the Kruger National Park. Equating the small Sabi Game Reserve with the immense area of the modern Kruger National Park – « On 26 March 1898 the Sabi Game Reserve, now the Kruger National Park, was proclaimed as such » – is also therefore invented tradition rather than historical fact. […] What future the Transvaal government had in mind

> for its game reserves was never defined, and apart from their comprising state (not private) land, and that hunting was restricted, there was a great deal of inconsistency. This included the question of whether gamekeepers were needed, whether the reserves were temporary or permanent institutions, and whether hunting should be forbidden in perpetuity or only for a specified number of years. (Carruthers, 1994, p. 270)

Carruthers pointe ici le caractère très embryonnaire de ces premières réserves naturelles créées par les Boers qui ressemblaient à des « parcs de papier » à but essentiellement géopolitique.

> In addition, Transvaal political leaders do not emerge as leading protectors of wildlife. On the contrary, the government had to be prodded into action by political circumstances and by pleas from officials, elected Volksraad members and the public. No contemporary applauds President Kruger for his protectionist proclivities ; on the contrary, biographies of that time and indeed his own memoirs stress his physical courage in confronting dangerous wild animals, his prowess at hunting and the national service rendered in taming the landscape in this way. The myth therefore, does not have its origin in the events of the nineteenth century and its source must be sought elsewhere. (Carruthers, 1994, p. 270)

Le mythe d'un Kruger chantre de la conservation de la nature est donc une reconstruction a posteriori réalisée dans les années 1920-1930.

Ainsi, il y a, à la fin du XIXe siècle, sur le territoire sud-africain, un front écologique appartenant sans conteste à la génération impériale, et un autre, plus « modeste » mais néanmoins significatif, qui appartiendrait plutôt à une temporalité pionnière de la génération géopolitique boer. Alors, à quand dater la fin de la génération impériale et le début de la génération géopolitique en Afrique du Sud ? En 1910, lors de la création de l'Union sud-africaine, dominion britannique, à la suite des victoires britanniques lors des deux guerres anglo-boers ? En 1926, lors de la création du parc national Kruger ? Ou en 1948 lors de l'avènement du régime d'apartheid qui voit triompher la « conservation-forteresse » (*fortress conservation*) ?

J'ai opté pour 1910, car l'ensemble des colonies britanniques, des républiques boers et des réserves indigènes (*natives reserves*) sont incluses à l'intérieur d'un même État indépendant au sein du Commonwealth britannique, l'Union sud-africaine, et tentent de se définir comme une nation blanche au sud de l'Afrique. Cela ne signifie pas pour autant la fin des objectifs et des méthodes de la génération impériale, en particulier en matière de conservation de la faune sauvage. 1910 est retenue par l'historiographie sud-africaine pour signifier l'indépendance du pays face à la couronne britannique au même titre que l'Australie ou la Nouvelle-Zélande quelques années plus tôt. En réalité, il existe un débat politiquement sensible sur la date de décolonisation officielle de l'Afrique du Sud. Il s'agit de 1910 pour certains et de 1961 (sortie de l'Afrique du Sud du Commonwealth et déclaration de la République d'Afrique du Sud) pour d'autres. Mais c'est probablement 1994 (élection de Nelson Mandela) qui correspond le mieux aux aspirations décolonisatrices de la majorité de la population, même si les politiques de réconciliation ont pu minorer les effets des changements promis par les nouveaux gouvernants africains.

II. Le front écologique géopolitique : nature, nationalisme et régimes autoritaires

Je vais passer en revue successivement l'Afrique du Sud puis l'Argentine et le Chili, pays pour qui les premiers espaces naturels protégés émergent dans un contexte géopolitique nationaliste d'exploration et d'occupation du territoire, là où certains y verraient y forme de colonisation interne.

II.1. En Afrique du Sud

La génération géopolitique en Afrique du Sud peut être séparée en trois sous-périodes distinctes : « parcs nationaux et unité nationale 1910-1947 » (figure 36) ; « un front écologique d'apartheid fragmenté 1948-1974 (figure 37) ; et « le front écologique du grand apartheid 1975-1994 » (figure 38). Chacune d'entre elle correspond à un moment bien particulier dans la construction du nationalisme écologique blanc sud-africain, unifié puis à nouveau séparé en fonction des provinces et des bantoustans nouvellement créés.

II.1.1. Parcs nationaux et unité nationale – 1910-1947

La génération géopolitique du front écologique sud-africain débute avec la création de la réserve animalière Mkuze (*Game Reserve*) en 1912 et par la reconnaissance officielle par le nouvel État sud-africain du parc national du Natal (*National Park*) en 1916. Pourtant son appartenance à la seconde logique de protection de la *wilderness* n'en fera pas une priorité nationale, et le parc sera quelque peu oublié dans les décennies suivantes avant que sa gestion ne soit récupérée en 1947 par l'autorité de conservation de la province du Natal. En effet, la protection et la valorisation touristique de la faune sauvage restent la priorité à la fois des naturalistes et des hommes politiques sud-africains durant la période de l'entre-deux-guerres. L'ouverture de deux fronts écologiques majeurs, le parc national Kruger en 1926, les parcs frontaliers et les parcs désignés par des noms d'animaux dans les années 1930, apparaissent comme très représentatifs de cette priorité donnée à la faune et à l'importance des objectifs [géo]politiques.

La création du parc national Kruger en 1926 est probablement la première décision majeure justifiant le tournant éminemment politique de la nature en Afrique du Sud avant l'apartheid. Carruthers montre très bien comment le choix du nom de Kruger s'est fait à la fois au nom d'une unité nationale blanche (anglophones et afrikaners) cimentée autour de la protection de l'animal sauvage, pour valoriser/légitimer une élite politique boer en pleine expansion, et pour rallier à la cause conservationniste le peuple Afrikaner considéré généralement comme plutôt prédateur de la nature.

> Political circumstances at the time were propitious for a national park, a symbol of cultural unity concentrated around a particular South African asset : wildlife. It was at this time the name of Paul Kruger was invoked. […] In short, a historical context was being provided for nascent Afrikaner nationalism. Kruger's game reserve could be accommodated into this scheme. […] Two factors can be advanced to explain why many English-speaking game protectionists (principally « reformed » sport-hunters) were content to honour Paul Kruger in this way, although the name « South African National Park » enjoyed considerable support. First, it was an easy ploy to ensure Afrikaner endorsement for the scheme. Second, there was a strong desire at this time to weld English and Afrikaans-speakers – for so long enemies – into a South African « nation ». A new national flag, new national anthem, loosening of constitutional ties with Britain, and a governmental motto of « South Africa First » provide direct evidence for this. Honouring a local hero by naming the national park after him, rather than say, an imperial personage or a geographical region, was thus entirely fitting. […] In a show of solidarity, the National Parks Act was passed unanimously by both houses of parliament in May and June 1926. The creation of the Kruger National Park was thus not the « realization of Kruger's dream » nor even moral victory for the forces of 'enlightenment', rather it illuminates the constellation of political, social and economic circumstances prevailing at that time. (Carruthers, 1994, pp. 272-273)

Dans les années 1920-1930, les équilibres démographiques, économiques et intellectuels entre les deux composantes principales de la société sud-africaine blanche de l'époque sont en train de changer. Les Afrikaners gagnent du terrain, et revendiquent le droit d'être mieux intégrés

Le front écologique, entre impérialisme et constructions nationales   135

dans la fabrique nationale blanche sud-africaine. Le symbole impérial que représente la faune sauvage se doit aussi de refléter ces nouveaux équilibres nationaux. Ainsi, dans les années 1930, plusieurs parcs nationaux désignés par des noms d'animaux vont être créés dont Addo Elephant en 1931, Kalahari Gemsbok en 1931 et Mountain Zebra 1937. Ils sont très représentatifs de l'importance donnée à une espèce emblématique de faune sauvage, ici endémique d'une région particulière d'Afrique du Sud : l'éléphant d'Addo est le plus austral d'Afrique et correspond à un milieu bioclimatique subméditerranéen, le gemsbok ou oryx est endémique des milieux arides d'Afrique Australe et le zèbre des montagnes (*Equus zebra*) est endémique des montagnes du Cap oriental.

La portée géopolitique réside dans la position frontalière de plusieurs de ces parcs, le parc du Kalahari (frontalier avec le Botswana et le Sud-Ouest africain) et la création – deux ans avant le Kruger – de la réserve animalière Ndumo (*Game Reserve*) en 1924 à la frontière de l'empire colonial Mozambicain[4], instrumentalisée pour marquer définitivement sur le terrain la frontière séparant le Tongaland britannique (annexé aux réserves indigènes (*natives reserves*) du Zoulouland, territoire devenu britannique après 1897) du Tongaland portugais[5]. Les questions de frontière reviennent de manière récurrente dans les dynamiques d'extension de fronts écologique.

> The tensions and conflicts surrounding these early proposals for transboundary conservation, highlight differences in perceptions of the benefits and risks associated with transfrontier projects, and continuities with the conflicts characterising the GLTP today. In Southern Rhodesia, the plans were embraced by businessmen as a wildlife-based tourism initiative and conservation was justified through its revenue-generating potential. Yet influential players in Rhodesia and Mozambique undermined the proposals as they felt the plan was a risky gamble that could jeopardise cattle ranching. Fears of cattle disease spreading through the transboundary wilderness area put a stop to the initiative, until its revival in the late 1990s. The demise of the early plans was also influenced by Portuguese colonial authorities' interpretation of transboundary conservation as a guise for South African territorial expansion. (Mavhunga & Spierenburg, 2009, p. 715)

Cette tentative de créer dans les années 1930 et 1940 un parc transfrontalier à partir du Kruger (la préconisation avant-gardiste de ce qu'est aujourd'hui

---

[4] Dans le cas de la frontière sud-est (Maputaland) entre la colonie britannique d'Afrique du Sud et la colonie portugaise du Mozambique, l'arbitrage s'est fait en 1875, sous l'autorité du président français Mac Mahon. La frontière, tracée au cordeau, est une ligne ouest/est suivant le parallèle 26°52' de latitude sud.
[5] L'Afrique du Sud et l'Argentine ont en commun une frontière avec une (post)colonie portugaise.

devenu le parc transfrontalier Limpopo (*Transfrontier Peace Park*) a échoué pour des raisons géopolitiques, en raison de la peur des Portugais de devoir céder des parties de leur territoire aux sud-africains.

Entre 1910 et 1948, il est intéressant de noter la montée en puissance – logique au regard de l'histoire – de la rivalité entre Afrikaners et Anglophones au sujet de la création des espaces naturels protégés, en dépit des alliances constatées. Cette rivalité s'incarne en particulier par la coexistence de deux modes principaux de gestion, un mode basé sur le contrôle biologique et territorial des peuplements d'espèces, plutôt incarné par les gestionnaires afrikaners, et un mode basé sur le laisser-faire « naturel », plutôt incarné par les gestionnaires anglophones, à la manière de la gestion pratiquée dans les réserves d'Afrique Orientale (Carruthers, 2008). Cette rivalité va culminer avec l'arrivée au pouvoir du parti national afrikaner en 1948 qui va mettre en place le système d'apartheid. Il n'est pas anodin de constater que c'est au cœur de ces années de changements politiques en Afrique du Sud que va être créée l'autorité de conservation de la nature de la province du Natal en 1947 le « Natal Parks, Game and Fish Preservation Board ». Cette institution va reprendre la gestion de l'intégralité des espaces naturels protégés du Natal, ce qui est encore le cas aujourd'hui. C'est donc la revanche du front écologique impérial ! En effet, la province du Natal étant contrôlée par les Anglophones, c'est un territoire qui est souvent perçu en Afrique du Sud dans la continuité de la colonie britannique du Natal. L'autorité de gestion des espaces naturels protégés du Natal est d'ailleurs très symbolique de cet héritage colonial impérial. Il suffit de se rendre au camp d'Hilltop dans la réserve faunique de Hluhluwe pour s'en rendre compte. « Out of Africa es-tu là ? » Pour « couronner » le tout, une visite de la famille royale britannique la même année (1947) dans le Natal National Park va provoquer un changement de nom du parc en Royal Natal (*National Park*). « Indeed, calling the NNP "Royal" after 1947 may have been deliberately provocative at a time when the National Party government was calling increasingly for a new Constitution as a Republic » (Carruthers, 2013, p. 482).

II.1.2. *Un front écologique d'apartheid centré sur les ex-républiques boers 1948-1974*

La période du régime nationaliste, entre 1948 et 1974, implique une « infusion » des lois d'apartheid et en particulier de son architecture territoriale et raciale dans l'ensemble du secteur de la protection de la nature.

Le régime d'environnementalité, fort dispersé, est constitué de l'État sud-africain, de l'autorité nationale de conservation de la nature (*National Parks Board*), des provinces (celles du Natal et du Cap), auquel s'ajouteront, dans les années 1970, les administrations des bantoustans (« autonomes » et « indépendants ») et la société civile blanche de plus en plus impliquée dans les questions de protection de la nature. Il n'y a donc pas superposition du régime d'environnementalité sur le régime d'apartheid. Ce dernier est une composante non exclusive du premier. Néanmoins, les différents acteurs du régime d'environnementalité vont se retrouver sur des valeurs communes comme la souveraineté dans la première période (1948-1974) et la discipline dans la seconde période (1975-1994). En effet, pendant la première période chaque acteur principal du régime d'environnementalité (parcs nationaux, parcs provinciaux) va chercher à conforter son emprise territoriale, et en particulier le gouvernement nationaliste qui va faire progresser le front écologique au sein de l'Afrikanerland (provinces du Transvaal et du Free State).

> South Africa's national parks were not areas in which nature reigned supreme, but they were part and parcel of the « volkshuishouding » [literally, « the people's housekeeping »], a complex word which suggests that they had been integrated into the ethos of the Afrikaner volk [people]. Maake has shown how the « Afrikaner » national anthem, introduced in the mid-1920s (the same time as the Kruger National Park was founded), is not magnanimous, explicitly excluding groups other than Afrikaners from ownership of the landscape. (Carruthers, 2008, p. 214)

L'auteure montre ainsi comment le gouvernement nationaliste va récupérer l'autorité nationale de conservation à son profit (South African National Parks Board).

L'autorité des parcs nationaux (National Parks Board) va se transformer en un outil de contrôle territorial au profit des Afrikaners[6] (Carruthers, 2008) et les deux anciennes colonies du Natal et du Cap vont conserver la main mise sur leur outil de conservation, devenu provincial. La « nationalisation » de la nature durant le régime d'apartheid au profit de la classe politique dominante passe par une création importante d'espaces naturels protégées dans des zones échappant aux deux types de *wilderness*

---

[6] Les postes de fonctionnaires de l'autorité nationale de conservation vont être attribués préférentiellement aux Afrikaners ; la plupart des nouveaux espaces protégés créés (de catégorie réserve naturelle) vont être mis au service des activités de tourisme et de loisirs de cette population, localisés au sein des provinces « boer » comme le Transvaal et le Free State. Quelques parcs nationaux emblématiques seront tout de même créés appartenant aux deux catégories décrites précédemment.

définis *infra* (faune sauvage et grands paysages), par exemple des lacs artificiels (Doorndraai Dam NR en 1973) ou des zones emblématiques du *veld* (Schoonspruit NR, 1955). Les deux provinces de l'Orange Free State et du Transvaal, anciennes républiques boers, ne disposent pas d'autorité de conservation de la nature au niveau provincial *per se*. C'est directement par le niveau national (National Parks Board) que sont gérées les réserves naturelles localisées dans ces deux provinces. Ceci est bien la preuve d'une volonté pour le nouvel État d'apartheid d'initier un front écologique dans ces anciennes républiques boers, et ce directement sous le contrôle de l'État nationaliste. Si plusieurs parcs nationaux sont créés dans le pays durant cette période – et en particulier dans le Transvaal et le Free State –, aucun ne l'a été dans la province du Natal compte tenu de l'antériorité, de la légitimité et de la résistance des Natal Parks Board dans cette province – héritier du front écologique impérial –, en revanche quelques-uns ont été créés tardivement dans la province du Cap : Camdeboo en 1976, Karoo en 1979 et West Coast en 1985.

La valeur de souveraineté s'exprime ici par une approche *top-down* très autoritaire de la création et du contrôle des espaces naturels protégés, bien incarnée dans l'expression de Fletcher de « fortress conservation » (la conservation « forteresse ») renvoyant à des pratiques et des techniques quasi paramilitaires (Ellis, 1992). Cette souveraineté correspond aussi à l'instrumentalisation de la nature au service du nationalisme « culturel » Afrikaner, et de manière plus large au nationalisme « racial » blanc. La projection territoriale de cette souveraineté passe par l'application de l'apartheid au domaine de la protection de la nature. C'est le cas avec la mise en place des déguerpissements autoritaires (*forced removals*) consignés dans le Surplus People Project et légitimés par question de l'extension des espaces naturels protégés, comme c'est le cas entre 1956 et 1975 dans la zone du lac Bhangazi au service de l'extension du parc de St Lucia (Guyot, 2003 ; Skelcher, 2003).

> Still, the question remained, why did the government suddenly decide to focus attention on the people from Lake Bhangazi ? The government had not designated area surrounding Lokothwayo Mbuyazi for commercial agriculture. Jiakonia Mhlanga, a former resident of Lake Bhangazi, offered a plausible explanation. He said that the government removed them because of a terrorist threat. The government feared that terrorists might land on the nearby shores of the Indian Ocean and use the Lake Bhangazi area as a base for their operations. They feared that guerillas would blend into the African villages along the Indian Ocean (J. Mhlanga, personal interview, June to August 2001). (Skelcher, 2003, p. 775)

Le front écologique, entre impérialisme et constructions nationales

Il faut tout de même noter dans ce dernier cas, une certaine connivence entre Pretoria et les Natal Parks Board, l'autorité provinciale de conservation. Cette dernière milite pour une extension du front écologique non parasitée par la présence d'éventuels habitants. En réalité, la vraie raison de ces expulsions aux yeux de l'État d'apartheid serait liée, selon Skelcher, à la proximité avec la frontière Mozambicaine et à la recrudescence du risque « terroriste » après l'accession au pouvoir du FRELIMO[7]. La dimension géopolitique liée au contrôle des frontières reste donc fortement associée à cette valeur de souveraineté. Ces expulsions de populations (*forced removals*) se font aux dépens de populations africaines pourtant persuadées du caractère très respectueux de leur mode de vie « traditionnel » basé sur l'utilisation équilibrée des ressources naturelles, mais non reconnu par les autorités de conservation. Ces dernières n'intègrent pas ces populations dans leur régime de vérité écologique en partie à cause des problématiques foncières et raciales qui polluent l'ensemble du contexte politique durant l'apartheid. Le front écologique d'apartheid est bien un des outils de relocalisation des populations africaines dans les bantoustans, comme le montre Ramutsindela (2007) pour le cas de la consolidation des limites du parc national du Kruger[8].

II.1.3. Le front écologique fragmenté du grand apartheid 1975-1994

Durant cette troisième période, la valeur de discipline induit l'internalisation de normes et de valeurs, au niveau d'une partie de la population (Fletcher, 2010). Les deux implications principales de l'imposition de la valeur disciplinaire dans le domaine de la protection de la nature dans l'Afrique du Sud du grand apartheid sont l'apparition d'une société civile blanche écologiquement militante et la création d'espaces naturels protégés au sein des bantoustans, États fantoches, pseudo-indépendants créés par le régime blanc.

Cette société civile « verte et blanche » (*green and white*) montante est constituée par un groupe de sujets environnementaux sachant mobiliser les discours et les actions écologistes au service de leur qualité de vie et de la pérennisation des ségrégations raciales et spatiales. Il a fallu attendre

---

[7] Front de libération du Mozambique d'obédience marxiste.
[8] « By way of example, the Makuleke were removed from the northern part of the Kruger National Park in 1969 and, a Tsonga-speaking people, they were resettled to Ntlaveni in the former Gazankulu Bantustan under Chief Mhinga. » (Harries, 1987 cité par Ramutsindela, 2007, p. 47)

les années 1980 pour voir une fraction minoritaire de cette société civile tournée vers la justice environnementale faire sécession et militer ouvertement pour la fin de l'apartheid. La plus grande majorité de ce groupe a tout même permis à l'État d'apartheid de légitimer une partie de sa politique environnementale par le biais des réseaux d'ONG, lui apportant ainsi une forme de reconnaissance inespérée dans ces temps de boycott international.

> Although the National Parks Board and the provincial departments of nature conservation spent the 1950s aligning protected areas with an authoritarian regime and Afrikaner society, the country remained part of the international structures of nature conservation. In a later decade, these connections were to prove very useful as platforms for parading South African achievements at a time when the country was vilified in so many other international forums. In 1948 the International Union for the Protection of Nature was founded and it held its first formal gathering in 1950 to report on The Position of Nature Protection throughout the World in 1950 at which South Africa was only very briefly mentioned. South Africa had a greater profile in 1953, when the Third International Conference on the Protection of the Fauna and Flora of Africa was held in Bukavu in the Belgian Congo. (Carruthers, 2008, p. 230)

Le positionnement de l'Afrique du Sud dans la génération globale des fronts écologiques dès les années 1960-1970 relève de la stratégie du régime d'apartheid de pouvoir valoriser un domaine où l'Afrique du Sud excelle. L'exemple du WWF (World Wildlife Fund) Afrique du Sud, créé par l'homme d'affaires Anton Rupert, est aussi très représentatif de ces liens entre génération géopolitique et génération globale de fronts écologique. Le cas personnel d'Anton Rupert résume parfaitement l'existence de liens formels et informels entre le régime d'apartheid et le régime d'environnementalité, entre acteurs politiques et acteurs issus de la sphère économique privée. L'encadré ci-dessous résume parfaitement cet état de fait.

Encadré 8 : *Anton Rupert, entre régime d'environnementalité et régime d'apartheid (Agriculture & Environnement, 2006)*

> « En 1968, son ami le Prince Bernhard lui demande de créer la section sud-africaine du WWF, qu'il présidera jusqu'en 2003. Anton Rupert a débuté sa carrière dans les années 1930 en tant que fabricant de cigarettes pour sa petite société, Rembrandt Ldt. Rapidement, celle-ci prend le contrôle de près de 90 % du marché sud-africain de la cigarette, tout en investissant également dans celui des vins et spiritueux. En 1972, Rupert consolide ses activités dans le tabac avec la société canadienne Rothmans. Seize ans plus tard, alors que de nombreux pays décident de boycotter le régime d'apartheid, il s'implante en Suisse et crée le groupe de luxe Richemont. Ce qui lui permet d'acquérir des marques prestigieuses comme Cartier, Montblanc et Alfred Dunhill, ou d'investir dans de nombreuses compagnies financières, minières et industrielles. En 1999, Rupert convertit son holding du tabac en actions de British American Tobacco, le second plus grand cigarettier du monde. Ce qui fait de lui l'un des hommes les plus riches de la planète. Ses activités commerciales dans le luxe et le tabac ne l'empêchent pas de conserver son poste de membre du comité exécutif du WWF International (de 1971 à 1990) et de président du WWF Afrique du Sud. Lors de son décès le 18 janvier 2006, le WWF lui a rendu un vibrant hommage, rappelant son rôle en tant qu'initiateur du Club des 1001, « un fonds fiduciaire très prospère qui a vu mille hommes et femmes de plus de cinquante pays du monde entier contribuer, à hauteur de 10 000 dollars chacun, à créer un fonds de capital de 10 millions de dollars dans le but de couvrir les frais de fonctionnement et les dépenses de conservation du WWF ». Aujourd'hui, l'empire d'Anton Rupert est dirigé par son fils, Johannes, propriétaire de vastes terres en Afrique du Sud, achetées pour être transformées en réserves naturelles. Bien que l'association environnementaliste n'ait jamais contesté l'existence du Club des 1 001 (révélée le 1er août 1980 par la revue britannique *Private Eye*), elle a toujours laissé planer une zone de mystère, renforçant par là son côté énigmatique. De nombreux analystes politiques se sont interrogés au sujet de ce club bien étrange – dont la liste des membres a longtemps été gardée confidentielle –, ainsi que sur les motivations réelles de ses philanthropes amoureux de la nature et des animaux sauvages, qui sont par ailleurs des acteurs de premier plan du monde de la politique [Anton Rupert était membre du groupe de pression secret Afrikaner Broederbond au service de l'État d'apartheid, NDLA] et des affaires.

> Comment expliquer en effet qu'un homme comme Anton Rupert, qui a « joué un rôle clé dans le développement économique des secteurs commerciaux et industriels sud-africains » – pour reprendre les propos du président sud-africain Thabo Mbeki – ait pu concilier ses affaires à la tête d'entreprises du luxe et son activité de président d'une association qui fait campagne pour réduire « l'empreinte écologique » des citoyens ? »

On voit ici que le secteur des ONG et le monde des affaires s'associent à l'État d'apartheid sud-africain pour consolider un régime d'environnementalité basé sur une union des acteurs publics et privés et une fusion des valeurs de souveraineté, de discipline et, fait nouveau, de néolibéralisme. Le dispositif d'environnementalité sous le régime d'apartheid est mis au service de la consolidation des privilèges des acteurs dominants. Je peux aussi citer l'exemple de la plus ancienne ONG environnementale d'Afrique du Sud, WESSA (*Wildlife and Environmental Society of South Africa*), créée en 1926 et ayant accompagné la création de la plupart des parcs nationaux du pays, se faisant l'apôtre – du moins au départ – d'une vision très sanctuarisée de la protection de la nature (Leonard 2013). Les membres de cette ONG, majoritairement des blancs anglophones, ont aussi tenté d'équilibrer la vision parfois trop politique de la conservation appliquée par la hiérarchie très afrikaner des National Parks Board dans les années 1960 et 1970.

À partir de 1975, les bantoustans (« autonomes » et « indépendants ») du grand apartheid vont pouvoir eux-mêmes créer leurs espaces naturels protégés au sein de leur territoire, comme c'est le cas au Transkei, au KwaZulu, au Lebowa ou au Bophuthatswana (figures 38 & 39).

Le front écologique, entre impérialisme et constructions nationales   143

Figure 39 : *Carte des bantoustans sud-africains*

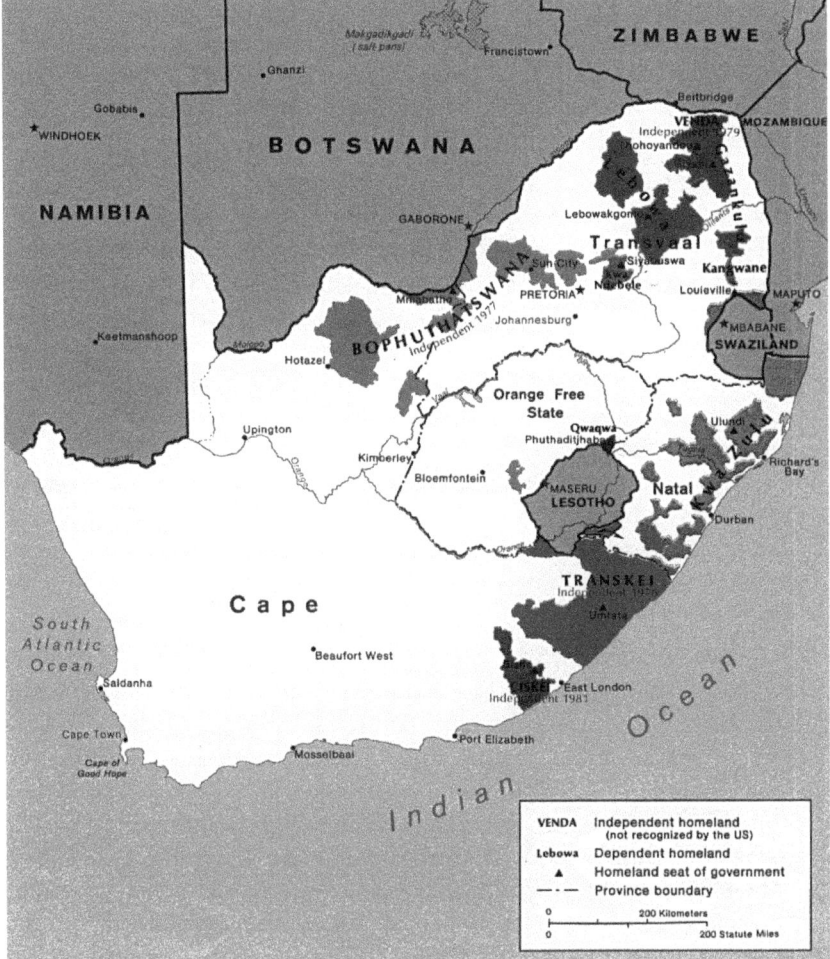

Source : Wiki Commons

La création des bantoustans, et les initiatives prises par ces derniers de créer des espaces naturels protégés sur leurs territoires sont une autre implication majeure de la valeur disciplinaire. Cette internalisation à l'échelle de ces états de pacotille des valeurs de protection de la nature est tout à fait remarquable. Ainsi, environ une trentaine d'aires protégées sont créées entre 1975 et 1994 dans presque tous les bantoustans sans exception. Certaines réserves naturelles sont directement promulguées dans le cadre juridique d'un bantoustan en particulier, par exemple au KwaZulu sur la base du « KwaZulu Nature Conservation Act » de 1975, alors que d'autres réserves naturelles sont juridiquement rattachées à des textes de lois concernant l'ensemble des territoires « noirs », comme par exemple la référence au « Nature Conservation Act in Black Areas Proclamation » de 1978.

Le cas du bantoustan KwaZulu est particulier car c'est un bantoustan autonome qui a établi sa propre autorité de conservation de la nature. Le KBNR (KwaZulu Bureau of Natural Resources) est une organisation de conservation favorable à la politique générale de l'Inkatha Freedom Party (IFP) et de son leader M.G. Buthelezi. L'intérêt de l'IFP est de faire bénéficier les autorités tribales des revenus de la conservation pour en faire profiter leurs habitants. Le KBNR reconnaît les chefs traditionnels comme les représentants légaux et directs des résidents. Les autorités tribales jugent positivement que les habitants soient dédommagés, et qu'ensuite ils disposent de 25 % des revenus du parc à travers le système de taxe communautaire (*community levy*). En réalité, les gestionnaires et les scientifiques du KBNR sont des Blancs ayant une longue expérience de conservation, sensibles à la politique plutôt collaborationniste du bantoustan menée par M.G. Buthelezi.

Pendant la période de transition entre 1990 et 1994, malgré l'abolition d'une partie des lois d'apartheid, il faut noter que le cadre législatif des bantoustans demeure, et que la presque totalité des aires protégées créées ces années-là, le sont au sein de ces territoires du grand apartheid. Cette accélération du front écologique du grand apartheid résonne comme l'ultime intervention d'un régime discrédité, lié à la presque impossibilité pour le gouvernement de transition d'intervenir directement dans un domaine aussi sensible que celui des questions territoriales et foncières et préférant laisser les administrations des bantoustans parachever un travail de conservation de la nature, largement piloté par des experts blancs (figure 40).

Le front écologique, entre impérialisme et constructions nationales 145

Figure 40 : *La conservation de la nature au KwaZulu : une illustration de l'héritage de l'*indirect rule *impériale ?*

Source : http://showme.co.za/lifestyle/emerging-from-the-shadows/, consulté le 17/11/2014

« Researcher Walther Klinqelhofer (centre) poses in 1980 with staff from the KwaZulu Bureau of Natural Resources. The tusks were recovered from a bull elephant that had been shot by poachers. »

La littérature sur la thématique de la protection de la nature dans le contexte du grand apartheid (en particulier sur cette dernière période), est assez peu fournie mais fait tout de même état de solides contributions sur :

- les relations entre environnement et développement dans les bantoustans (King & Mccusker, 2007),
- les questions de foncier et de limites territoriales (Ramutsindela, 2007),
- sur le tourisme (Boonzaaier, 2012 ; Strickland-Munro *et al.*, 2010)

– ou centrées sur des exemples en particulier comme le parc national du Pilanesberg au Bophuthatswana (Carruthers, 2011) ou le parc national du Qwaqwa promulgué par le bantoustan éponyme en 1992 (Slater, 2002).

J'ai pour ma part travaillé sur cette problématique au KwaZulu (Guyot, 2002 ; Guyot, 2005) et au Transkei avec Julien Dellier (Guyot & Dellier, 2009). Ainsi, au sein du Bantoustan pseudo-indépendant du Transkei, plusieurs réserves naturelles vont être créées et gérées par des organismes de conservation *ad* hoc. La réserve naturelle littorale de Mkambati est établie en 1977 en lieu et place d'une ancienne léproserie. Dans les années suivantes, trois autres réserves naturelles littorales sont créées : Silaka près de Port St Johns, Hluleka plus au sud et Dwesa-Cwebe au sud de Coffee Bay (Ntshona *et al.*, 2010). Cette dernière fait aussi l'objet d'expulsions de populations.

Dans le Bantoustan du KwaZulu, plusieurs nouvelles réserves côtières sont établies au Maputaland : la réserve forestière côtière (*Coastal Forest Reserve*) et la réserve naturelle Kosi Bay (*Nature Reserve*). Ces créations répondent à une logique géopolitique interne à la sphère d'influence zouloue, car les populations du Maputaland sont d'origine Thonga (ethnie proche des populations du sud du Mozambique) et s'opposent depuis longtemps à la féodalité zouloue basée sur les Inkhosi (seigneurs) et Indunas (petits seigneurs). Malgré un système favorable aux populations locales prôné par le KBNR, ces dernières seront quand même expulsées de leurs terres en 1989 pour laisser la place à la réserve naturelle de Kosi Bay, paradis pour pêcheurs blancs (Guyot, 2005).

La politique de conservation des Bantoustans s'inscrit donc totalement dans la continuité de la politique menée à Pretoria par le gouvernement nationaliste, l'appropriation de la nature dans les Bantoustans se faisant, dans le meilleur des cas, au service d'une pseudo-élite politique noire et d'entrepreneurs blancs, mais surtout au service du développement séparé et de ses contradictions.

La génération géopolitique des fronts écologiques en Afrique du Sud est très fortement reliée à l'évolution des contextes politiques internes sur la période. La protection de la nature est instrumentalisée par les différents gouvernements au pouvoir comme symbole de domination d'un territoire par une minorité de la population. Au sein de cette minorité, Afrikaners et Anglophones essayent de s'affirmer comme étant les plus compétents et les plus efficaces en matière de protection de la nature. Si

Le front écologique, entre impérialisme et constructions nationales 147

à l'échelle du monde les héritiers de l'empire colonial britannique ont la réputation d'être des pionniers de la conservation, en Afrique du Sud c'est tout de même un gouvernement boer qui a été le premier à l'origine de la création d'un périmètre protégé.

Malgré un contexte socio-politique très différent, le front écologique en Argentine et au Chili sera aussi très instrumental des politiques territoriales menées au XXe siècle.

II.2. En Argentine

D'après Oyola-Yemaiel (1999), la conquête des grands espaces argentins est comparable à celle des États-Unis d'Amérique, dans la mise en tension entre exploitation des ressources naturelles, domination voire extermination des populations autochtones et émergence d'un mouvement de protection de la nature en phase avec le développement d'un tourisme essentiellement montagnard.

> In 1879 the Argentine government launched the Desert Campaign that reached the Nahuel Huapi Lake two years later, having killed or swept the groups of mapuche tribes from the area. The indios were easily defeated, but not the void of desert land that separated the rich Buenos Aires area from the Andean region. The campaign was not followed by a development policy : the original inhabitants were exterminated or dispersed to other regions, and the land was distributed to the soldiers that fought during the campaign, but the conditions imposed and the lack of support forced them to sell up and thus to leave the area even more desolated. (Frischknecht, 2006, p. 212)

La *Campagne du Désert* (1879-1881) est caractéristique de la conquête de cette *frontière* australe argentine, au sein des espaces du sud de la Pampa et de Patagonie.

Les deux fronts principaux de cette conquête « interne » du sud argentin sont ainsi la spoliation foncière des groupes autochtones, en particulier Mapuche, et la consolidation et le contrôle du territoire national face aux prétentions chiliennes sur la Patagonie.

> During the process of nation-building in Argentina and Chile, both countries claimed Patagonia as fundamental : the region's control and occupation were crucial not only for the economic future of each country, but also for defining their political and cultural communities. The first antagonists of these national claims were the numerous and diverse Amerindian tribes (Onas, Yamanes, Tehuelches, Araucanos, and others) that populated the area and fiercely opposed Western intervention. From then on, in the Argentine

imagination, Patagonia would always be associated, on the one hand, with war, as a struggle against nature or against a common enemy for control of the area, and on the other hand, with the frustrated fantasy of a Utopia of progress whose success depends on the exploitation and development of the southern region. (Nouzeilles, 1999, pp. 37-38)

La question du remplacement de la *frontière* classique turnérienne par le front écologique est posée dès la fin du XIXe siècle en la personne de Francisco Moreno et elle est liée à la question de la consolidation des frontières entre l'Argentine et le Chili. Explorateur et naturaliste, Moreno a commencé dès 1873 une série de voyages dans le grand sud Argentin pour y recenser et cartographier les richesses naturelles et archéologiques. Compte tenu de sa grande connaissance des lieux, il sera investi, au tout début du XXe siècle, par le gouvernement argentin d'une mission de démarcation frontalière pour informer les différends territoriaux entre l'Argentine et le Chili, finalement réglés par un arbitrage de la couronne britannique en 1902. C'est Moreno qui va créer par la suite, en 1923, le premier parc national argentin « parc national du sud » (*Parque Nacional del Sur*) sur une île du lac Nahuel Huapi sur des terres que le gouvernement lui avait cédé en remerciement de ses bons et loyaux services (Oyola-Yemaiel, 1999, p. 45). Voici l'argumentaire qu'il développe :

During my southern excursions…I admired places of exceptional beauty and more than once I commented on the need for the nation to preserve them for the better use of present and future generations, following the example of the United States and other nations that possess great natural parks. […] Every time I have visited this region [Patagonia] I have said to myself that, once converted into public inalienable property, these lands would shortly become centres of great instrument of human evolution… Traduit en anglais par Oyola-Yemaiel (1999, p. 49).

Pionnier de la protection de la nature en Argentine, le personnage de Moreno est aussi très symbolique de l'initiation de cette génération d'un front écologique géopolitique. Naturaliste, explorateur mais aussi géographe politique en tant que découpeur de territoires, Moreno est le premier en Argentine à faire le lien entre la protection de la nature, frontières et consolidation de la souveraineté nationale.

Natural resources and the docile nature of its natives were the two pillars of Moreno's reinvention of Patagonia. Traces of this struggle for meaning are still present in the tensions between the apocalyptic toponymy left behind by the imperial travelers (Desolation Bay, Desired Port, Hunger Port, and so on), marked by disenchantment and the frustration of imperial desire, and the celebratory, almost chauvinistic names imprinted by Moreno (Argentine Lake, San Martin Lake), which inscribe onto the surface of Patagonian cartography the heroic enterprise of the State advancing into a promising expanse. (Nouzeilles, 1999, p. 39)

Moreno est donc un véritable éco-conquérant. À ce titre, il est le créateur d'un proto-dispositif d'environnementalité fondé sur les valeurs de souveraineté (l'expansion de la souveraineté nationale vers la *wilderness* du grand sud) et de vérité (ses analyses en tant que naturaliste font référence au sein de l'*intelligentsia* argentine). Néanmoins, l'infusion des valeurs environnementales dans la société, la sphère politique et le territoire argentins ne sera ni une chose facile ni un processus linéaire compte tenu des instabilités politiques entre gouvernements civils et militaires et des rivalités entre centralisateurs et fédéralistes[9].

Trois sous-périodes peuvent être dégagées au sein de cette génération géopolitique du front écologique argentin. La première (1923-1955) est celle d'un front écologique pionnier marquée par la création de nombreux parcs nationaux frontaliers, instituant la loi de référence sur les parcs nationaux et valorisant le tourisme (en particulier sous le régime de Perón, voir Scarzanella (2002). La deuxième période (1956-1975) est celle de la fragilité du front écologique liée à l'instabilité politique nationale. La dernière (1976-1983) est celle de la remilitarisation du front écologique associée au pouvoir de la dictature militaire argentine.

---

[9] Les centralisateurs sont en faveur d'un contrôle de la Nation argentine depuis Buenos Aires alors que les fédéralistes sont en faveur de l'autonomie des Provinces à la manière des États-Unis. Aucun des deux camps ne l'a jamais vraiment emporté en Argentine et le pays est donc fédéral mais reste très polarisé sur sa capitale, macrocéphale à l'échelle du pays.

II.2.1. Parcs nationaux pionniers et consolidation identitaire du territoire national 1923-1955 : la région pionnière de Bariloche

Figure 41 : *Carte politique de l'Argentine dans les années 1940*[10]

Source : Wiki Commons

---

[10] Sur la géographie historique de la formation du territoire argentin, en particulier dans le nord-ouest du pays, voir Benedetti (2005). La question de l'intégration des « gobernaciones » (contrôlées directement depuis Buenos Aires) dans les provinces autonomes est passionnante.

Le front écologique, entre impérialisme et constructions nationales 151

Figure 42 : *Front écologique géopolitique de consolidation identitaire du territoire national*

Source : Cerbelaud & Guyot, 2015

Figure 43 : *Affaiblissement du front écologique géopolitique*

Source : Cerbelaud & Guyot, 2015

Le front écologique, entre impérialisme et constructions nationales 153

Figure 44 : *Sécurisation du front écologique géopolitique*

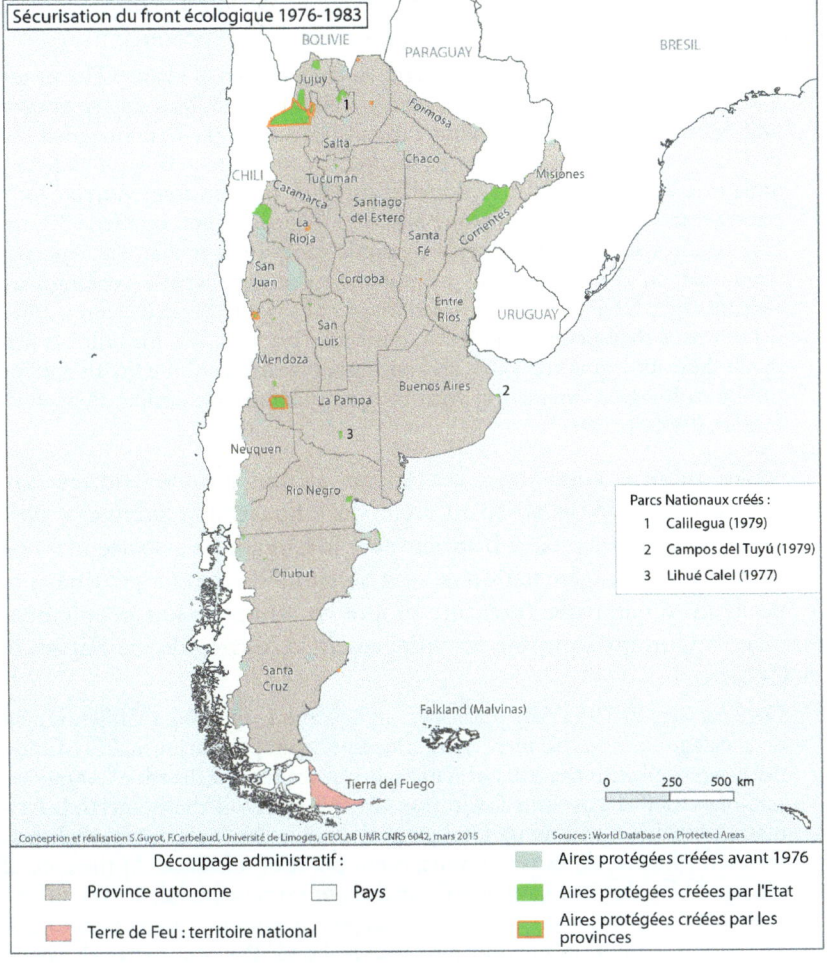

Source : Cerbelaud & Guyot, 2015

L'année 1934 correspond à la création des deux premiers parcs nationaux argentins, très emblématiques, celui de Nahuel Huapi au cœur des Andes Patagoniennes et celui d'Iguazú (figure 42) au niveau des chutes d'eau argentino-brésiliennes, suivi l'année d'après, en 1935, de la naissance de l'organisme public autonome national de protection de la nature, le « service des parcs nationaux » (*Servicio de Parques Nacionales*). Cet organisme a pour objectif de protéger une *wilderness* de type 2, et de réguler – tout en les encourageant – les pratiques touristiques et récréatives (Scarzanella, 2002) dans un contexte de développement de l'économie nationale face à la *grande dépression* de 1929, comme le note Valko dans son étude sur la presse internationale de l'époque.

> At the beginning of the twentieth century, the localities of Nahuel Huapi and San Carlos de Bariloche were backed by Germano-Chilean entrepreneurs, and formed a part of a thriving capitalistic emporium that included the first large-scale tourist schemes to market the region as « la suiza chilena y argentina ». Moreover, lands donated in 1903 by Francisco Moreno for a nature reserve had become Parque Nacional Nahuel Huapi. By the 1930s the lake region had developed into a dynamic vacation spot that was regularly promoted on the pages of El Mundo. For the newspaper's working-class readers, the advertisements included images of a train, forested terrain, and a list of towns that served as national tourist destinations. It is the railroad that made these locations accessible and permitted members of the urban reading public to imagine interacting with bucolic surroundings unlike their own. (Valko, 2009, p. 79)

Valko montre aussi dans cet article qu'une localité comme San Carlos de Bariloche, localisée au cœur du « nouveau et premier » parc national Nahuel Huapi, à la frontière avec le Chili, n'est associée ni à une représentation paysagère nationale (« la Suisse chilienne et argentine ») ni à une identité nationale argentine propre en raison de son peuplement étranger important composé essentiellement d'Allemands, de Suisses et de Chiliens.

> On February 2, 1934 Arlt published an aguafuerte entitled « Chilenizacion de la Patagonia ». In this piece, Arlt [correspondant pour le journal El Mundo ndla] wrestled with the issue of nationality, revealing the dearth of Argentine nationals and of state-run institutions in this sector of the homeland. As a district inhabited mostly by foreigners, the reporter's contacts revealed that, for them, Buenos Aires was a nonexistent point of reference. At the core of his report, he observes : Pueblos formados por extranjeros : alemanes, suizos, ingleses ; masas trabajadoras constituidas por chilenos […] han determinado en las poblaciones un olvido de su nacionalidad. Por otra parte, el Estado poco o nada ha hecho en favor de los « pioners » [*sic*] que se desterraban voluntariamente del mundo civilizado. While the reporter itemizes the origin of the district's residents using adjectives of nationality like German and Swiss, he also asserts that the populace has « forgotten » their nationality. The author's text implies that residents of a geographic area, recognized as a national territory, are deemed citizens by default. Thus, Arlt's observation further suggests that a region whose inhabitants do not conceive of themselves as Argentine exudes an air of « nationlessess ». (Valko, 2009, p. 82)

Le front écologique, entre impérialisme et constructions nationales 155

La création du premier parc national argentin dans cette région n'est donc pas fortuite, il s'agit aussi de « nationaliser » Bariloche. À cet égard, l'action du *Servicio de Parques Nacionales* va être capitale pour « récupérer » le style européen montagnard de la localité de San Carlos de Bariloche pour le généraliser à l'ensemble du parc national Nahuel Huapi (andinisme, ski, refuges de montagne, etc.) et en faire un symbole du patrimoine touristique national, en feignant d'ailleurs d'oublier les nombreux autochtones établis tout autour de San Carlos de Bariloche et même au cœur du parc national (Miniconi & Guyot, 2010). La transformation de Bariloche en une destination touristique prisée des habitants de Buenos Aires va aussi permettre de « nationaliser » les représentations paysagères des montagnes du parc Nahuel Huapi, en jouant sur des stratégies d'identification culturelle, à la manière de Mar del Plata pour le littoral argentin.

> Once the railroad arrived in Bariloche in 1934, the Argentine National Parks Commission actively promoted development in the region, including a regional architectural style. According to Levisman de Clusellas, « this style was spread by the National Parks in their desire to make Bariloche a special city, not like other towns and cities of the country that were laid out on the typical Spanish grid, but rather like one of the quaint mountain towns that were the pride of Switzerland and the Tyrol » (14). As a result, the National Parks Commission would sponsor the design and construction of the hotel Llao-Llao in 1939 [voir figure 78], a symbol of the region's architecture, and a fusion of local and European inspired styles. Thus, the spirit of « colonization illusion and fantasy » that motivated upper-class legislators, businessmen, and architects would transform Bariloche into an elite tourist destination and bring about a strong connection between Bariloche and Buenos Aires (Bandieri, Historia 316). In this case, upper-class residents of the metropolis could reaffirm their civility and superiority by creating the illusion of a regional building style designed by an Argentine architect who resorted to a European model. (Valko, 2009, p. 89)

Bustillo – le premier directeur des *Servicios de Parques Nacionales* – va aussi dans le sens de cette interprétation dans son ouvrage de 1968 « *El despertar de Bariloche* » :

> I did not know much about the specific subject [the National Park], but I had a concept of regional needs and I was especially persuaded of the necessity to make a nation and to occupy a frontier… (Bustillo 1968, traduit par Frischknecht, 2006, p. 215).

D'autres villes des Andes argentines vont être reconnaissantes des efforts réalisés par l'organisme des parcs nationaux pour les développer au rang de stations touristiques montagnardes mondialement réputées. « The administration created whole communities to support nature based tourism which became the economic base in isolated regions. Today, Bariloche, San Martin de los Andes, El Bolson and El Calafate are independent municipalities that owe their existence to the early efforts of the National Park Service. [...] These works of infrastructure were aimed to affirm sovereignty of the Republic by consolidating frontier territories »[11], Oyola-Yemaiel (2000, p. 69 & 77).

Le front écologique initié par l'État argentin entre 1934 et 1955 va conduire à la création de parcs nationaux qui seront aussi tous reliés à une « tête de pont » spécifique, officiellement dédiée à la fonction touristique et permettant de matérialiser la présence du contrôle étatique de deux manières : au sein de territoires provinciaux non encore autonomes (front écologique géopolitique interne) et localisés à proximité de frontières internationales conflictuelles (front écologique géopolitique externe).

Le contrôle géopolitique interne est marqué par la localisation de ces parcs nationaux dans des provinces argentines non encore autonomes et dépendantes directement de l'État central (voir figure 42), appelées les *gobernaciones*. C'est le cas pour les parcs situés dans les *gobernaciones* (dates d'autonomie entre parenthèses) de Misiones (1953), Neuquén (1955), Rio Negro (1955), Chubut (1955), Santa Cruz (1956), et Formosa (1955). Au sein de ces territoires, l'organisme de protection de la nature devra faire face à de nombreux conflits, venant des populations autochtones (Mapuche, Guarani) lésées par le passé, et des grands propriétaires terriens favorables à l'autonomie provinciale.

> The establishment of national parks is a lengthy process that involves, among other things, conflicts of interest between various parties interested in the land and in its economic uses. During the early period of the Park Service, these stakeholders included influential landowners who held large tracts near the proposed parks. Others were homesteaders hoping to settle in rich areas

---

[11] Ceci rejoint l'analyse de Wilson : « The invention of Patagonia as a place is an excellent example of how nature is part of culture, in the sense that every experience of the natural world is always mediated and shaped by rhetorical constructs such as photography, narrative, advertising, and aesthetics, and by institutions such as schooling, tourism, science, and the State » (Wilson, 1992, p. 12).

or citizens' groups interested in the creation of autonomous provinces. The later were worried that the most valuable lands were being kept under federal control and only the marginal lands were to be passed on as provinces. (Oyola-Yemaiel, 1999, p. 73)

La progression du front écologique *révèle de nombreuses tensions foncières liées à l'opposition entre l'État* (central) argentin et ses provinces autonomes. C'est à la fin de cette première sous-période – dans les années 1955 sous la présidence de Perón – que ces *gobernaciones* deviennent des provinces fédérées autonomes, mais les parcs resteront sous contrôle de l'organisme national de protection de la nature. Néanmoins, à partir de ces années-là, certaines provinces pourront créer leurs propres espaces naturels protégés de statut provincial.

Le contrôle externe est matérialisé par la localisation frontalière avec le Chili, avec le Brésil, et avec le Paraguay de l'ensemble des premiers espaces naturels protégés créés entre 1934 et 1951. On peut noter l'exception du parc national El Rey créé en 1948 dans la province de Salta mais tout de même limitrophe de sa province rivale de Jujuy. À cette exception près tous ces premiers parcs nationaux cumulent la localisation dans une *gobernación* dépendant de l'État et la proximité frontalière. Ce sont donc des fronts écologiques géopolitiques à la fois internes et externes.

II.2.2. Instabilité politique et affaiblissement du front écologique 1956-1975

Cette seconde sous-période est moins dynamique du point de vue de la production de fronts écologiques (figure 43). C'est une période très instable du point de vue de l'État argentin qui va voir se succéder des coups d'État militaires à de très courtes périodes de gouvernements civils démocratiques, ceci induisant un très fort renouvellement des élites administratives, en particulier au sein des parcs nationaux. « Due to the alternation between civilian and military governments and the fact that the former never completed their mandates, there was a lack of administrative continuity and no clarity as to what conservation was and what role the national parks were to perform » (Oyola-Yemaiel, 1999, p. 97). De plus, les provinces autonomes vont commencer à prendre en charge la protection de la nature sur leurs territoires et parfois de manière concurrente avec les stratégies de l'organisme fédéral.

La loi sur les parcs nationaux va changer en 1970, en promettant une autonomie renforcée des *Servicios de Parques Nacionales*, qui ne sera que de façade, car l'État va reprendre la main sur la hiérarchie administrative. Moins de parcs nationaux vont être créés, et ceux qui le sont vont suivre en partie les mêmes logiques géopolitiques de souveraineté nationale que durant la sous-période précédente, à l'exception de quelques espaces naturels protégés couvrant de nouveaux écosystèmes (Lihuel Calel NP[12] par exemple). La matérialisation de l'autorité de l'État à proximité de frontières internationales conditionne la création du parc national de Terre de Feu en 1960, au niveau d'une frontière conflictuelle avec le Chili et localisé dans la dernière province encore non autonome, dernière *frontière* du pays. De même, la création du parc national du Lago Puelo en 1971, localisé dans la province du Chubut, est liée à sa position frontalière avec le Chili et la création du parc national de Baritú en 1974, localisé dans la province de Salta, est liée à sa position frontalière avec la Bolivie, et son accès ne peut se faire que par la Bolivie[13]. Un parc provincial est créé en 1962 en suivant la même logique de contrôle frontalier, celui de Copahue – Caviahue, dans la province de Neuquèn à la frontière avec le Chili. Les deux années du retour au pouvoir du général Peron, puis de son épouse, vont marquer une accélération du nombre d'espaces naturels protégés, manière de montrer que l'État central essaye de reprendre le contrôle sur son territoire national.

II.2.3. Sécurisation du front écologique 1976-1983

J'ai décidé d'isoler cette dernière sous-période en raison de la prise du pouvoir par un régime militaire encore plus dictatorial[14] que tous les précédents et qui va avoir un impact important sur le territoire argentin, que ce soit d'un point de vue (géo) politique ou humain. Du point de vue de la protection de la nature, la dictature militaire va changer, en

---

[12] « It is located in the Province of La Pampa and represents the ecotone between the Bosque Espinal and the Stepa Arbustiva. It covers an area of 9 901 ha » (Oyola-Yemaiel, 1999, p. 110).

[13] La création du parc national de Baritú est une réminiscence d'un épisode historique de la fin du XIXe siècle montrant l'intérêt pour l'État argentin de contrôler cette zone à la frontière de la Bolivie après la perte de la Province de Tarija. » Il exista par ailleurs, entre 1881 et 1884, un projet visant à ce que la province de Salta cédât à la Nation, c'est-à-dire au pouvoir fédéral, ses départements d'Orán, d'Iruya, de Rivadavia, de San Martín et de Santa Victoria, aux fins de constituer le Territoire national d'Orán, avec pour chef-lieu la ville de San Ramón de la Nueva Orán, mais ce projet ne vint jamais à se concrétiser. » http://fr.wikipedia.org/wiki/Provinces_de_l%27Argentine, consulté le 23/07/14.

[14] Se succèdent entre 1976 et 1983, les généraux Videla (76-81), Viola (81), Galtieri (81-82) et Bignone (83).

1980, le nom des *Servicios de Parques Nacionales* en Administration des Parcs Nationaux (*Administracion de Parques Nacionales* (APN)), ce qui montre le glissement sémantique de la notion de service public à celle d'administration plus autoritaire. Un autre glissement peut être constaté dans le registre des valeurs constituant le dispositif d'environnementalité. Si la discipline reste d'actualité, la sécurité vient se surimposer à la souveraineté. Elle s'illustre essentiellement par le nombre important d'espaces naturels protégés qui vont être créés au sein des provinces autonomes (figure 44) prenant ainsi le relais d'un État autoritaire moins préoccupé d'acceptation sociale de la conservation que de sécurité environnementale nationale. L'espace naturel protégé est instrumentalisé pendant la dictature militaire argentine comme une composante territoriale de la sécurité aux frontières, analyse partagée par Oyola-Yemaiel.

> The original vision of the early conservationists consisted of a relationship between conservation of pristine areas and national sovereignty by creating means of development. This vision was accomplished by facilitating an influx of people to Patagonia. In contrast, the new approach of the military government in 1980 was aimed towards security of frontier areas by military means. In other words, the government reverted the original process by restricting access to nationally protected areas, engaging in a policy of evicting homesteaders and creating a stronger national park police force to protect the environment. (Oyola-Yemaiel, 1999, pp. 113-114)

Cette sécurisation du front écologique se discerne très bien à travers la création d'espaces naturels protégés entre 1976 et 1983, nationaux (monument national Laguna de los Pozuelos dans la province de Jujuy à la frontière avec la Bolivie) ou provinciaux (parc provincial Aconcagua, sommet le plus haut d'Amérique et frontalier avec le Chili). La création par la province de Salta de la réserve provinciale Los Andes en 1980 et par l'État argentin de la réserve Olaroz-Cauchari à la frontière avec le Chili sont emblématiques de cette sécurisation nationale dans un contexte de fortes tensions diplomatiques et frontalières avec le Chili et la Bolivie. Cette sécurisation géopolitique du nord-ouest de l'Argentine rappelle directement l'éphémère *gobernación* de Los Andes qui servait de zone tampon dans les années 1900 entre l'Argentine, le Chili et la Bolivie (figure 45). Le Territoire national des Andes, constitué en 1899, correspondait ainsi au secteur de la Puna d'Atacama cédé à l'Argentine, et s'étendait sur une partie des actuelles provinces de Jujuy, Salta et Catamarca[15].

Figure 45 : *Zoom cartographique, nord-ouest argentin*

Source : Wiki Commons

La création du corps national de rangers va matérialiser au cœur des parcs nationaux la volonté de sécurisation voulue par la dictature militaire. « Historically, the Ranger Corps had spoken out against mismanagement of park resources, opposed special interest groups and voiced concerns about operational problems in the field. Yet, it is clear that the police branch of the National Park (Administration) was upgraded during the military regimes coinciding with the aforementioned philosophy of border security » (Oyola-Yemaiel, 1999, p. 118).

---

[15] « Il fut en effet, en raison de son infime population et de son très faible développement, démantelé en 1943 et son territoire partagé ensuite entre les trois provinces susmentionnées. » source : http://fr.wikipedia.org/wiki/Provinces_de_l%27Argentine, consulté le 23/07/14.

Le front écologique, entre impérialisme et constructions nationales 161

En Argentine, le front écologique géopolitique répond avant tout à un besoin de renforcer le contrôle territorial de l'État (dominé par sa capitale, Buenos Aires) – puis de ses provinces, à une autre échelle emboîtée – au niveau des marges frontalières du pays, en particulier en Patagonie australe. Un processus d'identification s'est ainsi enclenché entre la capitale et sa bourgeoisie et plusieurs espaces de nature qui deviennent ainsi emblématiques du pays tout entier (chutes d'Iguazu, lac Nahuel Huapi, glaciers patagons etc.). Néanmoins, ce front écologique reste contingent des évolutions politiques internes, et en particulier des instabilités liées à la répétition des régimes militaires. La dictature militaire (1976-1983) apparaît alors comme l'épisode autoritaire argentin qui aura eu le plus d'influence sur les politiques de protection de la nature.

Au Chili, si les parcs nationaux dans les années 1920-1930 sont instrumentaux de la volonté de l'État national de contrôler son territoire, on ne va pas retrouver une telle volonté de la part du régime de dictature militaire de Pinochet.

II.3. Au Chili

Figure 46 : *Cartes du Chili (ensemble et régions)*

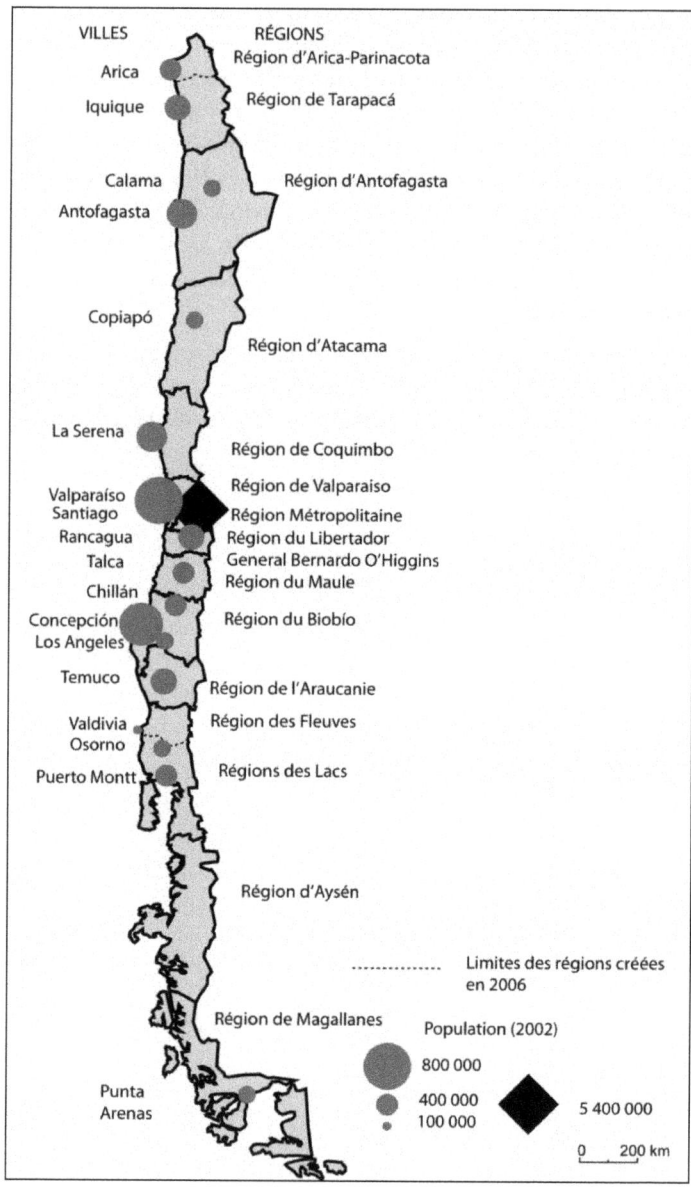

Source : Velut, 2007

Le contexte d'émergence d'un front écologique géopolitique au Chili présente quelques similitudes avec l'Argentine voisine. L'État chilien utilise les premiers espaces naturels protégés pour fixer une frontière internationale disputée mais surtout pour asseoir une logique de contrôle de la *frontière* méridionale, encore mal intégrée au territoire national. Toute comme l'Argentine avec la Conquête du Désert et le contrôle de la Patagonie orientale, il est important de comprendre les étapes qui ont permis à l'État chilien, unitaire[16] et indépendant depuis 1818, d'annexer les territoires de l'Araucanie au sud du fleuve Bíobío, dominé par les Mapuche durant la période coloniale[17], et de conforter ses positions nationales en Patagonie. Dans les années qui ont suivi l'indépendance, les premières incursions chiliennes en territoire Mapuche se font de manière négociée avec les chefs autochtones et permettent de créer un certain nombre d'enclaves pastorales (Bengoa, 2000 ; Molina, 1995). Une seconde étape beaucoup plus autoritariste de la colonisation interne de l'Araucanie a lieu le 2 juillet 1852, avec la promulgation du Décret-Loi n° 90 qui institua la création de la province d'Arauco. Selon le texte officiel, cette province « comprendra dans sa démarcation les territoires indigènes situés au sud du fleuve Bío-Bío et au nord de la province de Valdivia, et les départements ou sous-délégations des provinces limitrophes, qu'il convient au service public d'ajouter pour le moment, si ainsi l'estime le président de la République » (cité par Sepúlveda, 2011). Cette création provinciale marque le début de la « Pacification de l'Araucanie », dirigée par le général Saavedra, et officialise l'avancée rapide du front de colonisation interne au cœur des terres Mapuche (Rodríguez, 1996). Au-delà de la revendication idéologique et des frontières « naturelles » du Chili, cette conquête visait à apporter une solution au problème très concret de l'expansion nécessaire de l'aire de production agricole et de la croissance de l'économie chilienne (Sepúlveda, 2011). Les colons s'installèrent en masse, dans le sillage des militaires, ce qui eut pour conséquence d'exercer une forte pression sur ces terres d'outre Bío-Bío. Les premières mesures de l'administration chilienne s'attachèrent à tenter de gérer ces afflux de colons – parmi eux de nombreux Allemands – qui arrivaient au Chili en quête d'un petit « El Dorado ». À l'instar des contextes sud-africain et argentin de la même époque sont élaborées des

---

[16] À la différence de l'Argentine et de l'Afrique du Sud, le Chili est un état unitaire centralisé autour de sa capitale Santiago. Ses régions sont des territoires de déconcentration de l'autorité nationale.
[17] Le fleuve Bíobío, depuis la signature du Traité de Quilin en 1641, marquait la frontière septentrionale du territoire mapuche.

lois de division foncière, comme la loi cadastrale du 4 décembre 1866, permettant dès 1884 l'établissement de titres de propriété – les Títulos de Merced (T.M.) – devant assurer aux autochtones un droit d'accès réduit à la terre[18] (Sepúlveda, 2011) et garantissant à l'État la jouissance de grandes superficies de terres fiscales (*tierras fiscales*). En réalité, l'État n'a pas eu le temps d'appliquer ces nouvelles règles foncières en raison de mises aux enchères répétées dès 1873, au profit de propriétaires privés qui incarnèrent les débuts du *latifundisme* en Araucanie. Les Mapuche devront alors se contenter de parcelles encore plus petites et l'État va perdre *de facto* le contrôle du foncier au profit des grands propriétaires. Au même moment, les troupes militaires chiliennes sont concentrées sur le front septentrional, où la victoire de la guerre du Pacifique (1879-1883) va permettre au Chili septentrional de s'agrandir aux dépens de la Bolivie et du Pérou.

C'est dans ce contexte territorial et foncier que se met en place le front écologique chilien au début du XXe siècle. En initiant la protection de zones forestières dans la province d'Arauco, l'État cherche à regagner du terrain dans cette région. Il ne met d'ailleurs pas en avant la protection de la *wilderness* et de grands paysages emblématiques mais plutôt la conservation forestière selon un mode ressourciste, analyse corroborée par Velut.

> Les premières initiatives de protection sont dues à l'activité du naturaliste allemand Federico Albert, appelé au Chili par le président José Manuel Balmaceda en 1889. Nommé chef de section au ministère de l'Industrie, il se fait l'avocat d'une politique forestière nationale et préconise la création d'un service des eaux et forêts pour rationaliser l'exploitation des ressources forestières, établir des plantations d'espèces autochtones et importées, lutter contre la désertification et l'érosion. Ce père putatif des parcs naturels chiliens, qui donne son nom à l'un d'entre eux, ne cherche pas à protéger la nature, mais à en favoriser l'exploitation rationnelle. (Velut *et al.*, 2009, p. 106)

Je distingue quatre sous-périodes au sein de cette génération géopolitique de fronts écologiques :

- la sous-période pionnière de création de réserves forestières en Araucanie (1907-1925), figure 47
- puis la sous-période de création des premiers parcs nationaux selon une logique frontalière et touristique plus assumée (1926-1942), figure 48

---

[18] On parle d'ailleurs des « réductions Mapuche » (*reducciones mapuche*), sur seulement 6 % du territoire d'origine (Bengoa, 2000 ; González, 1986).

Le front écologique, entre impérialisme et constructions nationales   165

- la sous-période du contrôle de la *wilderness* des grandes étendues australes coïncidant avec la montée du mouvement écologiste national et international (1943-1972), figure 49
- et enfin la sous-période de la dictature militaire institutionnalisant le contrôle néo-libéral de la nature (1973-1988), figure 50.

II.3.1. Un front écologique pionnier ressourciste de contrôle territorial centré sur l'Araucanie 1907-1925

Figure 47 : *Front écologique géopolitique de contrôle territorial centré sur l'Araucanie*

Source : Cerbelaud & Guyot, 2015

166 La nature, *l'autre* frontière

Figure 48 : *Front écologique géopolitique, les parcs nationaux du contrôle territorial au tourisme*

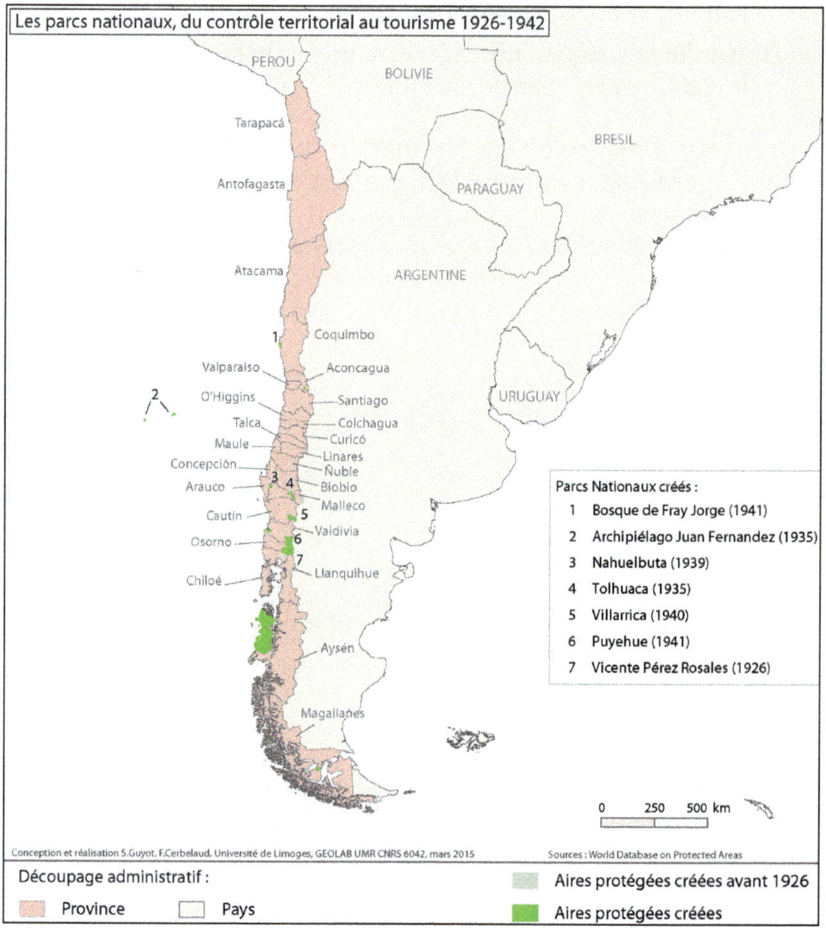

Source : Cerbelaud & Guyot, 2015

Le front écologique, entre impérialisme et constructions nationales 167

Figure 49 : *Le front écologique géopolitique de la conquête de la* wilderness *de la frontière australe*

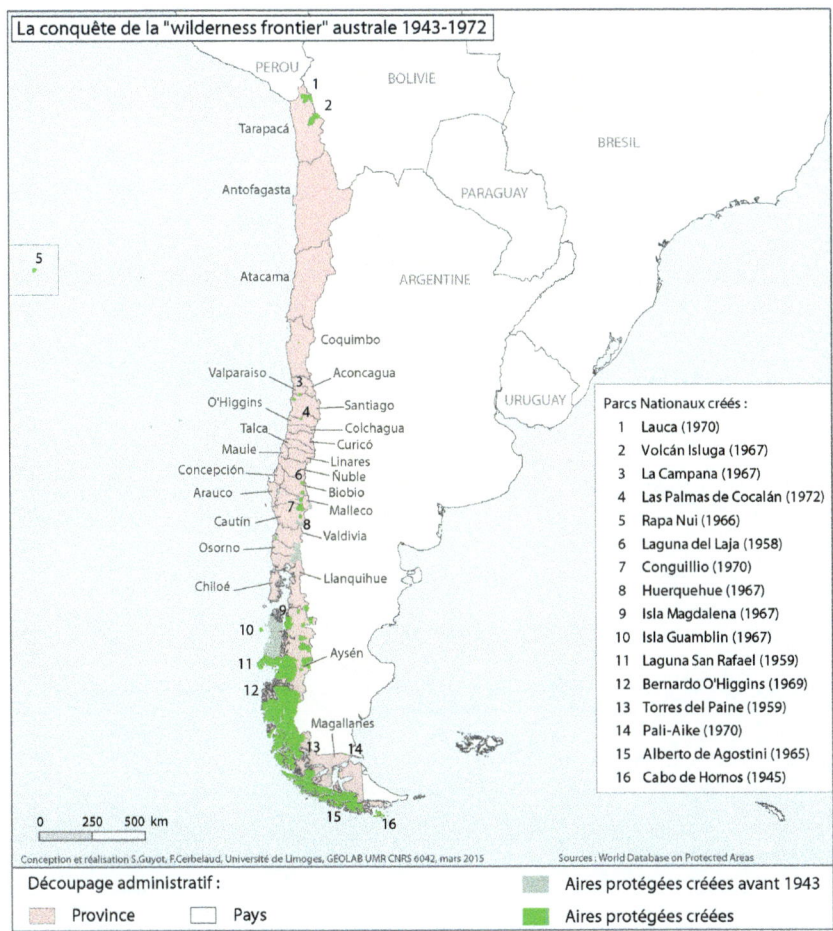

Source : Cerbelaud & Guyot, 2015

Figure 50 : *Front écologique géopolitique de la dictature militaire*

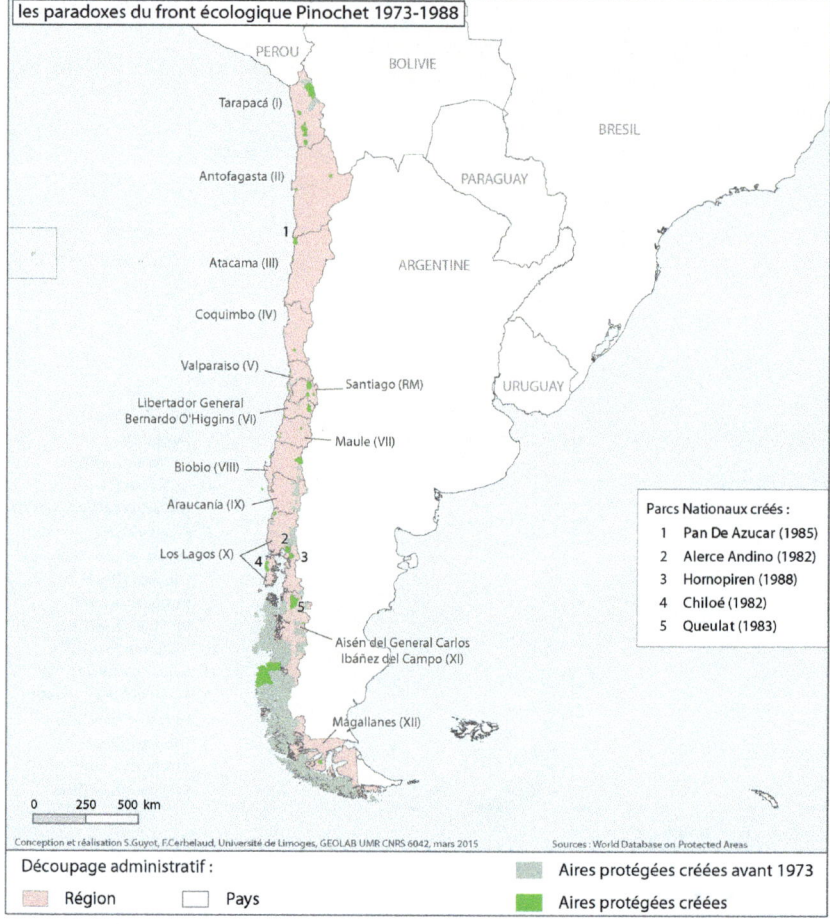

Source : Cerbelaud & Guyot, 2015

La création d'aires protégées obéit principalement dans cette première sous-période à une logique géopolitique de création de forêts d'État, principalement dans les régions de colonisation du Sud, où il reste encore du foncier domanial (*tierras fiscales*) à soustraire au processus de colonisation interne (Velut *et al.*, 2009, p. 106). En outre, l'afflux massif et continu de colons en outre Bío-Bío a impliqué la disparition de milliers d'hectares de forêts primaires brûlées pour laisser place au développement agricole. Pourtant ce n'est pas l'argument environnemental qui va présider à la création de ces réserves forestières.

Sepúlveda montre à travers l'exemple de la Réserve Forestière Malleco, première réserve créée au Chili en 1907, « qu'il s'agissait, pour l'État, de reprendre le contrôle d'une ressource forestière alors exploitée par de petites sociétés qui, sans faire acte d'un quelconque droit de propriété sur les terres concernées, en avaient néanmoins l'usufruit » (Sepúlveda, 2011, p. 367). La création des trois autres réserves en 1912 semble vouloir indiquer une reprise de contrôle de l'État sur des forêts encore non-exploitées mais potentiellement utilisables soit par les Mapuche, soit par les colons. L'autre logique de contrôle de l'État est externe et concerne la localisation frontalière de ces réserves dans un contexte d'insécurité frontalière. Cependant, au contraire de l'Argentine qui a créé ses premiers parcs nationaux de manière défensive au sein d'un très vaste territoire, le Chili, pays très étroit faut-il le rappeler, se contente de lui opposer un simple bornage frontalier. Le régime de proto-environnementalité est incarné dans cette sous-période par un État relativement solitaire qui met en exergue essentiellement la valeur de souveraineté dans l'objectif de contrôler territorialement l'accès à des ressources naturelles forestières.

II.3.2. Les parcs nationaux, du contrôle territorial au tourisme 1926-1942

D'un point de vue foncier, cette seconde sous-période, poursuit les mêmes objectifs géopolitiques internes de reprise de contrôle par l'État de la *frontière*. Klubock montre d'ailleurs comment s'effectue le passage d'une conquête de la *frontera* (nom donné à la région au sud du fleuve Bio-Bio) par les grands propriétaires des haciendas, ayant pour conséquence l'inexorable destruction des forêts autochtones et la progression des surfaces agricoles, à une prise de contrôle de ce territoire par l'État chilien dans les années 1930 sous forme d'un front écologique caractérisé par la création de réserves forestières puis de parcs nationaux. « Officials in charge of colonization policy on the frontier placed public land in forest reserves and national parks where it could be managed by foresters and protected by forest guards. Forest laws established a tool for state governance on nature on the frontier » (Klubock, 2011, p. 125). Du point de vue des populations locales (autochtones Mapuche et petite paysannerie chilienne), ce passage d'un front d'exploitation à un front écologique est synonyme d'un double processus d'insécurisation foncière : « For peasants, however, the establishment of reserves and parks represented a second moment of enclosure in which their access to forests and mountain meadow was restricted. Rationalized forest management and conservationist policies to protect forests of dwindling species like the araucaria pine severely reduced rural labourers' access to key natural resources, exacerbating inequalities in landownership and the plight of the mushrooming population of the landless rural poor » (Klubock, 2011, p. 125). Ce front écologique n'est d'ailleurs que peu appliqué dans les faits car les entreprises privées ont la possibilité d'exploiter du bois au sein des réserves forestières. « [Peasants] discovered that landowners and loggers maitained their access to the forests by winning leases to log, albeit with some supervision by state foresters and surveyors » (Klubock, 2011, p. 136). Velut montre aussi le glissement de fonction des espaces naturels protégés, opéré dans les années 1920 vers une fonction plus touristique et récréative, tout en montrant, au diapason de Klubock, la persistance de la menace extractive.

> Ce n'est qu'en 1925 qu'un décret du ministère de la Colonisation crée le « parc national de tourisme » Benjamín Vicuña Mackenna, d'une superficie estimée à 76 000 ha dans le département de Cautín, destiné à préserver les « beautés scéniques ». Ce parc est par la suite réduit au profit de l'extension de périmètres de colonisation et d'exploitation forestière. Ainsi, on retrouve à l'origine des aires protégées chiliennes une justification de valorisation économique par le tourisme, une mention vague du caractère spectaculaire des paysages et finalement une protection qui recule face à des activités plus rentables. (Velut *et al.*, 2009, pp. 106-107)

C'est officiellement la Loi sur les Forêts (*Ley de Bosques*) de 1931 qui va instaurer le paradigme de conservation comme base légitime des nouvelles créations d'espaces naturels protégés (Sepúlveda, 2011). Le premier parc national « fonctionnel » à être créé est celui de Vicente Perez Rosales en 1926 à la frontière avec l'Argentine au cœur de la région des grands lacs, puis le parc national Tolhuaca, fondé en 1935 sur une portion de la réserve forestière Malleco et au sein duquel « […] l'établissement de scieries et d'installations anthropiques fut interdit » (Sepúlveda, 2011). Les deux autres parcs nationaux de Villarica et de Puyehue créés en 1940 et 1941 sont aussi frontaliers avec l'Argentine et jouxtent des réductions Mapuche. Le parc national de Puyehue est d'ailleurs établi sur l'initiative de colons allemands, quelques années seulement après la création du parc national Nahuel Huapi qui le borde côté argentin. Au-delà des tentatives de marquage frontalier par les autorités nationales chiliennes et argentines, ces parcs nationaux émanent aussi de la volonté des nouveaux arrivants – allemands en particulier – de protéger des paysages de montagnes propices à l'andinisme et au ski (création de la station de ski d'Antillanca dans le parc Puyehue). Ces nouveaux acteurs sont alors intégrés de fait dans le régime d'environnementalité.

II.3.3. Le front écologique de conquête de la wilderness frontier australe 1943-1972

Le troisième temps de progression du front écologique chilien se fait sur une base d'appropriation foncière relativement aisée au sein des marges territoriales du pays.

> This [third] wave of protected area creation was focused in the « wilderness » or frontier regions of the national territory, both in the southern and the northern ends of the country. Low population, low commercial values, and the lack of land claims by private interests made it much easier to declare protected areas in these harsh environments. (Pauchard & Villarroel, 2002, p. 321)

Le passage à la troisième sous-période au cœur de la Seconde Guerre mondiale (dans laquelle le Chili était resté neutre) se justifie par la stabilisation de la démocratie chilienne après les phases d'instabilité politique des années 1930 – marquées par un changement éphémère de l'organisation territoriale du pays entre 1927 et 1930 – avec l'arrivée au pouvoir du radical Aguirre Cerda. Ce président a la volonté de stabiliser les contours du territoire national chilien, en particulier dans ses périphéries australes. En 1940, il officialise la revendication chilienne sur l'Antarctique et définit les contours du nouveau Chili. Le « Chili Nouveau » s'étend du Pacifique depuis la baie de Mejillones jusqu'aux Îles Shetland du Sud, à la latitude 65º Sud. En outre, en 1940, le Chili est signataire de la « Convención para la protección de la flora y fauna y las bellezas escénicas de América », appelée aussi « convention de Washington », qui est le premier texte international ratifié par le Chili montrant son intérêt pour la protection de la *wilderness*. Par conséquent, les espaces naturels protégés créés à partir des années 1940 vont se faire au service de ce projet de stabilisation territoriale des marges australes qui comprennent de nombreuses terres vierges (rochers, glaces, forêts autochtones). Le parc national du Cap Horn (actuelle région XII), créé en 1945, est aussi emblématique de la volonté de l'État chilien de s'approprier l'île la plus au sud du continent américain et la plus proche du continent Antarctique. Ce parc s'insère d'ailleurs localement dans une géopolitique frontalière complexe avec son voisin argentin, mais témoigne aussi de la volonté du Chili d'exister sur la carte du monde. Le parc national de la Laguna San Rafael en Patagonie (actuelle région XI) et le parc national Torres del

Paine sont créés en 1959 (actuelle région XII) et deviennent ainsi des hauts-lieux touristiques.

Les objectifs des deux sous-périodes précédentes ne sont toutefois pas oubliés comme le montre la création de la réserva nationale de Conguillío en 1950 (devenue parc national en 1970) à proximité de Villarica (actuelle région IX). La portée géopolitique de marquage frontalier par rapport au voisin argentin reste d'actualité. Les espaces naturels protégés sont gérés par le ministère de l'agriculture et, en particulier, par le SAG[19] (Servicio Agrícola y Ganadero), qui est réputé pour avoir développé des frontières sanitaires au Chili (Hevilla & Molina, 2010) pour éviter l'importation d'agents pathogènes venus des pays voisins pouvant menacer les exportations agricoles chiliennes. Le SAG contrôle donc de plusieurs manières les frontières internationales, même si les parcs nationaux semblent moins militarisés, à cette période, que dans l'Argentine voisine. Afin de conserver les écosystèmes semi-désertiques andins du nord et les grands espaces montagneux sauvages du sud, la localisation frontalière reste ainsi une « valeur sûre » pour créer de nouveaux parcs : dans le nord du pays, parc national Volcán Isluga en 1967, et parc national Lauca à la frontière avec la Bolivie en 1970 ; dans le sud, parc national Alberto de Agostini en 1965 et Bernardo O'Higgins en 1969 à la frontière avec l'Argentine.

C'est à la fin de cette sous-période que va s'organiser le mouvement environnemental chilien (Pulgar & Zaccai, 2013) avec, par exemple, la création de la CODEFF (*Comité Pro Defensa de la Fauna y Flora*) en 1963 en résonance avec les mouvements conservationnistes nord-américains, issus d'un Chili plutôt conservateur, comme l'explicite Carruthers ci-dessous.

> From the conservationist and preservationist impulses of the early twentieth century, to the landmark environmental legislation of the 1960s and 1970s, this model relies on the familiar strategies of advocacy, education, lobbying and litigation that characterise mainstream environmental politics and policy throughout the wealthy north. The « conservationists » practice accommodation and moderate criticism, represented by groups like the National Committee for the Defence of Flora and Fauna (CODEF) and the Defenders of the Chilean Forest. They are prestigious and well established ; CODEF dates back to 1963. Their interests, strategies and style of operations are familiar to observers of the North American conservationist/preservationist tradition, emphasising habitat protection and defence of

---

[19] La référence ne donne pas la temporalité de cette gestion par le SAG.

wild areas, through research, advocacy and education. The commitment to ecosystem preservation can be militant, although conservationists typically avoid ideological battles. Like their first world counterparts, they have a scientific and biological orientation, seldom focused overtly on structural causes of degradation or strategies of national development. (Carruthers, 2001, p. 348 ; 352)

À l'exception de quelques individualités scientifiques, c'est la première fois que des ONG environnementales s'organisent au Chili pour peser sur la protection des espèces animales et végétales menacées. En effet, comme le rappelle Hopkins (1995, p. 17) : « There appears to be little evidence that social movements and political parties had any particular effect on conservation and national parks policy in Chile. If César Caviedes is correct in observing that 'the Chilean electorate has nurtured messianic expectations most of the time', it is not likely in the past that much popular attention or political party attention was focused on such undramatic matters as conservation policy ». Le régime d'environnementalité est ainsi surtout composé par l'État et par quelques acteurs privés. L'émergence d'associations environnementales indique cependant l'ouverture ce régime d'éco-gouvernementalité à des logiques globales. Si la valeur de souveraineté reste première, la notion de vérité environnementale semble prendre de plus en plus de sens. Cette dynamique par le bas n'est bien sûr pas étrangère au contexte politique chilien pour le moins effervescent. En effet, le début des années 1970 voit l'arrivée au pouvoir de l'Unité populaire (coalition de partis de gauche) dirigée par Salvador Allende. Ce dernier va établir la CONAF (*Corporación Nacional Forestal*) comme autorité de gestion dédiée aux espaces naturels protégés chiliens forestiers en particulier. Créée en 1970, elle est ratifiée par décret en avril 1973 quelques mois avant le coup d'*État*. Il faudra alors attendre onze ans pour que la CONAF puisse disposer d'une loi-cadre sur la protection de la nature.

> La Corporación Nacional Forestal (CONAF) es una entidad de derecho privado dependiente del Ministerio de Agricultura, que nace de una modificación de los estatutos de la antigua Corporación de Reforestación mediante Decreto del 19 de abril de 1973 (publicado en el Diario Oficial el 10 de mayo del mismo año), bajo el Gobierno de Don Salvador Allende Gossens, con el objetivo de « contribuir a la conservación, incremento manejo y aprovechamiento de los recursos forestales del país ». (CONAF)[20]

---

[20] http://www.conaf.cl/quienes-somos/historia/, consulté le 25/07/2014.

L'établissement de la CONAF[21] est censé faciliter la gestion des espaces naturels protégés en relation avec les usagers et les populations riveraines. En tant que « corporation forestière », le choix de la CONAF indique que ce sont toujours les espaces forestiers qui restent prioritaires dans les politiques de gestion de la nature. Ces espaces forestiers sont aussi des espaces peuplés qui concentrent des priorités sociales et économiques importantes à prendre en considération pour Allende, à la différence des espaces très faiblement peuplés du nord et du sud chilien. Le coup d'État militaire de 1973 du général Pinochet va stopper net toutes les tentatives de participation et de coopération lancées, entre autres, autour de la gestion forestière. Ce changement de régime va aussi conduire à un affaiblissement important de l'effervescence de la politique au Chili.

> Chile inherits a long democratic tradition, but an elitist one. At the dawn of General Pinochet's coup of 11 September 1973, Chileans boasted four decades of civilian rule and competitive elections, uninterrupted by military coup, assassination or rebellion. Indeed, with only two brief exceptions, they had experienced 140 years of increasingly democratic institutions. However, this stability was built on a centralised state and a verticalist style of politics. From the presidency to the parliament to the party system, political institutions developed a top-down character, with mass politics tightly controlled from above. Each social sector was politicised and penetrated by strong national parties, impeding the emergence of autonomous base organisations and social movements. Chilean political history thus yielded a comparatively « overdeveloped » political system, corresponding directly to a comparatively 'underdeveloped' civil society. (Carruthers, 2001, p. 344)

La société civile chilienne va devoir se réorganiser face à la confiscation du pouvoir par Pinochet. Néanmoins ce n'est pas la sphère environnementale qui sera la priorité d'un vaste mouvement clandestin plutôt préoccupé de liberté d'expression et de droits sociaux face à un néolibéralisme ravageur.

---

[21] La CONAF présente la même ambiguïté que les Eaux et Forêts : à la fois conservation et mise en valeur commerciale, un décalage qui est apparu de façon forte pendant la dictature où l'aspect vente de la forêt a été renforcé (Anne-Laure Amilhat-Szary, communication personnelle).

II.3.4. Les paradoxes du front écologique pendant la dictature militaire de Pinochet 1973-1988

Cette dernière sous-période au sein de la génération géopolitique du front écologique chilien est paradoxale à plus d'un titre. Elle commence par une période d'une certaine atonie en termes de créations d'espaces naturels protégés. En effet, aucun nouveau parc national n'est créé entre 1973 et 1982. Cette atonie s'explique par l'imposition sur le territoire chilien d'un modèle économique néo-libéral très abouti qui a conduit à sa dernière étape la politique ressourciste menée durant les décennies précédentes, c'est-à-dire à l'exploitation *in fine* des ressources, en particulier forestières (Espejo, 1980) et minières. Javier Labra, administrateur du parc national de Puyehue, m'a indiqué en 2009 dans un entretien, que toute une partie du parc national avait été cédée sous forme de concession pour l'exploitation forestière durant les premières années de la dictature. D'ailleurs bon nombre d'espaces naturels protégés créés avant 1973 vont subir soit un changement de périmètre, soit un changement de statut et vont donc être « redéclarés » officiellement dans les années 1980, pour permettre justement une meilleure adéquation entre protection et activités économiques.

Si le régime de Pinochet est synonyme d'une certaine extraversion économique sur le plan international, il est synonyme de répression policière massive en déportant et éliminant les opposants politiques et en montant une moitié de la population contre l'autre. Du point de vue de la protection de la nature, les dix premières années de la dictature auraient pu laisser penser que les espaces naturels protégés n'étaient plus que des zones stratégiques sur le plan des ressources mais vidées de leur substance politique. Or, dès le milieu des années 1980, le Chili va se décider à réinvestir un dispositif d'environnementalité en imprimant l'idée néo-libérale dans l'initiation de nouveaux fronts écologiques. L'idée est de rendre à nouveau rentable la protection de la nature en développant le tourisme dans certains grands parcs nationaux emblématiques (Laguna San Rafael) et en facilitant l'accès des acteurs privés aux ressources naturelles par le biais de concessions d'exploitation forestières. Le financement propre de la CONAF – l'organisme de gestion – sera lui aussi dicté par des principes néo-libéraux non durables comme le principe de la taxe sur les copeaux de bois autochtones destinés à la pâte à papier.

> The entire environmental framework is run through with powerful structural incentives that incline the state to side directly with business and development interests, to the detriment of environmental protection. For example, to

meet the neoliberal mandate that government agencies be self-financing, the forestry agency (Corporación Nacional Forestal – CONAF) finances itself by taking a portion of the revenue from the unsustainable « chipping » of southern Chile's spectacular native forests, destined for export as paper pulp. (Carruthers, 2001, p. 349)

La création, en 1984, de la loi-cadre sur le système national public d'aires forestières protégées (SNASPE)[22], va permettre au pays d'adopter et d'adapter les catégories internationales de l'IUCN : « For the first time in Chilean history, protected areas were not only an instrument for forest resource protection or for maintaining scenic or recreational services but also a key element in protecting the whole range of natural ecosystems » (Pauchard & Villarroel, 2002, p. 322). Comme en Afrique du Sud à la même période, la protection de la nature permet au Chili d'être intégré et légitimé dans des arènes internationales, jetant ainsi un voile discret sur les exactions perpétrées sur les opposants politiques au régime, alors même que les espaces protégés sont un levier supplémentaire au service du néolibéralisme érigé en modèle national.

> Au début des années 1980, la CONAF reclasse les aires protégées : la superficie protégée diminue au Nord et les superficies déclassées sont proposées en concession ou vendues. [...] L'ensemble des aires protégées publiques forme le système national d'aires sauvages protégées de l'État (SNASPE), créé par la loi 18 362 de 1984. Rédigé sous le gouvernement militaire, ce texte prévoit quatre catégories d'aires protégées de l'État[23]. [...] La loi envisage explicitement la valorisation économique des aires protégées à partir de l'exploitation rationnelle des ressources, principalement du bois, bien plus que le tourisme. Elle ne prévoit ni aires protégées d'intérêt local ou régional, ni instruments d'intégration des aires protégées dans les territoires où elles se trouvent. Il existe déjà une ambiguïté sur la nature même du patrimoine concerné par la protection. L'incorporation de terrains dans le SNASPE correspond à une façon de gérer le patrimoine foncier de l'État, de manière à en faire un instrument de préservation d'un patrimoine naturel appartenant aussi bien à la nation, pour laquelle il a une valeur identitaire, de ressourcement, ou de support d'activités, qu'à l'humanité tout entière, en tant que réservoir de biodiversité. D'autre part, on cherche à faire de ces

---

[22] *Sistema Nacional de Áreas Silvestres Protegidas del Estado.*

[23] Decree Law 18 362 of 1984 created the national public system of protected areas : SNASPE. The purpose of the law was to organize the scattered protected areas around a unified conservation system with the common purpose of protecting Chilean natural resources. The SNASPE adopted the framework of the 1978 IUCN protected area categories to comply with international agreements. Four categories of protected areas were defined : Virgin Region Reserves, National Parks, Natural Monuments, and National Reserves (Pauchard & Villarroel, 2002, p. 321).

terrains des bases d'une valorisation économique, forestière pour certains, et de plus en plus touristique. (Velut *et al.*, 2009, p. 107)

Dès les années 1982, de nouveaux et nombreux espaces naturels protégés sont créés et correspondent à autant d'intérêts économiques nationaux, comme la création du parc national de Chiloé en 1982 dont l'utilisation sera essentiellement forestière et touristique et se fera largement aux dépens des populations autochtones[24] (Oltremari & Jackson, 2006).

Au diapason des luttes politiques clandestines ayant pour but la disparition de la dictature militaire, le mouvement environnemental va connaître aussi durant la seconde partie de cette sous-période sombre une forme de renouveau directement axé sur la critique du régime d'environnementalité néo-libéral comme l'explique précisément Carruthers, dans une des rares publications existantes sur les *environmental politics* au Chili[25].

> An important precursory moment in Chilean environmentalism was the 1983 'Scientific Congress of the Environment', organised by the environmental NGO the Centre for Environmental Research and Planning (CIPMA). In spite of tight media control, the event garnered substantial publicity. The military regime responded to rising environmental concern by creating the National Commission for Ecology in 1984. However, environmental protection remained a low priority, and the commission's goals went unfulfilled. (Carruthers, 2001, pp. 352-353)

L'environnement a donc aussi été utilisé par une partie de la société civile chilienne pour pouvoir combattre Pinochet sans l'affronter directement sur le terrain social et des droits fondamentaux. Mais il faut attendre le référendum marquant la fin du régime dictatorial pour que le mouvement environnemental chilien, représenté essentiellement par l'Institut d'écologie politique (IEP) et le Réseau national d'action écologique (RENACE), puisse vraiment être intégré à un nouveau régime d'environnementalité post-autoritaire, comme le souligne Carruthers.

> The modern environmental movement could not take meaningful shape until the return to civilian rule, when it was spurred on by a larger and higher-profile gathering, the 1989 « First National Meeting of Environmental Action Organisations ». [...] The « ecologists » are the so-called « duros »

---

[24] Entretien réalisé avec un autochtone à Cucao (île de Chiloé) en 2009.
[25] Cet article m'a permis de remettre à jour une bonne partie de mes analyses sur l'évolution des liens entre environnement et politique au Chili depuis les années 1960.

(hard-liners), represented by groups like the Institute of Political Ecology (IEP), National Ecological Action Network (RENACE) and Chile Sustentable. Formed by refugees of university repression in the 1980s, they carry forward a tradition of criticism. They conceive the environmentalist crisis broadly, to encompass issues of social and ecological justice. They find the roots of crisis in the priorities of neoliberal development, reinforced by an exclusionary political system. Sustainability and environmental restoration can only be reached through greater equity and a more responsive democracy. These in turn demand not accommodation, but dramatic changes in the political system and economic development strategy. In vision and tactics, they do not shrink from confrontation, hoping that sharpening environmental conflicts might herald the regeneration of a more vibrant civil society. (Carruthers, 2001, pp. 352-353)

Cette société civile environnementale chilienne va cependant avoir du mal à être audible pendant de nombreuses années en raison de la persistance des intérêts et logiques néolibérales au Chili jusqu'à aujourd'hui.

Au Chili, le front écologique géopolitique est essentiellement marqué par deux logiques, la protection de la forêt selon une logique essentiellement ressourciste, et la conquête des marges territoriales australes par l'établissement d'un continuum d'espaces naturels protégés de grande taille, souvent assimilables à des parcs de papier. Jusqu'à l'avènement de l'Unité populaire, et à la création par Allende de la CONAF, les soubresauts politiques internes au Chili vont relativement peu marquer les politiques de protection de la nature. Avec le régime militaire de Pinochet, après une phase d'hésitation, le front écologique devient un outil politique de plus au service du néolibéralisme économique, logique semble-t-il poursuivie encore aujourd'hui.

II.4. Comparaison des générations géopolitiques dans les trois pays

Plusieurs facteurs propres à la génération géopolitique me permettent d'esquisser un tableau comparatif (tableau 7) pour ces trois pays. Il y a d'abord la question du découpage chronologique et thématique interne à chacun des trois pays, qui permet de comprendre la synchronie – ou non – des évolutions politiques des trois pays en relation avec la protection de la nature. Ensuite, se pose la question du type de protection de la nature mis en place, faune sauvage, *wilderness* et grands paysages ou forêt. Puis, je vais passer en revue plusieurs éléments propres à la génération géopolitique : les liens entre front écologique et protection militaire de la frontière ; le contrôle territorial dans une logique de *frontier* sur des espaces périphériques ; la création de parcs nationaux à des fins nationalistes par un organisme de conservation national dédié ; la rivalité politique entre l'État et ses provinces ; l'imposition de valeurs néolibérales ; et les enjeux fonciers et les évictions de populations locales ou autochtones.

L'Afrique du Sud, l'Argentine et le Chili ont en commun de ne pas suivre complètement la chronologie de la génération géopolitique des fronts écologiques, s'établissant généralement entre les années 1910 et 1960. Cette génération va perdurer jusqu'à la fin de leurs régimes autoritaires respectifs (apartheid en Afrique du sud, dictatures militaires en Argentine et au Chili). La génération géopolitique en Afrique du Sud prend le relais de la génération impériale en 1910, au moment de la promulgation de l'Union Sud-Africaine, et tend à « nationaliser » des enjeux de protection jusque-là de nature coloniale. Au Chili et en Argentine, les premières tentatives de protection de la nature, datées respectivement de 1907 et 1923, sont issues des logiques de colonisation interne des frontières australes de ces deux pays. En ce sens, ils partagent avec l'Afrique du Sud le concept d'une appropriation de la nature à des fins de contrôle colonial des terres et incarnée par des processus de spoliation des autochtones, gravés dans le marbre de la loi. Ces trois pays possèdent une *frontière* interne assez vaste (plus importante pour le Chili et l'Argentine que pour l'Afrique du Sud compte tenu des distances importantes à la métropole) dont la conquête s'achève au début du XXe siècle pour l'Afrique du Sud et seulement au milieu du XXe siècle pour l'Argentine et le Chili. Si l'Afrique du Sud s'émancipe de la tutelle britannique en 1910, l'Argentine et le Chili sont officiellement indépendants depuis les années 1810 mais cela ne préjuge pas des processus de colonisation interne aux trois pays qui restent importants, encore de nos jours, du fait de l'importance des espaces à très faible densité de population, ce qui est une caractéristique des autres grands pays de l'hémisphère austral (Australie, Nouvelle-Zélande, Brésil, Namibie, Botswana, etc.). Les trois pays ont donc en commun d'utiliser la nature pour occuper et contrôler un territoire aux dimensions importantes.

Cependant, la nature n'est ni perçue, ni définie de la même manière dans les trois pays. En Afrique du Sud, la référence à la faune sauvage (*wildlife*), héritage colonial, est prioritaire et va servir à définir les contours du premier parc national (Kruger) en 1926 dans une zone de savane à proximité de la frontière avec la colonie portugaise du Mozambique. La référence à la *wilderness* d'inspiration états-unienne n'est que secondaire, même si elle permet la protection d'un certain nombre de grands paysages emblématiques.

Tableau 7 : Grille de lecture comparative aux trois pays pour la génération géopolitique

Génération géopolitique		Afrique du Sud		Argentine		Chili	
1/ Chronologie interne		Politique	Front écologique	Politique	Front écologique	Politique	Front écologique
	1900	1902 : fin de la 2nde guerre des boers	Génération impériale	1902 : arbitrage du roi Edouard VII délimitant la frontière entre l'Argentine et le Chili		1884 : Loi foncière : *titulos de Merced*	**1907-1925 : Un front écologique pionnier ressourciste de contrôle territorial centré sur l'Araucanie**
	1910	1910 : Union Sud-Africaine	**1910-1947 : Unité nationale**		1923 : création du parc national *del sur*		**1926-1942 : Les parcs nationaux, du contrôle territorial au tourisme**
	1920		1926 : création du parc national Kruger		**1923-1955 : consolidation identitaire du territoire national**		1926 : création du parc national Vicente Perez Rosales
	1930			1930 : le président Hipolito Yrigoyen (radical) est renversé par un coup d'Etat militaire	1934 : création du *Servicio de Parques Nacionales*	1931 : Loi sur les forêts	
	1940	1948 : premier gouvernement d'apartheid	**1948-1974 : un front écologique d'apartheid centré sur les ex-républiques boers**	1946-1955 : Perón instaure un régime fondé sur le justicialisme	Années 1950 : création de parcs dans les *gobernaciones*	1940 : définition du Chili « nouveau »	**1943-1972 : la conquête de la wilderness de la frontier australe**
	1950						1945 : création du parc national du Cap Horn
	1960			1956-1975 : instabilité politique et retour de Perón (1973-74)	**1955-1975 : affaiblissement du front écologique**	1968 : création de la CODEFF	
	1970	1970 : « Grand apartheid »				1970 : présidence d'Allende	1970 : création de la CONAF

Le front écologique, entre impérialisme et constructions nationales

Génération géopolitique	Afrique du Sud		Argentine		Chili	
	Politique	Front écologique	Politique	Front écologique	Politique	Front écologique
1/ Chronologie interne — 1980 / 1990	1976 : émeutes de Soweto / 1986 : État d'urgence	**1975-1994 : le front écologique fragmenté du grand apartheid**	1976-1983 : dictature militaire	**1976-1983 : sécurisation du front écologique** 1980 : création de l'*Administración de Parques Nacionales*	1973-1989 : dictature militaire de Pinochet	**1973-1988 : les paradoxes du front écologique pendant la dictature militaire** 1984 : création du SNASPE
2/ Types dominants de protection	– *wildlife* – *wilderness*		– *wilderness* – *wildlife*		– forêt : ressourcisme – *wilderness*	
3/ Contrôle frontalier	Oui (Mozambique, Botswana)		Oui (Chili, Bolivie)		Oui (Argentine, Bolivie)	
4/ Contrôle territorial	Oui (littoraux, montagnes, bantoustans)		Oui (Patagonie, Andes)		Oui (Patagonie, Andes, îles Pacifiques)	
5/ Nationalisme	Oui (*South African National Parks*), parc national Kruger		Oui (*Administración de Parques Nacionales*), parc national Nahuel Huapi		Non	
6/ Rivalité État/Provinces	Oui (surtout provinces du Natal et du Cap, anciennes colonies britanniques)		Oui (surtout provinces de Salta et de Mendoza)		Non (pas de fédéralisme)	
7/ Néolibéralisme	Non		Non		Oui	
8/ Éviction des populations	Oui (populations africaines et autochtones)		Oui (populations autochtones Kolla, Mapuche et Guarani)		Oui (populations autochtones Mapuche et Aymara)	

Source : Auteur

En Argentine, c'est cette référence états-unienne qui l'emporte à la suite des explorations et travaux de Moreno, avec la création du premier parc national del Sur en 1923 sur une île du lac Nahuel Huapi, puis du parc national éponyme en 1934. Au Chili, un peu à la manière des États-Unis quatre-vingts ans auparavant, c'est la référence à la ressource forestière qui l'emporte dans un premier temps (1907-1925), héritage de l'idéologie de Pinchot, puis la référence à la *wilderness* va gagner du terrain avec la création en 1926 du premier parc national Perez Rosales au nom de la valorisation touristique des beautés scéniques. Mais le pays ne va jamais totalement trancher entre les deux logiques, compte tenu de la prégnance de la ressource économique forestière.

Entre les années 1920 et les années 1940 (à quelques années près en fonction des trois pays), l'Afrique du Sud, l'Argentine et le Chili vont connaître un contexte assez proche de création de parcs nationaux répondant à plusieurs objectifs communs :

– l'incarnation de la nation dans une nature emblématique (grande faune sauvage pour l'Afrique du Sud, lacs et montagnes pour l'Argentine, volcans et forêts pour le Chili), et dans un organisme national de conservation de la nature (1926 : National Parks Board en Afrique du Sud et 1934 : Servicio *de Parques Nacionales* en Argentine), sauf au Chili[26],

– le contrôle par l'État d'un vaste territoire (aux dépens des Mapuche en Argentine et au Chili, aux dépens des Africains en Afrique du Sud)

– la protection géopolitique des frontières (entre l'Argentine, le Chili et la Bolivie, entre l'Afrique du Sud, les colonies portugaises et britanniques).

---

[26] Il faut attendre 1973 pour la création de la CONAF par Allende. Avant cette date, c'est le ministère de la Forêt et de l'Agriculture qui s'occupe de gérer les espaces naturels protégés.

Le front écologique, entre impérialisme et constructions nationales 183

Figure 51 : *La forte occurrence de localisations frontalières dans les parcs nationaux argentins et chiliens méridionaux*

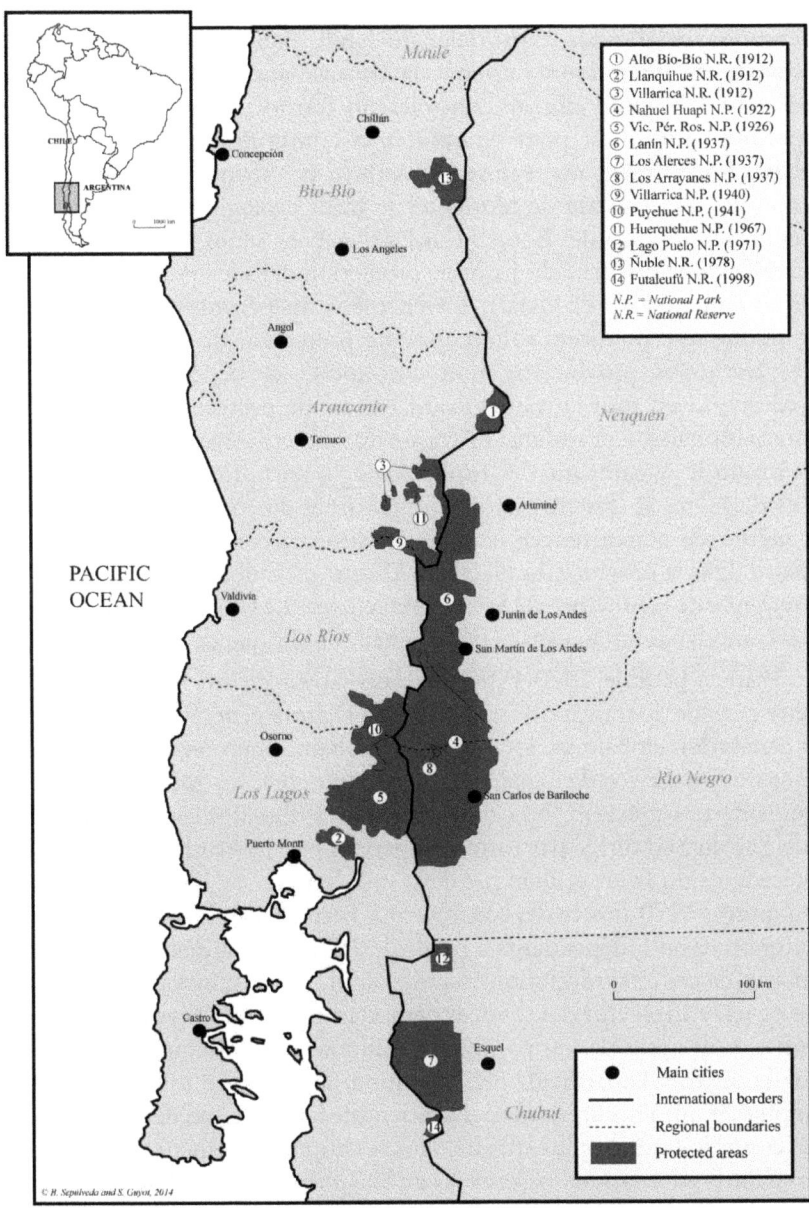

Source : Sepulveda et Guyot, 2014

Entre les années 1940 et 1970, on assiste à des degrés divers à la redéfinition par les trois États des fronts écologiques au service de nouvelles politiques territoriales nationales. Au Chili, en 1940, la définition des limites territoriales du Chili « nouveau » devant inclure le territoire antarctique, implique la création australe de très nombreux parcs en Patagonie afin de contrôler un territoire presque vide et peu approprié par l'État pour en assurer la continuité jusqu'au continent blanc. L'avènement du régime d'apartheid en Afrique du Sud en 1948 implique une volonté de réorienter le front écologique vers les espaces des anciennes colonies Boers (Transvaal et Free State) jusque-là délaissés en raison de l'intensité du front de protection dans les anciennes colonies britanniques (Cap et Natal). L'avènement du péronisme en Argentine implique une politique volontariste de protection de la nature au sein des territoires provinciaux non autonomes et dépendants de l'État (*gobernaciones*) tout en poursuivant l'effort de protection des frontières internationales. Cependant, l'Afrique du Sud et l'Argentine ont aussi en commun le dynamisme des fronts écologiques initiés par les Provinces. Ces dernières se dotent parfois d'organismes de conservation de nature à même de concurrencer le niveau national, comme les Natal Parks Board dans la province du Natal en Afrique du Sud et le *Servicio de Areas Protegidas* de la province de Salta en Argentine. Le Chili n'est pas concerné par cette dynamique n'ayant pas d'échelon politique décentralisé.

Pour la période 1970-1990, les trois pays sont très représentatifs de cette période de transition (voir chapitre 1) entre génération géopolitique et génération globale, où les impératifs globaux de protection de la nature sont mis au service d'enjeux politiques intérieurs. En Afrique du Sud, le poids de très grosses ONG mondialement influentes comme le WWF-Afrique du Sud dirigé par Anton Rupert va permettre une extension sans précédents du front écologique dans tout le pays, et, nouveauté, à partir des années 1970 au sein des bantoustans, États africains fantoches pseudo-autonomes ou indépendants à partir de 1976. La réalité de la protection au sein de ces territoires montre une volonté de certaines élites africaines de ne pas s'affranchir des services des environnementalistes blancs, ni des volontés de contrôle (en particulier militaires), au niveau des frontières, par le régime d'apartheid. En Argentine, la dictature militaire va aussi impliquer une remilitarisation du secteur de la protection de la nature avec un contrôle étatique plus affirmé, sans se couper totalement des nouveaux impératifs internationaux (réserves de biosphère). Au Chili, la dictature de Pinochet a pour objectif l'application pleine et entière du néolibéralisme sur tout le territoire national. On assiste d'abord à un arrêt brutal du front

Le front écologique, entre impérialisme et constructions nationales 185

écologique, puis à sa reprise tout aussi soudaine en 1982, correspondant à l'application des valeurs néolibérales du dispositif d'environnementalité, avec développement du ressourcisme et de la mise en tourisme. Au sein de cette dernière période de la génération géopolitique, les contextes politiques autoritaires[27] des trois pays étudiés sont assez différents du point de vue de leur durée (longue et continue pour l'Afrique du Sud, longue et discontinue pour le Chili, courte et instable pour l'Argentine) et de leurs impacts territoriaux. Ils ont cependant en commun l'instrumentalisation du front écologique au service d'intérêts géopolitiques et géoéconomiques par l'État en ayant très peu recours à des formes de contrôle externe (type ONG ou organisations internationales). À partir de 1990, les trois pays auront en commun une ouverture démocratique et internationale de leurs horizons politiques et économiques (Bystrom, 2012), marqués par un néolibéralisme démocratique propice à la mise en place d'un nouveau front écologique global de grande ampleur.

---

[27] Bystrom montre bien les échanges militaires qui ont eu lieu en termes d'armements et de méthodes de torture entre l'Afrique du Sud, le Chili et l'Argentine à la fin des années 1970.

Chapitre III

Le front écologique global

Attractivité écologique de l'Afrique du Sud, de l'Argentine et du Chili

Depuis le début des années 1990, l'Afrique du Sud, l'Argentine et le Chili apparaissent, à des degrés divers, comme des laboratoires des fronts écologiques de la génération globale, tant du point de vue de la diversité et de la rareté de leurs écosystèmes que de l'extension de leur système d'espaces naturels protégés, ou du dynamisme de leurs politiques actuelles en matière de conservation de la nature. De ce point de vue, ce sont des pays où la *frontière* écologique est encore vaste. Durant ces vingt dernières années, compte tenu de son antériorité dans le domaine de la conservation de la nature, et de la grande faune sauvage en particulier, l'Afrique du Sud s'est affirmée comme un leader international de la conservation de la nature, elle a reçu de nombreux labels internationaux, de l'UNESCO en particulier, et a consolidé des liens avec les très grandes ONG environnementales internationales. L'Argentine a su valoriser la diversité de ses écorégions et a su capter l'attention des organisations internationales et des ONG. Le Chili, un peu à la traîne compte tenu de la faiblesse de la CONAF, l'organisme national chargé de la protection de la nature, s'impose malgré tout, ces dernières années comme un nouveau front écologique pour de nombreuses ONG environnementales, aidées dans leur travail par la faible implication de l'État dans le secteur.

Tableau 8 : **Valeurs absolues et relatives de la protection de la nature dans les trois pays**

Protection de la nature[6]	Afrique du Sud	Argentine	Chili	Monde
Espaces naturels protégés terrestres	84 494 km² / 6,90 %	152 257 km² / 5,47 %	125 748 km² / 16,55 %	11,45 %
Espaces naturels protégés maritimes	6,49 %	1,10 %	3,69 %	4,29 %
Valeur absolue d'espaces naturels protégés	973 [904 terrestres – 39 maritimes]	345 [270 terrestres – 37 maritimes]	250 [191 terrestres – 36 maritimes]	

Source : Protected Planet

Des trois pays, en valeur absolue, c'est l'Argentine, avec 152 257 km² qui possède la plus grande superficie d'espaces naturels protégés, suivie par le Chili (125 748 km²) et l'Afrique du Sud (84 494 km²). Ces chiffres ne signifient pas grand-chose si ce n'est que l'Argentine est un pays très vaste (près de deux fois l'Afrique du Sud et de trois fois le Chili), car il faudrait pouvoir mettre en relation cette superficie avec l'extension totale des écosystèmes vulnérables de chaque pays. En valeur relative le classement est transformé, avec le Chili qui arrive en tête avec 16,55 % d'espaces naturels protégés, suivi de l'Afrique du Sud (6,90 %) et de l'Argentine (5,47 %). Ce second classement est facilement explicable : au Chili, superficie importante d'îles et de montagnes australes peu accessibles, facilement protégeables, qui tend à augmenter sa valeur relative ; en Afrique du Sud et en Argentine : importance des déserts ou des zones semi-arides, espaces souvent délaissés par les politiques de conservation de la nature, qui tend à diminuer leur valeur relative. Si l'on prend en considération le nombre d'espaces naturels protégés terrestres, l'Afrique du Sud est largement en tête avec 904, suivie de 270 pour l'Argentine et de 191 pour le Chili. Ce troisième classement, encore différent, est intéressant car il montre bien l'importance des politiques de conservation de la nature sud-africaine qui ont permis la création d'un nombre important de parcs et de réserves naturelles de statuts différenciés, à des niveaux scalaires diversifiés. Chacun des trois pays arrive donc en tête dans un des classements ce qui montre leur comparabilité en termes d'extension des fronts écologiques. Du point de vue des aires marines protégées, les trois pays ont environ le même nombre de réserves, pour une valeur relative dépendant de la mesure des eaux territoriales de chaque pays. À l'exception du Chili avec ses 16,55 % d'espaces naturels terrestres protégés, les deux autres pays se situent en dessous de la moyenne mondiale en termes de superficies. Mais ces valeurs moyennes n'indiquent rien, ni de la qualité, ni de la rareté, ni de la diversité des écosystèmes et encore moins de l'histoire et des processus contemporains de fronts écologiques, et n'incluent pas les surfaces privées.

I. Les dynamiques territoriales et politiques du front écologique global en Afrique du Sud, Argentine et Chili

I.1. En Afrique du Sud

Figure 52 : *Le front écologique global en Afrique du Sud*

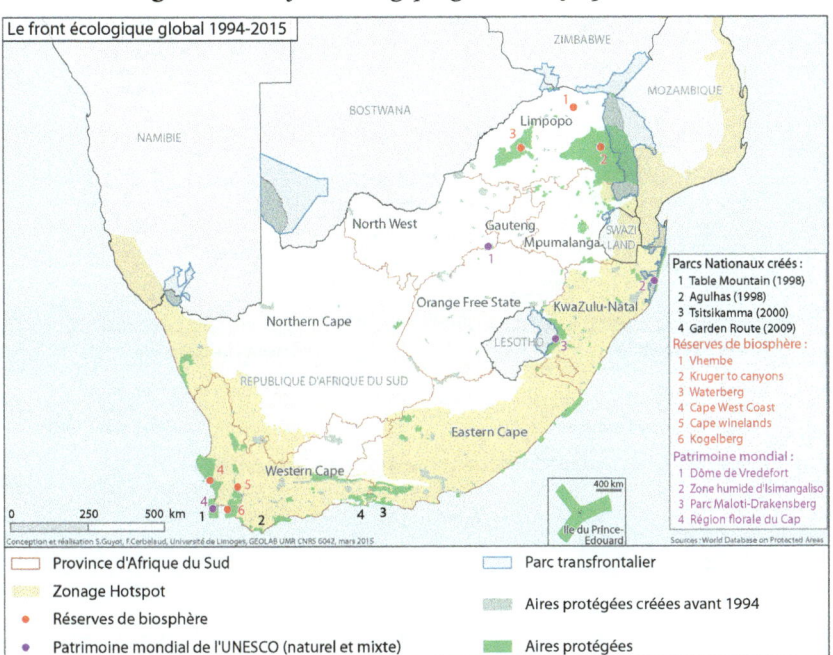

Source : Cerbelaud & Guyot, 2015

Figure 53 : *Le front écologique global en Argentine*

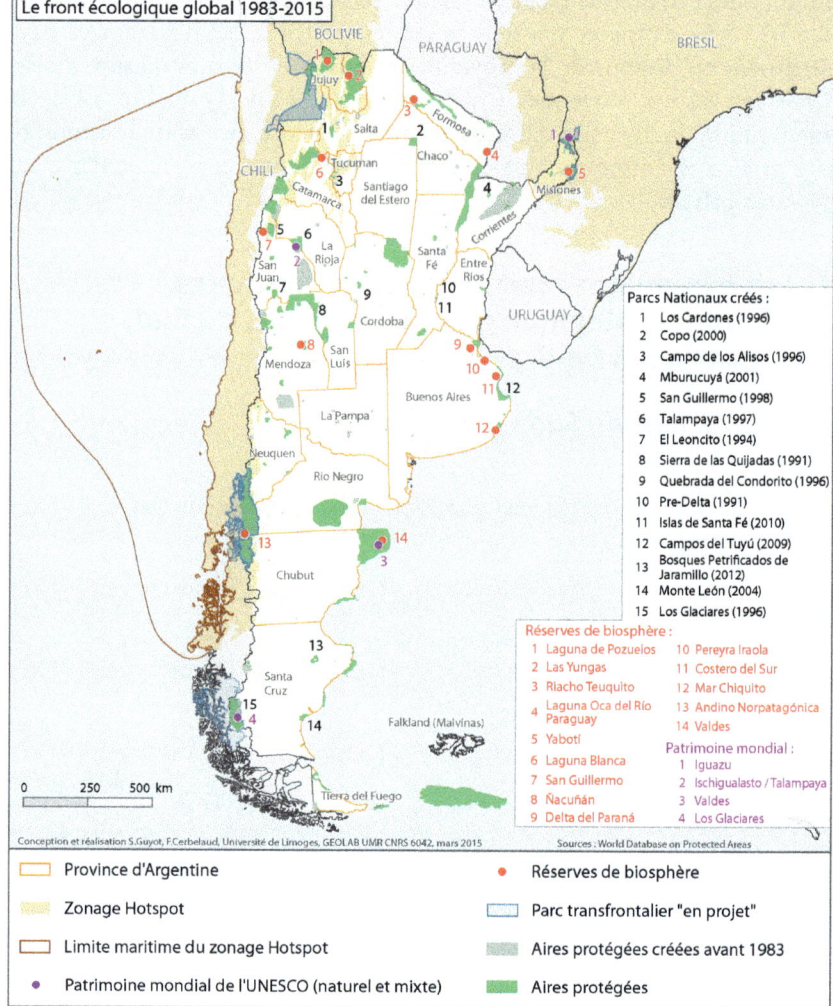

Source : Cerbelaud & Guyot, 2015

Le front écologique global   191

Figure 54 : *Le front écologique global au Chili*

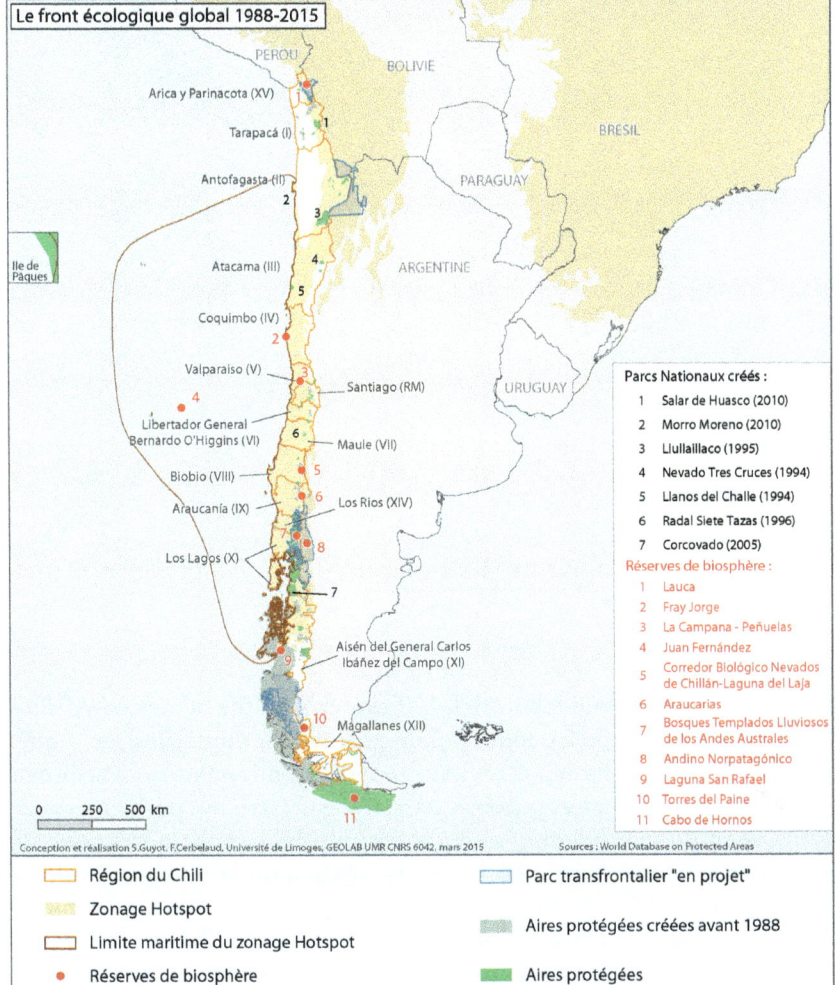

Source : Cerbelaud & Guyot, 2015

Figure 55 : *Le front écologique de la Péninsule du Cap*

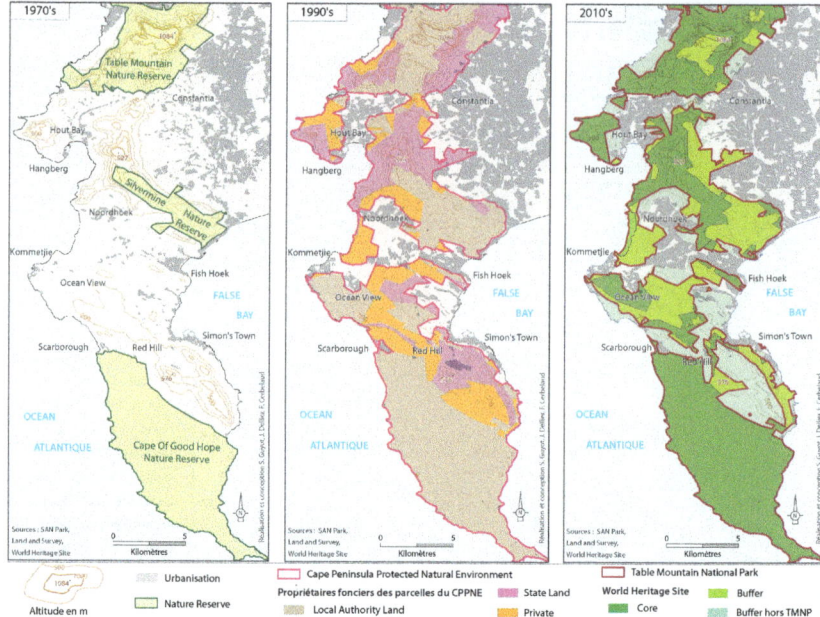

Source : Guyot *et al.*, 2014

D'un point de vue territorial, le front écologique actuel en Afrique du Sud se localise sur les zones océaniques avec la multiplication d'aires marines protégées (figure 52). Ceci s'explique à la fois par la difficulté de créer de nouveau espaces protégés terrestres en raison des problématiques foncières post-apartheid qui visent à sécuriser les populations locales sur leurs terres – en témoigne l'échec de la création du Pondoland National Park sur la Wild Coast (Guyot, 2009a) – et par l'application volontariste des nouveaux impératifs globaux de l'IUCN sur les aires marines protégées. Les aires marines protégées ne sont pas toutefois pas sans poser de problèmes d'accès aux ressources marines côtières (Guyot & Mniki, 2008). Les espaces naturels protégés privés se sont rapidement développés en Afrique du Sud ces dernières années et constituent probablement la partie la plus active du front écologique actuel dans ce pays (Cousins *et al.*, 2008).

Le front écologique global

Figure 56 : *La conservation provinciale de la nature en Afrique du Sud*

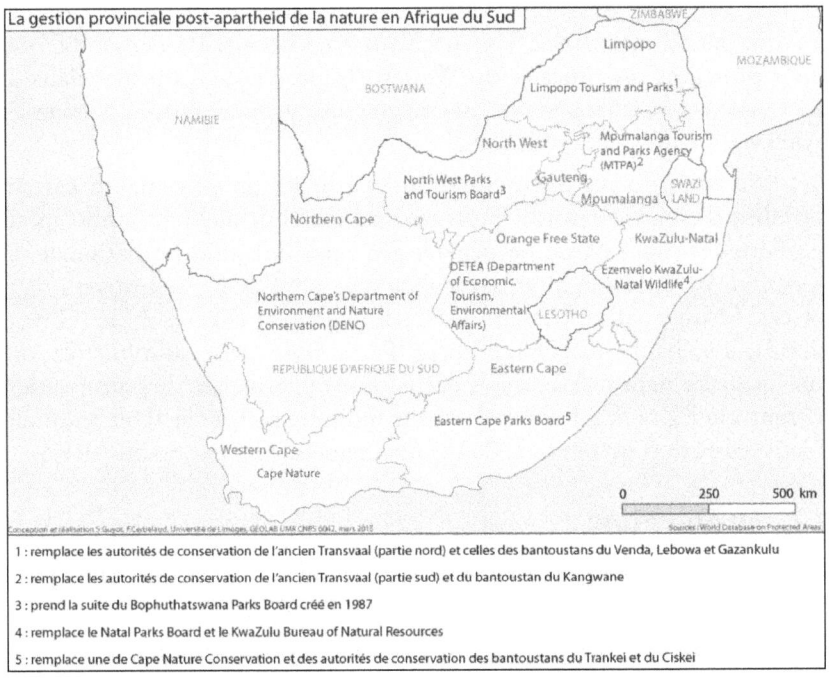

Source : Cerbelaud & Guyot, 2015

D'un point de vue politique, un processus majeur réside dans l'application au secteur de la protection de la nature du nouvel ordre territorial sud-africain décentralisé, basé sur le redécoupage des provinces et des municipalités (districts, communes et métropoles) : création en 1994 d'une nouvelle agence nationale de conservation SANPARK (South African National Parks) en remplacement du National Parks Board ; création d'agences de conservation provinciales, le plus souvent en fusionnant les agences existantes des anciennes provinces blanches et celles des bantoustans. Ainsi, en 1998 a lieu la fusion entre les Natal Parks Board et le KwaZulu Department of Nature Conservation pour créer le Kwazulu-Natal Nature Conservation Services (KZNNCS), renommé Ezemvelo Kwazulu-Natal Wildlife en 2002 pour y intégrer une identité linguistique zouloue[1]. De même en 2003 est créé l'Eastern Cape Parks Board pour fusionner le Transkei Department of Agriculture and Forestry,

---

[1] Voir http://www.africanconservation.org/in-focus/ezemvelo-kzn-wildlife-formally-launched, consulté le 17/11/2014.

le Ciskei Department of Agriculture, Forestry and Rural Development, et une partie de l'organisme de conservation de la province du Cap. L'autre partie, renommée « Cape Nature » s'occupe de l'ensemble des aires protégées provinciales du Western Cape. Les parcs provinciaux et les réserves naturelles sont en général gérés par agences provinciales, et les parcs nationaux par SANPARKS.

À la suite de ces restructurations d'échelles de gestion, un certain nombre d'espaces naturels protégés existants ont aussi fusionné, pour en faire des super parcs, en général gérés par une autorité nationale, et reconnus par un label international de type UNESCO. Se trouvent dans ce cas, l'Isimangaliso Wetland Park sur lequel j'ai fait ma thèse (Guyot, 2003), l'uKhahlamba/Drakensberg Park, tous deux administrés par une autorité nationale et gérés par l'agence provinciale de conservation (Ezemvelo KZN Wildlife) et dans une moindre mesure le Table Moutain National Park (Guyot *et al.*, 2014) directement géré par SANPARKS.

I.2. En Argentine

Figure 57 : *Évolution des superficies protégées en Argentine depuis 1990 (total catégories IUCN et catégories non IUCN)*

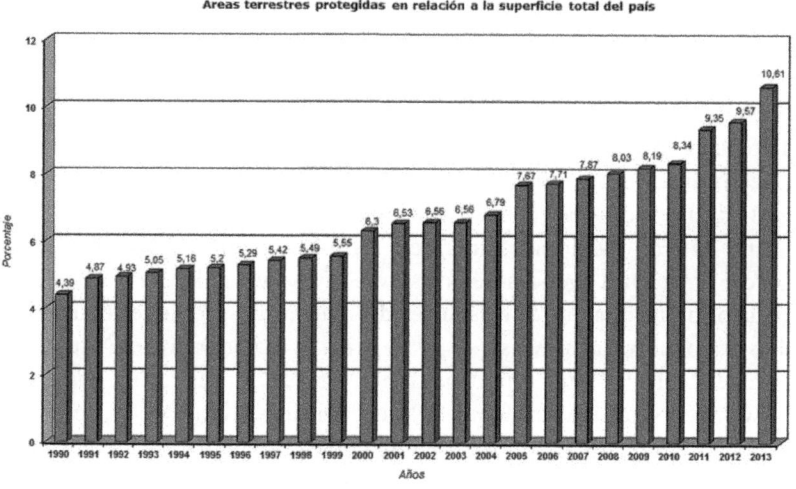

Source : http://www.ambiente.gob.ar/default.asp?IdArticulo=12990, consulté le 19/11/2014

Le front écologique global 195

D'un point de vue territorial, le front écologique contemporain argentin est assez diversifié et comprend des réserves marines et des espaces naturels protégés terrestres représentatifs d'écosystèmes et de paysages variés localisés dans tout le pays, en conformité avec les préconisations de l'IUCN et des grandes ONG environnementales (figure 53). À la suite de la promulgation de la loi sur les parcs nationaux de 1980, un réseau national des aires protégées est créé en 1986[2] pour coordonner l'ensemble des stratégies et des acteurs impliqués dans l'extension des parcs et réserves dans le pays (Oyola-Yemaiel, 1999, p. 122) : « Así, hacia 1986, impulsó la organización de la Red Nacional de Áreas Protegidas a fin de coordinar y homogeneizar los conceptos de conservación con las provincias, municipios y privados » (APN, 2014)[3].

Cependant, le régime néolibéral de Menem dans les années 1990 va décider d'une réduction du nombre de créations de parcs nationaux et d'une restructuration de l'agence de conservation. « The ultimate fate of the National Parks service as an autonomous institution may be placed in jeopardy by President Carlos Saul Menem's policies for 'modernizing 'the state. [...] Such restructuring is designed to dismantle or privatize inefficient state bureaucracies » (Oyola-Yemaiel, 1999, p. 130).

Il faut attendre une reprise du contrôle par l'État du secteur de la conservation lors des présidences Kirchner avec la création en 2003 du SIFAP[4] (Système fédéral d'aires protégées, voir figure 92), et la mise en place de quatre grandes régions à gestion déconcentrée au sein de l'APN (*Administración de Parques Nacionales*) : Región Patagonia, Región Centro, Región Noreste et Región Noroeste. Parallèlement, de plus en plus de provinces se dotent d'agences de conservation de la nature, et de systèmes provinciaux d'aires protégées[5], comme depuis

---

[2] Sur la politique argentine après les militaires, voir Rouquié (1984).
[3] http://www.parquesnacionales.gob.ar/institucional/historia-institucional/, consulté le 19/11/2014.
[4] « El Sistema Federal de Áreas Protegidas se creó en el año 2003 mediante un acuerdo firmado por la Secretaría de Ambiente y Desarrollo Sustentable, la Administración de Parques Nacionales y el Consejo Federal de Medio Ambiente. Establece en su Marco Estatutario, que las Áreas Protegidas son zonas de ecosistemas continentales (terrestres o acuáticos) o costeros/marinos, o una combinación de los mismos, con límites definidos y bajo algún tipo de protección legal, nacional o provincial, que las autoridades competentes de las diferentes jurisdicciones inscriban voluntariamente en el mismo, sin que ello, de modo alguno, signifique una afectación al poder jurisdiccional. » Source : http://www.ambiente.gov.ar/?idseccion=153, consulté le 19/11/2014.
[5] « Data provided by the National Network for Technical Cooperation in Protected Areas show that those under federal jurisdiction comprise 26 administrative units, covering

1993 à Mendoza, géré par le *Secretaría de Ambiente y Desarrollo Sustentable*[6] de la province, ou à Misiones, géré par le *Ministerio de Ecología, Recursos Naturales Renovable*[7]. Dans certaines provinces, des dynamiques concurrentielles existent entre les agences provinciales, et l'administration des parcs nationaux, en lien avec la création du système provincial d'aires protégées. Par exemple, ce dernier est géré dans la province de Salta depuis 2000 par le *Secretaria de Medio Ambiente y Desarrollo Sustentable*, ce qui rend souvent complexe la gestion conjointe de réserves de biosphère, comme celle des Yungas (Guyot *et al.*, 2007).

Une autre dynamique intéressante du front écologique global argentin, aux dimensions à la fois politiques et territoriales, est la création du concept de « réserves naturelles de défense » en 2007[8]. Cette initiative conduite par le ministère de la défense et l'administration des parcs nationaux, repose sur la signature d'une convention ayant comme objectif de développer des politiques conjointes de conservation de la biodiversité. Des recherches permettent d'attester de la valeur écosystémique d'un certain nombre de domaines fonciers appartenant au ministère de la défense et des forces armées et permettre leur transformation en réserves naturelles. Sept réserves naturelles de défense (*reservas naturales de defensa*) ont été créées et permettent d'améliorer la couverture nationale du SIFAP. Pour le moment, ces réserves naturelles conservent leurs fonctions dédiées, par exemple, à l'entraînement militaire. Les réserves naturelles « de défense » relèvent d'un processus d'écologisation des territoires militaires qui suit la logique inverse des premiers parcs nationaux frontaliers argentins où c'était la logique de militarisation de l'espace naturel protégé qui l'emportait. Cette « innovation » relève d'une logique de front écologique postgéopolitique, où les intérêts des militaires et du monde la conservation restent solidaires tout en esquissant une transformation des usages fonciers en faveur des écosystèmes qui deviennent gérés par des civils. Les réserves naturelles de défense dénotent un régime d'environnementalité

2,8 million ha, while those under the provincial authorities (including the municipalities, universities and privately held land) number 184 and cover 10,2 million ha. » Source : http://www.fao.org/docrep/v2900e/v2900e04.htm, consulté le 19/11/2014.

[6] http://www.ambiente.mendoza.gov.ar/index.php/areas-protegidas, consulté le 19/11/2014.

[7] http://www.ecologia.misiones.gov.ar/ecoweb/index.php/anp-descgen, consulté le 19/11/2014.

[8] Les dernières réserves naturelles de défense ont été créées fin 2014, voir http://www.parquesnacionales.gob.ar/2014/12/nuevos-territorios-para-la-conservacion/, consulté le 12/12/2014.

Le front écologique global   197

nourri par les valeurs de discipline et de souveraineté, où les militaires se plient à certaines exigences environnementales tout en prônant une territorialisation « hyper nationale » de la nature, comme le montre l'exemple de la réserve de défense de la Punta Buenos Aires.

Figure 58 : *Les aires protégées inscrites au SIFAP argentin*

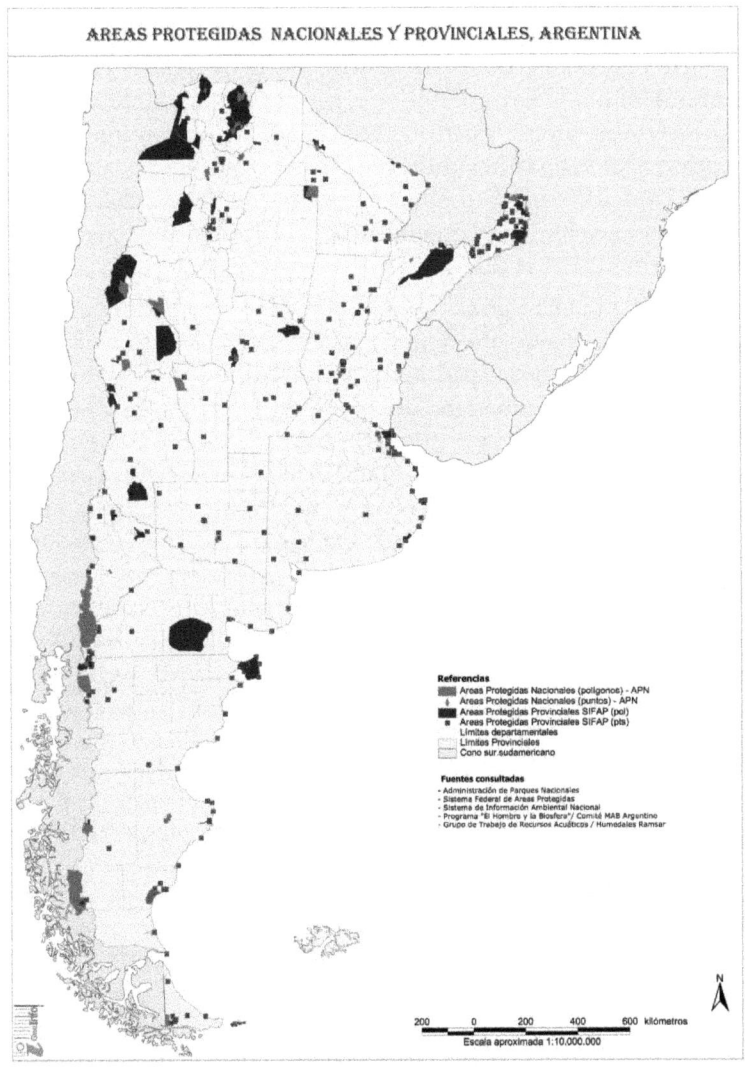

Source : http://www.ambiente.gov.ar/?IdArticulo=12195, consulté le 19/11/2014, mise à jour de 2014

I.3. Au Chili

Les dynamiques territoriales du front écologique chilien depuis la fin de la dictature résultent, théoriquement, d'une volonté nationale de compléter la couverture de la conservation de la diversité des écosystèmes du pays, après les décennies autoritaires et néolibérales de la dictature de Pinochet (figure 54). Cette ambition se heurte à de nombreux problèmes d'ordre politique, administratif et économique. Entre 1989 et 2014 on peut distinguer deux phases importantes. Une première phase entre 1989 et la fin des années 2000 est marquée par une certaine atonie du front écologique, à l'exception notoire de la création d'aires marines protégées. La seconde phase apparaît plus active et coïncide avec la première élection de la présidente socialiste M. Bachelet en 2006, bien que ralentie par la parenthèse néolibérale de S. Piñera entre 2010 et 2014.

Lors de la première phase (1989-2006), l'Océan Pacifique fait figure de front écologique avec une réforme en 1990 de la loi sur la pêche qui va conduire à la création des périmètres de protection et d'exploitation des ressources marines, permettant dès 1997 de créer une première réserve marine, celle de la Rinconada[9] sur le littoral de la région d'Antofagasta, en pleine crise halieutique depuis les années 2000. Ce processus va s'amplifier par la suite avec la création en 1999 des Área Marina y Costera Protegida et en 2003 du premier parc marin Francisco Coloane[10]. Cet effort de protection des espaces maritimes ne doit cependant pas masquer un problème plus général de représentativité des différents écosystèmes et de la biodiversité au sein du SNASPE[11], malgré des efforts de la CONAF en la matière.

> In the last 15 years [1987-2002], CONAF has made an important effort to designate new protected areas in poorly represented ecosystems (Benoit 1996). The government has purchased some remnant fragments of central forest and shrub ecosystems. The policy has been to complete the protection of all underrepresented ecosystem types. In this effort, private land donations

---

[9] « Se establece la primera reserva marina legalmente constituida en Chile, La Rinconada, según D.S. n° 522/97 del Ministerio de Economía, donde se estipula que quedará bajo la tuición del Servicio Nacional de Pesca » (División de Recursos Naturales Renovables y Biodiversidad 2011).

[10] « El Parque Marino, Francisco Coloane, ubicado entre las islas Santa Ines, Riesco y la península de Brunswick en la XII Región de Magallanes y de la Antártica Chilena, con una extensión de mar y costa de 67 000 Ha » (División de Recursos Naturales Renovables y Biodiversidad 2011).

[11] Sistema Nacional de Áreas Silvestres Protegidas del Estado.

Le front écologique global   199

> have also been included in the SNASPE. For example, between 1992 and 1996, 11 new areas were added to SNASPE (CONAF 1997). (Pauchard & Villarroel, 2002, p. 323)

En réalité, le problème ne réside pas tant dans l'effort de diffusion territoriale de la protection que dans la configuration des aires protégées, de trop petite taille dans les zones riches en biodiversité (écosystèmes méditerranéens du Chili central) et inversement de très grande taille dans des zones à l'uniformité biologique plus grande (Patagonie). À cette question de la taille s'ajoute la problématique de la gestion des aires protégées par la CONAF, qui est encore trop tournée vers la gestion forestière, comme le prouve parfaitement la non-gestion de la Réserve nationale Los Flamencos – localisée à proximité de San Pedro de Atacama – jusqu'en 2006 (Guyot, 2012b). Cette réserve nationale, sise dans un environnement aride avec pour principal objet la protection des flamants roses, ne correspondait pas au type d'expertise de la CONAF spécialisée dans la forêt. Les plans de gestion de la CONAF sont souvent insuffisants voire inexistants. « On the other hand, lack of political will has maintained CONAF as a low profile office, mostly dedicated to the promotion of exotic tree plantations and fire control » (Pauchard & Villarroel, 2002, p. 324). De plus, à la différence de l'Afrique du Sud et de l'Argentine, le Chili ne dispose pas d'une structure politico-administrative décentralisée lui permettant d'initier des fronts écologiques à l'échelle des régions. Malgré l'existence d'une structure déconcentrée en régions[12], la CONAF ne parvient pas toujours à coordonner des politiques ambitieuses de conservation de la nature.

De nombreux conflits environnementaux ont surgi dans la décennie 1990 en relation avec la construction de grands barrages[13] (Pulgar & Zaccai, 2013) et au sujet des limites territoriales des aires protégées, empiétant parfois sur des grandes propriétés foncières agricoles ou sur des terres autochtones (Guyot & Sepulveda, 2014).

> Boundary delineation of protected areas is another common problem in the SNASPE. The decrees by which protected areas were created left many gaps in defining their geographic boundaries. Private owners usually claim areas adjacent to parks, and because of insufficient cartographic and historical records, there have been cases where SNASPE areas have been claimed by private landowners. For example, Villarrica National Park, located in the

---

[12] http://www.conaf.cl/conaf-en-regiones, consulté le 20/11/2014.
[13] Le front de mobilisation contre la construction des grands barrages en Patagonie n'a pas été traité dans ce travail mais s'impose comme un front écologique à part entière.

region IX, has been the focus of several legal land disputes that have ended with the settlement of small landowners in areas previously designated as national park. (Adam Burgos, Unidad de Patrimonio Silvestre, CONAF, pers. com., in Pauchard & Villarroel, 2002, p. 324)

Dans les années 1990 et 2000, les acteurs privés se sont aussi beaucoup préoccupés de protection de la nature, à travers l'acquisition de très grandes parcelles foncières (voir l'exemple de Tompkins dans le chapitre 1), mais sans forcément respecter les normes et les règles nationales et internationales en la matière, souvent guidés par une idéologie ressourciste. « Nonetheless, private investment in protected areas presents a new set of risks. It is unknown whether private capital will flee from conservation investments, especially when some economic crises arise or when alternative uses become more profitable. Private reserves can help in maintaining natural heritage, but regulation is needed » (Pauchard & Villarroel, 2002, p. 327). Face à cette mainmise des acteurs privés sur le foncier protégé, il fallait que l'État réagisse pour ne pas perdre le contrôle sur un patrimoine foncier et naturel majeur, permettant aussi de générer des politiques de développement économique local, liées par exemple à la croissance sans précédents de l'éco-tourisme. À la suite de l'élection de M. Bachelet en 2006 débute une réflexion pour la création d'un nouveau système national intégral d'aires protégées. Un projet financé par le PNUD et le FEM (Global Environmental Facility), et coordonné par le ministère de l'environnement, est mis en place sur la période 2008-2014[14]. Ce nouveau système intégral d'aires protégées (SNAP) a pour principal objectif de rassembler les aires protégées publiques et privées autour d'objectifs communs en matière de protection des écosystèmes et de coopération avec les différents acteurs en présence, et en particulier la formalisation des liens entre gestionnaires publics et privés.

> A través de este proyecto GEF-SNAP, Chile busca transitar desde un sistema de varios tipos de áreas protegidas públicas a uno en el cual el conjunto de estas zonas sean gestionadas dentro de un sistema consolidado, donde las responsabilidades sean compartidas entre los diversos actores asociados, públicos y privados[15].

Le SNAP est un prélude à la création en 2014 du *Servicio de Biodiversidad y Áreas Protegidas* (SBAP), qui doit remplacer la CONAF dans ses missions de conservation de la nature et d'extension du front

---

[14] Voir http://www.proyectogefareasprotegidas.cl, consulté le 20/11/2014.
[15] http://www.proyectogefareasprotegidas.cl/quienes-somos/descripcion-del-proyecto/, consulté le 20/11/2014.

écologique. La loi visant à la création du SBAP est actuellement en discussion au parlement chilien. Ce sont donc deux éléments forts de la génération globale des fronts écologiques qui ont permis d'accélérer la politique chilienne en matière de conservation : l'appropriation privée de la nature et la coopération avec de grandes institutions internationales (FEM et PNUD). Il s'agit de la mise en place d'un nouveau régime d'environnementalité à la rencontre des valeurs de vérité, souveraineté et de néolibéralisme, à l'image d'une certaine gouvernance mondiale de l'environnement. Le Chili applique ainsi dans son pays les grandes logiques globales et se saisit de l'environnement comme un levier international. Je le verrai plus en détail en passant en revue les différents sous-processus de la génération globale.

Comment appliquer de manière comparative la grille de lecture de la génération globale, discutée au chapitre 1, aux trois pays étudiés ? Je vais voir comment chaque pays s'approprie chacun des sous-processus.

II. Synchronie des sous-processus globaux ?

Les politiques de protection de la nature conduites depuis vingt ans en Afrique du Sud, en Argentine et au Chili font face aux mêmes impératifs de mondialisation des enjeux de gestion de la biodiversité. Mais d'un point de vue quantitatif et qualitatif les trois pays n'en sont pas au même point. Si j'examine de près l'ensemble des sous-processus inhérents à la génération globale des fronts écologiques, les processus mis en place dans les trois pays tendent pourtant à se ressembler. Ce sont au final les héritages des générations impériale et surtout géopolitique qui vont « imprimer » des différences et des spécificités, beaucoup plus que les logiques de la génération globale.

Le tableau 6 donne des informations sur les localisations associées aux sous-processus interreliés de la génération globale, en Afrique du Sud, en Argentine et au Chili. Ils seront ensuite passés en revue : le nombre et le nom des réserves de biosphère, des patrimoines mondiaux de l'humanité (naturel et paysage culturel) ; les projets de création de parcs ou de réserves transfrontaliers ; le nombre et la localisation des *hotspots* de biodiversité et des Global 200 ; les principaux programmes liés aux services écosystémiques ; la privatisation de la nature (le *green grabbing*) ; le développement de l'écotourisme ; les projets *bottom-up* de « retour à la nature ».

Tableau 6 : Les sous-processus de la génération globale, une comparaison entre les trois pays

Processus	Afrique du Sud	Argentine	Chili
[1]	Réserves MAB : 4 Patrimoine mondial UNESCO. Naturel[7] : 4 – Parc de la zone humide d'iSimangaliso (1999) ; Parc Maloti-Drakensberg (2013) ; Aires protégées de la Région florale du Cap (2004) ; Vredefort Dome (2005) Paysage Culturel : 2 – Mapungubwe (2003) ; Richtersveld (2007)	Réserves MAB : 14[8] Patrimoine mondial UNESCO. Naturel : 4 – Parc national de Los Glaciares (1981) ; Parc national de l'Iguazu (1984) ; Presqu'île de Valdés (1999) ; Parcs naturels d'Ischigualasto / Talampaya (2000) Paysage Culturel : 1 – Quebrada de Humahuaca (2003) ; Qhapaq Ñan, Andean Road System (2014)	Réserves MAB : 10[9] Patrimoine mondial UNESCO. Naturel : 0 Paysage Culturel : 2 – Parc national de Rapa Nui (1995) ; Qhapaq Ñan, Andean Road System (2014)
[2]	Peace Park Fundation[10] : plusieurs parcs transfrontaliers pour la paix dont Great Limpopo en 2002.	La Reserva de Biósfera Transfronteriza Andino Norpatagónica : association de deux réserves MAB, Andino Norpatagonica (Arg) et Bosques Templados Lluviosos de los Andes (Ch) Parc national Yendegaia[11] (Arg+Ch) Post-géopolitique : Reservas Naturales de la Defensa	La Reserva de Biósfera Transfronteriza Andino Norpatagónica : association de deux réserves MAB, Andino Norpatagonica (Arg) et Bosques Templados Lluviosos de los Andes (Ch) Parc national Yendegaia (Arg+Ch)
[3]	Biodiversity hotspots : 3 – Cape Floral Kingdom, Succulent Karoo, Maputaland-Pondoland-Albany[12] Global 200[13] : 7 – Drakensberg Montane Shrublands and Woodlands ; Fynbos ; Namib-Karoo-Kaokeveld Deserts ; Cape Rivers and Streams ; Benguela Current ; Agulhas Current.	Biodiversity hotspots : ≤1 – Chilean Winter Rainfall Valdivian Forest (petite portion). Global 200 : 8 – Central Andean Yungas ; Atlantic Forests ; Valdivian Temperate Rainforests / Juan Fernandez Islands ; Patagonian Steppe ; Central Andean Dry Puna ; Upper Paraná Rivers and Streams ; High Andean Lakes ; Patagonian Southwest Atlantic.	Biodiversity hotspots : 1 – Chilean Winter Rainfall Valdivian Forest[14] Global 200 : 9 – Valdivian Temperate Rainforests / Juan Fernandez Islands ; Patagonian Steppe ; Central Andean Dry Puna ; Chilean Matorral ; Atacama-Sechura Deserts ; High Andean Lakes ; Patagonian Southwest Atlantic ; Humboldt Current ; Rapa Nui.

[1] Front écologique UNESCO [ENP] ; [2] Fronts écologiques au-delà des frontières ; [3] Préconisation des fronts écologiques par la priorisation (BINGO)

Processus	Afrique du Sud	Argentine	Chili
[4]	Working for water. ProEcoServ.		Certification forestière http://forces.fsc.org/ ProEcoServ.
[5]	Rupert, Oppenheimer.	Tompkins, Turner.	Tompkins
[6]	Écotourisme important	Écotourisme important	Écotourisme important
[7]	Éco-villages	Éco-villages	Éco-villages
[8]	Stewardship corridors Riemvasmaak	Lof Wiritray	Mapulahual

[4] Services écosystémiques ; [5] Les fronts du green grabbing ; [6] Écologisation de la société [développement de l'éco-tourisme] ; [7] Fronts écologiques de retour à la nature ; [8] Fronts écologiques autochtones.

Source : Auteur

II.1. Le front écologique UNESCO

L'émergence d'espaces protégés labélisés par l'UNESCO est un bon indicateur de l'entrée d'un pays dans la génération globale des fronts écologiques, car cela témoigne d'une volonté de reconnaissance mondiale de sites exceptionnels (en particulier pour les sites du patrimoine mondial), et d'un travail de standardisation internationale sur les modes de gestion à appliquer, en particulier en relation avec les populations locales et riveraines (conservation pour et par la population).

En Afrique du Sud, le front écologique UNESCO débute plusieurs années après la fin de l'apartheid (1998), au moment où l'Afrique du Sud a regagné le banc des nations et souhaite développer une image internationale forte, en relation en particulier avec sa nature exceptionnelle. L'apartheid avait été d'ailleurs officiellement condamné par l'UNESCO en 1976.

> Dès 1976, la Conférence générale de l'UNESCO a condamné cette politique, identifiée comme une entrave au développement de l'éducation, de la science, de la culture et de la communication. Au cours d'une Conférence mondiale pour l'action contre l'apartheid qui s'est tenue l'année suivante à Lagos (Nigéria), l'UNESCO a recommandé la proclamation d'une Année internationale contre l'apartheid. Cette Année fut marquée par une série de conférences et de publications d'ouvrages et d'études. Du matériel de sensibilisation, à l'image de cette affiche de Salsi, a été diffusé à cette occasion[16].

---

[16] http://portal.unesco.org/fr/ev.php-URL_ID=32394&URL_DO=DO_TOPIC&URL_SECTION=201.html, consulté le 21/11/2014.

Figure 59 : *Affiche de l'année internationale contre l'apartheid*

Source : UNESCO

En revanche, je n'ai trouvé aucune trace de condamnation officielle de la part de l'UNESCO, ni de la dictature militaire argentine (1976-1983), ni de la dictature de Pinochet au Chili (1973-1989). Ainsi, en Argentine, le front écologique UNESCO débute en effet pendant la dictature militaire (1980), avec deux réserves de biosphère et un patrimoine mondial naturel labélisés pendant cette période sombre de l'histoire argentine. Sous la pression du lobby nouvellement constitué à l'ONU par les pays africains indépendants dans les années 1970, l'apartheid en tant que système de ségrégation raciale est condamné. En revanche, la forte influence politique des États-Unis sur le Chili et l'Argentine va les protéger de condamnations de grande ampleur et de sanctions. Ceci explique l'absence de position de l'UNESCO sur les exactions perpétrées dans ces deux pays.

Le front écologique global

Je constate que la charnière entre génération géopolitique et génération globale des fronts écologiques en Argentine a bien lieu au début des années 1980. Au Chili, de même, sept réserves de biosphère ont été instaurées sous le régime Pinochet entre 1977 et 1984, à un moment ou par ailleurs peu de nouvelles aires protégées sont mises en place. Je peux émettre l'hypothèse que le régime dictatorial mais néanmoins néolibéral de Pinochet ait pu voir d'un bon œil qu'un niveau supranational se charge de s'acquitter d'une mission que l'État avait du mal à assumer, en prenant en charge une partie du système de gestion. C'est effectivement pendant la dictature de Pinochet que le Chili s'ouvre à la génération globale des fronts écologiques. Mais comme en Argentine, il est troublant de constater que des pays ayant connu des régimes militaires antidémocratiques durs aient pu être ainsi labélisés à plusieurs reprises par une organisation internationale prônant la paix et respect des droits de l'homme. Entre l'Afrique du Sud de l'apartheid, et les dictatures militaires chilienne et argentine, l'UNESCO a fait clairement deux poids deux mesures.

La plupart des très grands sites naturels et des paysages culturels des trois pays ont été reconnus par l'UNESCO sous forme de patrimoines mondiaux, et de nombreuses réserves de biosphère permettent théoriquement aux différents acteurs et populations locales de s'entendre sur les modes de gestion. J'ai participé à des recherches :

– sur des réserves de biosphère en Argentine (Yungas, Andino Norpatagónica, Delta du Parana), au Chili (Bosques Templados Lluviosos de los Andes Australes)

– et sur des sites du patrimoine mondial de l'humanité en Afrique du Sud (Isimangaliso, Cape Floral Region) et en Argentine (Quebrada de Humahuaca)[17].

Ces études montrent que ces dispositifs de protection de la nature et du paysage sont complexes à mettre en œuvre et induisent de nombreux effets pervers comme des conflits récurrents entre les acteurs et une augmentation de la vulnérabilité foncière et des inégalités socio-spatiales.

L'exemple du paysage culturel de la Quebrada de Humahuaca, dans le nord-ouest de l'Argentine peut être convoqué pour illustrer la manière dont la patrimonialisation par l'UNESCO d'un paysage remarquable

---

[17] Pour les réserves de biosphère et les sites du patrimoine mondial voir : Guyot *et al.*, 2007 ; Miniconi & Guyot, 2010 ; Laslaz *et al.*, 2012 ; Guyot, 2006b ; Guyot *et al.*, 2014 ; Guyot, 2011c ; Guyot, 2012b.

a été détournée au service de stratégies politiques et économiques régionales. Il permet de comprendre localement la difficile acceptation d'un projet venu d'en haut (autorités provinciales et résonance nationale) ayant utilisé le label UNESCO.

Figure 60 : *La Quebrada de Humahuaca*

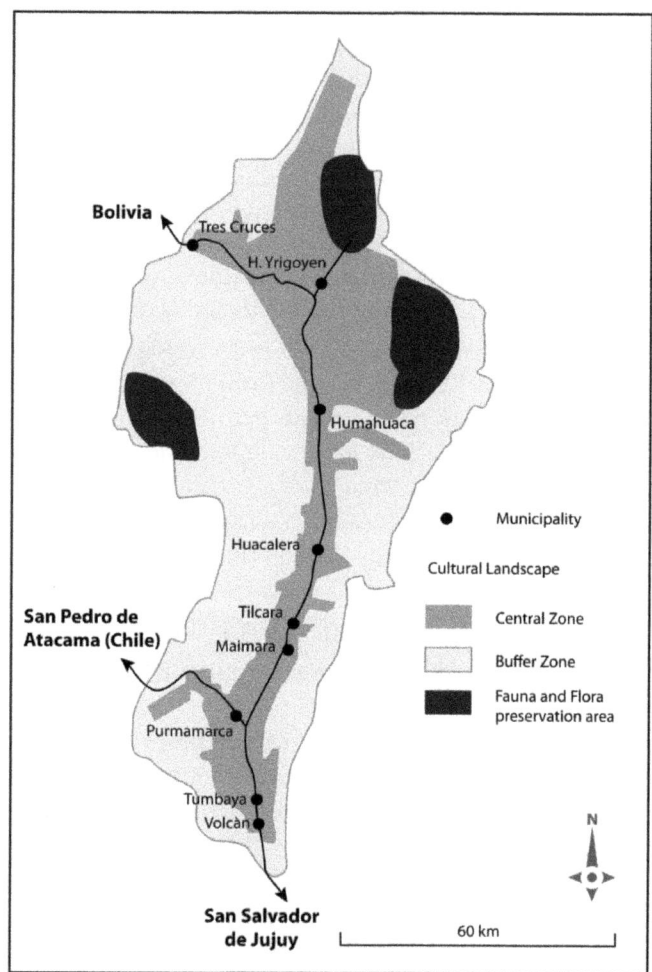

Source : Guyot, 2011a

Le périmètre classé de la Quebrada de Humahuaca est divisé en neuf municipalités : Volcan, Tilcara, Humahuaca, etc. (voir carte ci-dessus). Avec plus d'un million de nuitées pour l'année 2005 dans la province de Jujuy et une augmentation du nombre des visiteurs de 35 % pour la zone de 2000 à 2003, la région entend mettre en avant son produit phare, la Quebrada de Humahuaca, qui réalise plus de 30 % du total des nuitées (Ramousse & Salin, 2007). Le classement de la Quebrada par l'UNESCO est réalisé à la demande de la province de Jujuy en la personne de l'ancien secrétaire au tourisme dans un but électoral afin de se faire élire sénateur de la province à Buenos Aires. Ce classement de la Quebrada comme « paysage culturel de l'humanité » s'est fait sur la base d'un processus de participation auprès des populations autochtones Kollas (apparentées aux Quechuas) et coordonné par une unité de gestion dédiée. Neuf commissions de sites, une par municipalité, ont été créées. Ces commissions ont pour objectif de rédiger un plan de gestion pour la Quebrada, en coopération avec les autres acteurs locaux, provinciaux et différents experts. Pourtant, ces commissions, au fonctionnement complexe, souvent peu représentatives des intérêts autochtones, ont été perçues comme rivales par rapport aux municipalités locales qui se sont alors regroupées en intercommunalité pour mieux peser dans les décisions prises au niveau provincial et ainsi infléchir le plan de gestion en leur faveur. La province est dirigée par un gouverneur péroniste alors que l'intercommunalité est plutôt de tendance radicale. Cette division n'a pas facilité les choses. Elle serait même à l'origine du manque de bonne volonté coopératrice entre les commissions de sites et les municipalités. Le système participatif mis en place au niveau local dans la Quebrada rappelle beaucoup d'autres projets technocratiques prenant du temps à se mettre en place, à fonctionner et permettant pendant ce temps aux décisions de se prendre à un niveau supérieur tout en maintenant le statu quo. L'intercommunalité de la Quebrada sert ainsi de faire-valoir à des acteurs locaux désirant peser dans des jeux d'acteurs conflictuels. Les dimensions identitaire, culturelle et autochtoniste sont donc instrumentalisées à tous les niveaux (de l'unité de gestion, de l'intercommunalité comme pour les associations indigénistes), pour attirer des touristes toujours plus nombreux. La patrimonialisation UNESCO est représentative ici d'un processus de conservation par le haut qui se heurte à des intérêts autochtones plus sensibles aux idéologies préservationnistes des autochtones : ils refusent en effet la création d'un périmètre protégé et revendiquent l'usage ancestral de la terre comme unique mode de gestion. Le régime d'environnementalité composé de l'UNESCO, des experts, des autorités provinciales et de certains opérateurs touristiques locaux se heurte au refus des populations autochtones et de leurs élus de devenir des sujets environnementaux partie prenante du processus de labélisation UNESCO. Le rôle joué par les touristes dans ce processus est ambivalent car tout en légitimant l'existence du paysage culturel de l'humanité, ils permettent aussi aux populations autochtones de consolider leur stratégie alternative de développement culturel.

Le paysage culturel de la Quebrada de Humahuaca montre comment un sous-processus particulier du front écologique global renvoie sur le terrain à plusieurs formes d'appropriations par les acteurs. L'UNESCO fonctionne plus comme un label chargé de légitimer la reconstitution de fronts écologiques au service de dynamiques nationales, régionales ou locales que comme un acteur dominant et directement bénéficiaire du processus, en particulier en matière foncière.

En donnant ces formes de reconnaissance, l'UNESCO permet surtout de redonner de la légitimité aux sphères dominantes des dispositifs d'environnementalités, ceci étant probablement dû aux contextes politiques complexes de la protection de la nature dans les trois pays et aux héritages liés aux régimes autoritaires qui s'y sont déroulés pendant une à plusieurs décennies.

II.2. Les fronts écologiques au-delà des frontières

Un autre processus très révélateur de la génération globale dans sa dimension » post-géopolitique » réside dans le processus d'extension transfrontalière des aires protégées. Ce processus répond à plusieurs logiques.

L'Afrique du Sud a très vite montré le chemin en la matière juste après la sortie de l'apartheid avec la création de la Peace Parks Fundation dans un contexte post-guerre froide et post-apartheid (Laslaz *et al.*, 2012, pp. 62-63).

La situation est différente et plus complexe pour l'Argentine et le Chili en raison de leurs frontières communes et de leurs différends diplomatiques et territoriaux récurrents. La situation au niveau de la triple frontière Argentine, Bolivie, Chili a été bien documentée du point de vue des blocages en matière de protection transfrontalière

Le front écologique global

de la nature, au niveau national, et de coopération en matière de développement touristique, aux niveaux régional et provincial (Amilhat-Szary & Guyot, 2009 ; Guyot, 2011c ; Guyot, 2012b ; Laslaz *et al.*, 2012). En revanche, la possible constitution d'une réserve de biosphère transfrontalière transpatagonienne entre le Chili et l'Argentine est encore en cours de discussion, et n'a pas été politiquement formalisée (voir aussi figure 98) comme nous le montrons avec Sepulveda dans un article récent.

> Argentina and Chile were also engaging in discussions regarding the creation of a TBR to transform Northern Patagonia into a shared territory. The establishment of two BRs on both sides of the border marked an initial and fundamental step of this process. The Bosques Templados Lluviosos de los Andes Australes Biosphere Reserve in Chile and the Andino Norpatagónica Biosphere Reserve in Argentina were both created in 2007 and cover 2 168 956 ha and 2 266 942 ha, respectively. Although the planned TBR has not been formally created, three existing BRs were joined as an ecological corridor that fully covers the international border between Chile and Argentina in Northern Patagonia. Thus, the Southern Andes appear as a de facto cluster of internationally adjoining protected areas. (Sepulveda & Guyot, 2016)[18]

---

[18] Article publié sous le titre : « Escaping the Border, Debordering the Nature : Protected Areas, Participatory Management and Environmental Security in Northern Patagonia (i.e., Chile and Argentina) », *Globalizations* vol. 13 , Iss. 6, 2016, pp. 767-786.

Figure 61 : *La proposition de réserve de biosphère transfrontalière entre le Chili et l'Argentine*

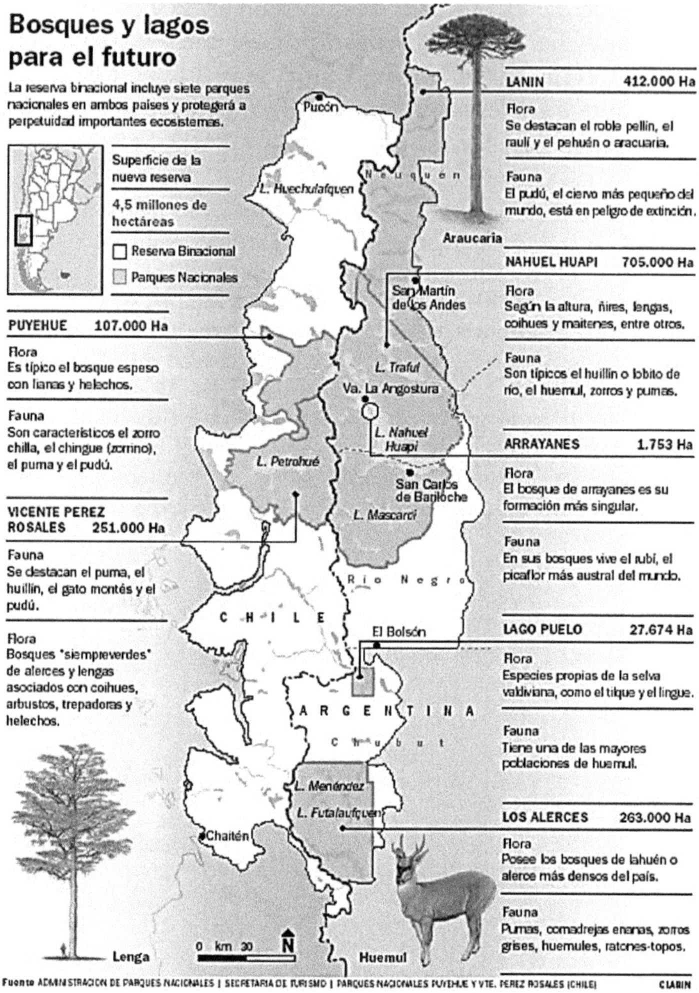

Source : Navarro Floria, 2008

Entre le Chili et l'Argentine, les dynamiques transfrontalières actuelles les mieux engagées se font en lien avec des initiatives importantes des acteurs privés des deux côtés de la frontière, en témoigne la création en 2014 du parc national de Yendegaia (figure 61) à la suite d'une initiative de feu Douglas Tompkins (Fondation Conservation Land Trust) qui

Le front écologique global

oblige les acteurs publics, et les États chilien et argentin en particulier à adapter leurs stratégies frontalières parfois complexes.

> La mayor importancia del Parque Nacional Yendegaia es que permitirá contar con una zona protegida y corredor de vida silvestre que se extenderá desde la estepa patagónica del Parque Nacional Tierra del Fuego (República Argentina), hasta las tundras y bosques siempreverdes del Parque Nacional A. De Agostini (República de Chile), protegiendo de esta manera una importante superficie de bosques sub-antárticos, únicos en el mundo y que han sufrido un importante proceso de degradación por la tala y quema indiscriminada para obtener tierras para pastoreo, a comienzos y mediados de este siglo. [...] Por compartir 52 km de frontera con el Parque Nacional Tierra del Fuego (63 000 ha) en Argentina, consideramos que este proyecto de conservación puede trasformarse eventualmente en un Parque Trans-Fronterizo o Parque para la Paz (modelo UICN)[19].

Figure 62 : *08/09/2014. « Ministro Víctor Osorio firma contrato para creación de Parque Nacional Yendegaia » ; Le ministre des biens nationaux, Víctor Osorio, signe le contrat de cession des terres de Tompkins (à droite) pour créer le parc national de Yendegaia*

Source : http://www.bienesnacionales.cl/?p=13539 consulté le 16/02/2015

---

[19] http://www.theconservationlandtrust.org/esp/yendegaia.htm, consulté le 01/03/2015.

Les fronts écologiques transfrontaliers sont très représentatifs de la volonté de quelques ONG d'appuyer leurs logiques de contrôle à une échelle transnationale. C'est en effet à cette échelle que se conçoivent les fronts écologiques globaux par les BINGO.

II.3. Préconisation des fronts écologiques par la priorisation (BINGO)

Les *hotspots* de la biodiversité et les Global 200, dont un cercle plus restreint en péril est connu sous le nom de « Crisis Ecoregions »[20], sont les « priorisations » (Milian & Rodary, 2010) de fronts écologiques les plus connues et peut-être les plus instrumentales à un niveau international (tableau 10). Cependant, un ensemble d'autres dispositifs de spatialisation des priorités en matière de biodiversité et d'écosystèmes existe : MegaDiverse Countries (front écologique de la responsabilité ultime)[21], Key Biodiversity Areas (KBA), Last of the Wild, Centres of Plant Diversity (CPD) et High-Biodiversity *Wilderness Areas* (HBWA)[22]. Le tableau 10 indique quels sont les principaux critères retenus pour ces différents dispositifs d'environnementalité, les ONG qui les animent, et si l'Afrique du Sud, l'Argentine et le Chili sont concernés.

---

[20] http://www.biodiversitya-z.org/content/crisis-ecoregions, consulté le 24/11/2014.
[21] http://www.biodiversitya-z.org/content/megadiverse-countries, consulté le 24/11/2014.
[22] Au-delà de ces dispositifs, il convient aussi de citer le travail d'autres ONG environnementales, comme par exemple http://www.worldlandtrust.org/ (consulté le 01/12/2014) qui a des projets en Patagonie chilienne et argentine.

Le front écologique global   213

Tableau 10 : Types de préconisations de fronts écologiques par les ONG environnementales

Dispositifs environnementaux [classés par ordre de création]	Acteurs	Pays étudiés
1988 – Centre of plants diversity	IUCN – WWF	Afrique du Sud, Argentine, Chili
1988 – Megadiverse Countries	Conservation International	Afrique du Sud
2002 – Last of the Wild	Wildlife Conservation Society – (CIESIN), Columbia University.	Afrique du Sud, Argentine, Chili

Dispositifs environnementaux [classés par ordre de création]	Acteurs	Pays étudiés
2002-High-Biodiversity Wilderness Areas	Conservation International	Aucun des trois pays n'est éligible
2004-Key Biodiversity Areas	IUCN, BirdLife International, Plantlife International, Conservation International, etc.	Afrique du Sud, Argentine et Chili

Source : http://biodiversitya-z.org, consulté le 24/11/2014

Le tableau 11 rappelle la couverture des *hotspots* et des Global 200 pour l'Afrique du Sud, l'Argentine et le Chili.

Le front écologique global

Tableau 11 : Les fronts écologiques selon Conservation International et le WWF en Afrique du Sud, Argentine et Chili

Afrique du Sud	Argentine	Chili
Biodiversity hotspots : 3 – Cape Floral Kingdom, Succulent Karoo, Maputaland-Pondoland-Albany[23] Global 200[24] : 7 – Drakensberg Montane Shrublands and Woodlands ; Fynbos ; Namib-Karoo-Kaokeveld Deserts ; Cape Rivers and Streams ; Benguela Current ; Agulhas Current.	**Biodiversity hotspots : ≤1** – Chilean Winter Rainfall Valdivian Forest (petite portion). **Global 200 : 8** – Central Andean Yungas ; Atlantic Forests ; Valdivian Temperate Rainforests / Juan Fernandez Islands ; Patagonian Steppe ; Central Andean Dry Puna ; Upper Paraná Rivers and Streams ; High Andean Lakes ; Patagonian Southwest Atlantic.	**Biodiversity hotspots : 1** – Chilean Winter Rainfall Valdivian Forest[25] **Global 200 : 9** – Valdivian Temperate Rainforests / Juan Fernandez Islands ; Patagonian Steppe ; Central Andean Dry Puna ; Chilean Matorral ; Atacama-Sechura Deserts ; High Andean Lakes ; Patagonian Southwest Atlantic ; Humboldt Current ; Rapa Nui.

Source : Conservation International & WWF

L'Afrique du Sud, l'Argentine et le Chili apparaissent tous les trois comme étant des territoires prioritaires en matière de préconisations de fronts écologiques par les grandes ONG environnementales. L'ensemble des dispositifs retenus contiennent de manière récurrente les trois pays, à l'exception principale de la très sélective « High-Biodiversity Wilderness Areas » qui ne retient aucun des trois pays et des « Megadiverse Countries » qui ne compte que l'Afrique du Sud. Les critères de discrimination spatiale sont différents en fonction des dispositifs retenus, ce qui permet aux États ou aux acteurs désireux de créer de nouvelles aires protégées de justifier les projets au nom d'une préconisation internationale scientifiquement élaborée et institutionnellement reconnue.

L'exemple travaillé par Andres Rees Catalan dans sa thèse (2014-2017 – en cours) montre précisément comment la création en 2005 de la Réserve Côtière Valdivienne (RCV) et en 2010 du Parc National Alerce Costero (PNAC) au Chili est associée à une phase de conception /

---

[23] Voir http://www.cepf.net/resources/hotspots/africa/Pages/default.aspx, consulté le 15/07/2014.
[24] Voir http://wwf.panda.org/about_our_earth/ecoregions/ecoregion_list/, consulté le 15/07/2014.
[25] Voir http://www.cepf.net/resources/hotspots/South-America/Pages/Chilean-Winter-Rainfall-Valdivian-Forests.aspx, consulté le 15/07/2014.

préconisation très nourrie du travail de nombreux scientifiques et ONG, qui remonte au plus loin à la première référence scientifique à la végétation valdivienne datant de Grisebach en 1872. De très nombreux travaux vont par la suite légitimer la forêt pluvieuse tempérée valdivienne comme étant un écosystème à la fois rare et à très haute valeur environnementale. « Toutes ces propositions et de nombreuses autres (Amigo *et al.*, 2000 ; Cabrera, 1971, 1994 ; Hueck, 1978 ; Gajardo, 1983, 1994)[26] interdisent une seule et unique définition pour l'écorégion des forêts tempérées valdiviennes, mais quel que soit la définition que l'on prenne, la région de Los Ríos et notamment la cordillère Pelada sont comprises dans les différentes limites données à l'écorégion » (Rees Catalan, 2014-2017). Cette phase de conception scientifique d'une biodiversité de haute qualité va être suivie d'une phase de préconisation plus politique réalisée par des ONG internationales et nationales réalisée sous forme de classements spécifiques pour cet écosystème forestier. La forêt valdivienne dispose donc d'un statut d'écorégion (entre 1995 et 1998) dans le cadre du programme Global 200 du WWF, une reconnaissance comme *hotspot* de la biodiversité par *Conservation International* entre 1988 et 2000. Elle dispose, en outre, d'un ensemble de classements nationaux :

- « *Livre rouge des sites prioritaires pour la conservation de la biodiversité biologique au Chili* » en 1996 par la CONAF,
- aires prioritaires de conservation pour l'écorégion par le WWF en 2004,
- la définition de quarante sites prioritaires de conservation par le laboratoire de « Systèmes d'Information Géographique et Télédétection » de l'Institut de sylviculture de l'Université Australe du Chili
- et la stratégie régionale pour la conservation et utilisation durable de la biodiversité de la CONAMA (ministère de l'environnement chilien) avec l'identification de quatorze sites.

Rees Catalan note que la cordillère Pelada (au sein de la cordillère de la côte) est incluse dans l'ensemble de ces classements, ce qui facilitera sa transformation en deux aires protégées (figure 100), dès 2005 une réserve privée (RCV) gérée par l'ONG internationale the Nature Conservancy (TNC) et en 2010 un parc national géré par la CONAF. Cette phase d'ouverture et de pérennisation du front écologique valdivien avec la

---

[26] Références disponibles dans le travail de Rees Catalan.

présence d'acteurs privés et publics au sein d'un même territoire est d'ailleurs l'objet de la thèse de Rees Catalan.

Inversement, en Afrique du Sud, le cas de la Wild Coast est représentatif d'une dynamique de front écologique qui a échoué à produire un parc national. Tout au long du XXe siècle, la Wild Coast fait l'objet d'études scientifiques, militantes[27] et de textes réglementaires[28] qui concluent tous à la nécessité, sous une forme ou sous une autre, de sa protection (Kepe, 2009). À la fin du XXe siècle, cet espace est défini par les ONG environnementales internationales comme un *hotspot* de la biodiversité (Maputaland-Pondoland-Albany, voie figure 22) par Conservation International, et comme une écorégion appartenant aux Global 200 du WWF. S'appuyant sur la légitimité de ces classements, des ONG sud-africaines, principalement WESSA (Wildlife and Environmental Society of South Africa), ont préconisé, au début des années 2000, un projet de parc national pour la Wild Coast, le Pondoland National Park. Soutenue par le ministre sud-africain de l'environnement de l'époque (Marthinus van Schalkwyk), la création du parc a donné lieu à toutes les études préliminaires – en particulier participatives – nécessaires. En septembre 2005, le ministre de l'environnement annonce la création officielle du parc[29]. Elle ne sera pas suivie d'effets[30] en raison des protestations des habitants relayées par leurs élus locaux appartenant à l'ANC, le parti majoritaire au pouvoir en Afrique du Sud. Cet espace à haute valeur environnementale est actuellement dans une situation de statu quo, sans qu'aucun des projets contradictoires le concernant (parc national, écotourisme, extraction minière, développement autoroutier etc.) ne se réalise. Ce front écologique est entré dans une phase d'attente, qui est peut-être le meilleur moyen pour conserver son identité et ses ressources locales ?

En Argentine, en octobre 2014, la création récente du dernier parc national du pays, le parc national impénétrable (*Parque nacional Impenetrable*)[31] dans le Chaco (nord du pays), est subventionnée par

---

[27] The Ntafufu-Mbotyi Fieldwork, 1968 ; the survey of the Transkei coast, 1976-1977 ; The Transkei Forest Survey, 1989-1991.

[28] Cape Colony's 1888's Forest Act ; Section 39 (2) of the Transkei bantustan's Environmental Decree of 1992.

[29] http://www.iol.co.za/news/south-africa/green-light-for-new-wild-coast-park-1.252290#.VHb1Ycneifk, consulté le 27/11/2014.

[30] http://mg.co.za/article/2008-09-09-pondoland-paradise-in-the-pipeline, consulté le 27/11/2014.

[31] http://www.telam.com.ar/notas/201410/83692-turismo-visitas-turistas-pasajeros-tren-avion--aventura-impenetrable-selva.html, et http://www.parquesnacionales.gob.ar/areas-protegidas/region-noreste/parque-nacional-el-impenetrable/, consulté le 27/11/2014.

D. Tompkins[32]. Il s'agit plutôt du sauvetage d'un grand domaine foncier (« la Fidelidad ») dédié à l'élevage et récupéré par des intérêts mafieux[33], qui est maintenant dédié à la protection d'un écosystème tropical de plaine humide.

Si le processus de conception / préconisation des fronts écologiques par des grandes ONG environnementales peut rendre opérationnel des nouveaux projets d'aires protégées, ce n'est pas toujours le cas, et inversement, les nouveaux espaces naturels protégés créés ne font pas forcément écho à de tels classements. De plus, ce travail de préconisation permet aussi à d'autres ONG de réaliser des projets concrets légitimés par ces classements.

II.4. Services écosystémiques

Plusieurs années avant la publication du rapport du Millenium Ecosystem Assessment au début des années 2000, l'Afrique du Sud a été pionnière en matière de rémunération des services écosystémiques. Le programme Working for Water a été initié en 1995 dans le but d'exterminer les plantes invasives (qualifiées d'*aliens*) afin d'améliorer la qualité et la quantité d'eau disponible dans un pays touché par des sécheresses chroniques. Ce programme se donne aussi pour objectif de rémunérer les populations les plus pauvres pour effectuer ce travail d'extermination végétale. Il s'agit donc bien de rémunérer un service écosystémique essentiellement lié à l'amélioration de la fourniture en eau (Turpie *et al.*, 2008). Le coût du dispositif est supporté par l'État et par plusieurs partenaires privés, en fonction de la localisation des programmes.

---

[32] « The Impenetrable National Park project will establish a new protected area of approximately 370 000 acres of prime wildlife habitat in Chaco Province, Argentina. Both the National Parks Administration are eager to transform this area into a new national park, a rare case of full political support from the inception of such a conservation project. With one check, the entire property could be purchased by a conservation buyer, and quickly transformed into Argentina's newest National Park. Several conservationists have expressed interest in this project, and our team looks forward to working with the governmental authorities (both provincial and national) to move this bold initiative toward completion. » Source : http://www.tompkinsconservation.org/other_regional_projects.htm, consulté le 19/12/2014.

[33] http://es.wikipedia.org/wiki/Parque_nacional_El_Impenetrable, consulté le 27/11/2014.

Les liens entre Working for Water et le front écologique sont multiples. Les actions du programme peuvent être localisées sur des terrains déjà protégés et dont le nettoyage des plantes invasives représente un gage de bonne gestion, comme au sein de Table Mountain National Park (Guyot *et al.*, 2014). Elles peuvent aussi être localisées sur des terrains en cours de conservation, comme le montre l'exemple du payement des services écosystémiques inhérent à la constitution du parc transfrontalier (Afrique du Sud/Lesotho) Maloti-Drakensberg (Büscher, 2012) ; ou sur des terrains en cours de restauration écologique dans le but d'être – peut-être – un jour protégés (Urgenson *et al.*, 2013). C'est un programme presque « modèle », piloté par un régime d'environnementalité composé par l'État, des experts scientifiques avec l'aide d'ONG environnementales. Un des objectifs de Working for Water est de « transformer » les populations pauvres, majoritairement non-Blanches, en sujet environnementaux rémunérés, devenant des parties prenantes rétribuées. Ce dispositif met en œuvre une combinaison de l'ensemble des valeurs d'environnementalité :

- à la fois la vérité (les *alien plants* sont une menace pour l'environnement),
- la discipline (les habitants sont éduqués pour reconnaître les *alien plants* et les couper),
- la souveraineté (WFW permet à l'État sud-africain post-apartheid d'affirmer son contrôle sur l'ensemble d'un processus déclaré d'utilité nationale),
- le néolibéralisme (le programme est adossé à une conception financière des écosystèmes),
- le tout adossé sur un savant dosage d'écologie de la libération (grâce à ce programme, les habitants pourront prendre en main par le bas une gestion de la nature trop souvent imposée d'en haut).

Ce programme a d'ailleurs tellement « infusé » dans la société sud-africaine qu'il n'est pas véritablement remis en cause, ce qui en fait un instrument d'une véritable politique d'éco-gouvernementalité. En effet, il permet de canaliser et de transférer la rhétorique d'apartheid sur le terrain des hiérarchies végétales tout montrant qu'une dynamique de protection de la nature peut enfin bénéficier à l'ensemble de la population, en raison des emplois aidés (*pro-poor*) créés et de la mise en place de filières économiques informelles (vente du bois *alien* coupé pour le chauffage ou la construction, etc.). Working for Water permet aussi d'instituer une logique de *land sharing* avec une localisation relativement ubiquiste des travaux de nettoyage des *alien plants*.

En Argentine, la problématique des services écosystémiques s'est essentiellement concentrée sur les espaces de la Pampa soumis à des dynamiques agricoles importantes (Barral & Oscar 2012). Au Chili, c'est le secteur forestier qui – sans surprise – concentre une grande partie des initiatives en matière de réflexion sur les services écosystémiques, avec la mise en place de systèmes de certifications[34], ainsi que les problématiques liées à l'eau, en particulier en Patagonie (Delgado *et al.*, 2013). Au sein de la juridiction chilienne relative à l'environnement, seulement un document mentionne explicitement la question des services écosystémiques : « The only other official document that mentions ES in Chile is the National Biodiversity Strategy of 2003. It states that as ES are an integral part of sustainable development, one of the main objectives of protecting biodiversity is the provision of ES. It puts special emphasis in the payment for ecosystem services (PES) as a mechanism for financing biodiversity protection » (Claro, 2012). La notion de « rémunération » des services écosystémiques est quant à elle mentionnée – sans surprise – au sein d'une loi de 2008 sur la restauration de la forêt autochtone (*Recuperación del Bosque Nativo y Fomento Forestal*).

Si l'Afrique du Sud pourrait apparaître comme un pays pionnier à l'échelle mondiale en termes de mise en place effective d'un processus de rémunération des services écologiques, le Chili est nettement en retard, ce qui n'est pas surprenant compte tenu du faible engagement de l'État dans les questions environnementales jusque dans les années 2000. Ce décalage entre les deux pays mais aussi la possibilité pour le Chili de bénéficier de l'expertise sud-africaine explique en partie la mise en place par ProEcoServ d'un projet de diagnostic cartographique des services écosystémiques dans les deux pays, étendu à d'autres pays pilotes comme le Lesotho, le Vietnam et Trinidad et Tobago.

L'initiative internationale portée par ProEcoServ (Project for Ecosystem Services) est un programme collaboratif en lien avec le MEA (Millenium Ecosystem Assesment)[35], financé par l'UNEP (United Nations Environment Program), le GEF (Global Environment Facility), un institut de recherche appliquée chilien, le CEAZA (Centre for Advanced Studies in Arid Zones), un institut de recherche appliquée sud-africain, le CSIR (Council for Scientific and Industrial Research) et plusieurs autres

---

[34] http://forces.fsc.org/chile.29.htm, consulté le 27/11/2014.
[35] http://www.proecoserv.org/, consulté le 27/11/2014.

Le front écologique global 221

institutions collaboratives[36]. L'objectif de ProEcoServ est – entre autres – de réaliser des cartes des services écosystémiques, hydriques essentiellement, en particulier en Afrique du Sud (Fresh Water Ecosystem Atlas) et au Chili. Il est intéressant de noter qu'un des fondements de ce programme est de faire circuler les experts et les ressources technologiques et intellectuelles entre les différents pays concernés, ce qui a été le cas entre l'Afrique du Sud et le Chili[37], rapprochement binational qui n'est pas si courant (Bystrom, 2012). L'étude de cas pilote au Chili est localisée à San Pedro de Atacama (région d'Antofagasta, Norte Grande), où j'ai travaillé entre 2005 et 2007 (Guyot, 2011c ; Guyot, 2012b), et l'étude de cas pilote en Afrique du Sud est localisée dans le district d'Eden où j'ai commencé à travailler en 2014 sur des corridors de biodiversité. L'excellente connexion de San Pedro de Atacama aux dynamiques de mondialisation (tourisme international soutenu, présence de multinationales minières, espaces protégés classés RAMSAR, observatoires astronomiques européens, centre de recherches archéologiques renommés, etc.) explique probablement ce choix. Mes recherches à San Pedro ont en effet montré l'urgence qu'il y avait à réfléchir collectivement à la gestion du milieu naturel sous peine de voir l'activité touristique « mettre la clef sous la porte » faute de ressource préservée restant attractive, ou d'assister à l'assèchement de l'oasis et au départ forcé de ses populations autochtones (Guyot, 2012b). C'est une étude de cas caractéristique des relations front contre front (minier, touristique et écologique), plus souvent conflictuelles que complémentaires. Pourtant, la localité a réussi à mettre en place ces dernières années des mécanismes de gouvernance (autochtone) et de financement privé (groupes miniers) pour passer d'un cycle monogénérationnel à dynamique de fermeture à un cycle monogénérationnel à dynamique instable, voir ma tentative de théorisation à la fin de ce chapitre.

---

[36] « Proecoserv is a collaborative effort between the the United Nations Environment Program (UNEP) ; the Global Environment Facility (GEF) ; Centre for Advanced Studies in Arid Zones (CEAZA), Chile ; Council for Scientific and Industrial Research (CSIR), South Africa ; the University of West Indies, Trinidad and Tobago ; and the Institute of Strategy and Policy on Natural Resources and Environment (ISPONRE), Vietnam. The UN PEI (Poverty and Environment Initiative), NCR (The Natural Capital Project), UNU (UN University), and national partners in each participating country, including The Ministry of Planning and Sustainable Development, The Cropper Foundation, and the Green Fund (in Trinidad and Tobago) ; Government of Vietnam, RCFEE, PPC, IOC and IUCN (in Vietnam) ; SANBI (in South Africa and Lesotho) ; and The Ministry of Environment, CONADI, CONAF, Sernatur (inChile) support project activities » (PROECOSERV, 2013).

[37] Programme : « South Africa/Chile Capacity Exchange Workshop : Ecosystem Services Modelling Using InVEST » (PROECOSERV, 2013).

Le site WEB de ce programme donne des indications sur les participants scientifiques, institutionnels et politiques et permet donc d'analyser une partie du dispositif d'environnementalité en jeu. On peut émettre l'hypothèse que certains acteurs locaux, comme la municipalité (membre du comité de pilotage de ProEcoServ), semblent instrumentaliser le recours à la cartographie des services écosystémiques pour communiquer sur sa faculté de régulation, dans une région où les fronts écologiques, miniers et touristiques sont en concurrence et sont nuisibles les uns pour les autres. Un tel projet serait-il de nature à appuyer le front écologique – en difficulté –, ou de montrer que la ressource en eau peut être cogérée entre différents types d'activités ? Ou de légitimer les multinationales minières dans leur capacité redistributrice ? San Pedro est représentative d'une dynamique de *land sharing* à condition que l'ensemble des acteurs accepte un certain nombre de compromis, en particulier sur le difficile partage de la ressource en eau.

II.5. Fronts du green grabbing *ou fronts écologiques privés ?*

Les processus de protection privée de la nature sont de plus en plus répandus à travers le monde (voir chapitre 1). Ils sont d'ailleurs reconnus officiellement depuis 2003 par l'IUCN[38]. Deux postures coexistent pour interpréter ce front écologique donnant la part belle à la privatisation de la propriété, de la gestion et des usages de la nature protégée. La première posture analyse de manière critique ce processus à l'échelle globale en l'associant aux valeurs d'environnementalité néolibérale et de captation foncière écologiquement légitimée. C'est au sein de cette première vision qu'émergent les recherches sur le *green grabbing* (voir chapitre 1). La seconde vision est plus pragmatique et légitime les initiatives privées de protection de la nature, aux échelles locales et régionales, comme étant salutaires pour atteindre les objectifs internationaux (édictés par l'IUCN) et complémentaires des projets portés par les pouvoir publics. En réalité, la protection privée de la nature regroupe de nombreux processus assez différents. Les fronts écologiques portés par de riches hommes d'affaires – les éco-barons et *ecophilanthropists* définis par Humes (2009) et Jones (2012) ne recouvrent pas tout à fait ni les mêmes enjeux, ni les mêmes logiques que les initiatives portées par des propriétaires plus modestes ou par de grosses ONG environnementales, ou que celles mises en place « par le bas », par des

---

[38] « One turning point was in 2003 when PPAs were incorporated into the official list of protected areas that the United Nations and the IUCN use to track protected area growth worldwide. This change was much debated and eventually embraced at the fifth IUCN World Parks Congress in 2003 » (Tecklin & Sepulveda, 2014, p. 205).

Le front écologique global

collectifs émanant de la société civile ou des mouvances autochtonistes. En effet, le « privé » n'est pas toujours synonyme de néolibéralisme mais peut aussi signifier l'émergence de dynamiques communautaires et collectives alternatives. Inversement, le secteur public représenté par l'État ou certaines collectivités territoriales peuvent être les grands ordonnateurs de politiques néolibérales, favorisant certes les intérêts privés mais aussi le pouvoir de structures étatiques souvent autoritaires.

L'Afrique du Sud, l'Argentine et le Chili sont donc des pays qui n'accordent pas tous la même place, ni la même reconnaissance aux processus de protection privée de la nature. De ces trois pays, l'Afrique du Sud est le pays qui possède la législation la plus avancée en matière de reconnaissance de la protection privée. Outre l'existence de nombreuses réserves privées de faune sauvage, reconnues dès la période d'apartheid et véritable spécificité sud-africaine (Kreuter *et al.*, 2010 ; Spierenburg & Brooks, 2014) en raison de l'histoire ancienne de l'utilisation récréative de la faune sauvage dans les cercles aristocratiques et bourgeois coloniaux – qui ne se retrouve pas au Chili et Argentine – l'Afrique du Sud reconnaît dans le cadre du *Protected Areas Act* de 2003 plusieurs dispositifs de protection dédiés aux terres privées. Différentes intensités progressives de contraintes des cadres réglementaires existent, depuis l'échelle nationale avec les dispositifs de « *conservancies* »[39] (depuis les années 1980), à ceux de « *protected environment* » (depuis 2004) et à l'échelle provinciale, par exemple dans la province du Cap de l'Ouest (en 2007), des dispositifs de « *conservation area* », de « *cooperation agreement* » et de « *contract nature reserve* » (figure 63). Plus le niveau de protection est élevé, plus les incitations fiscales proposées par l'État sont importantes.

Fort de son succès, ce dispositif provincial est en train de s'étendre à d'autres provinces d'Afrique du Sud comme au KwaZulu-Natal, au Mpumalanga et dans le Cap du Nord.

> Owing to its success, similar stewardship initiatives have now filtered through into many other provinces including KwaZulu-Natal, Mpumalanga and the Northern Cape. It has also led to the establishment of Biodiversity Stewardship South Africa, initiated by the DEAT, an umbrella programme that seeks to facilitate and harmonize the various provincial stewardship programmes and align them with DEAT-associated programmes such as the National Protected Areas Expansion Strategy and the Community-Based Natural Resource Management Programme. (Paterson, 2009, p. 14)

---

[39] The National Association of Conservancies/Stewardships of South Africa (NACSSA), http://www.enviropaedia.com/company/default.php?pk_company_id=463, consulté le 05/12/2014.

Certains propriétaires privés avec l'aide des ONG environnementales utilisent ces dispositifs à leur avantage (exemple de *l'Eden to Addo Biodiversity Corridor*). Environ 17 % de la superficie sud-africaine est concernée par la protection privée de la nature (Cousins *et al.*, 2008). De nombreux éco-barons possèdent de vastes domaines dédiés à la conservation privée de la nature (Ramutsindela *et al.*, 2013), en général associés à une activité écotouristique de protection de la faune sauvage, comme Johann Rupert, le fils de feu Anton Rupert (WWF South Africa), avec ses 25 000 hectares de la Rupert Game Farm près de Graaf-Reinet dans la province du Cap de l'Est.

Figure 63 : *Typologie graduelle des dispositifs de protection privée de la nature en Afrique du sud*

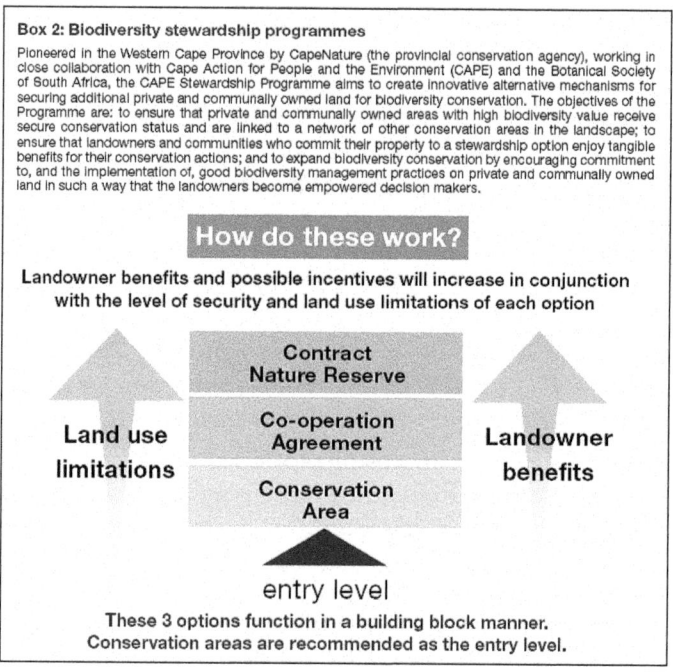

Source : Paterson, 2009, p. 13

De plus, l'homme le plus riche d'Afrique du Sud, Nicky Oppenheimer[40] est aussi le propriétaire de la plus grande réserve animalière privée du pays, la Tswalu Kalahari Reserve (figure 103).

---
[40] http://www.forbes.com/profile/nicky-oppenheimer/, consulté le 10/12/2014.

Le front écologique global

Figure 64 : *Tswalu Kalahari Reserve*

Source : http://www.tswalu.com/, consulté le 5/12/2014

En Argentine, c'est au niveau des provinces qu'est pensé l'accompagnement de la protection privée de la nature, dans un contexte politique de grande corruption, et de peu de marge de manœuvre politique. En réalité, la plupart des provinces concernées ont adopté le même genre de dispositifs d'incitation fiscale de protection des terres privées (à condition de respecter une durée minimale de protection de 20 ans) avec intégration des superficies dans les systèmes provinciaux d'aires protégées (Institute of Environmental Law, 2003). La province de Salta est assez avancée en la matière.

> The Provincial Protected Areas System law for Salta provides for the creation of Private Nature Reserves that must last for no shorter than 20 years, and can be created to last indefinitely. Landowners can incorporate their land as Natural Monuments, Cultural Centers, Protected Landscapes, Cultural Nature Reserves, Multiple-use Nature Reserves and International Management Categories. Through special agreements these can become part of the Provincial Protected Areas System. The law anticipates tax, technical and scientific incentives encouraging private conservation. However, if the contract is broken after 20 years, the owner retroactively loses any benefits. The law also introduces the concept of payments for « environmental services » and authorizes a state government fund that will be used to protect and promote protected areas. (Institute of Environmental Law, 2003, p. 44)

On dénombre ainsi 152 réserves privées en Argentine en 2014 pour une superficie totale de 6 800 km² soit moins de 1 % de la superficie du pays[41]. Les ONG environnementales sont un des acteurs les plus dynamiques en matière de protection privée. Elles ont une stratégie active de conservation de la nature, en particulier dans les Andes et en Patagonie, comme la Fundación Vida Silvestre Argentina qui pilote un réseau de « refuges de biodiversité forestière » :

> La Fundación Vida Silvestre Argentina cuenta con una Red de Refugios de Vida Silvestre, implementada desde 1987, que en la actualidad cubre más de 116 000 has en 14 Refugios. Estos refugios se crean por un contrato entre la Fundación y el propietario del predio, y se establecen limitaciones al uso de la tierra, una zonificación del predio y un plan de manejo y monitoreo anual (RRVS, 2007). El objetivo principal de esta Red es lograr la conservación mediante la revalorización económica del ambiente y de los recursos naturales de los predios ; esto permite darles un uso productivo sustentable o alternativo, e integrarlos a la comunidad en el compromiso conservacionista. (Roldán *et al.*, 2010, p. 187)

Une initiative récente en 2014 de TNC (The Nature Conservancy) a permis, avec l'aide de 19 autres ONG, dont Fundación Vida Silvestre de former un réseau de réserves naturelles privées[42]. Souvent en lien avec l'action de ces ONG, plusieurs éco-barons ont acheté des terres en Argentine dont Ted Turner[43] et D. Tompkins. Ce dernier a d'ailleurs cédé au gouvernement fédéral argentin la plupart de ses terres pour les transformer en parcs nationaux[44], ce qui oblige l'État à garantir un niveau de gestion minimale.

---

[41] « En la actualidad, la conservación en tierras privadas en la Argentina abarca alrededor de 530 000 hectáreas en 112 reservas privadas, distribuidas en todas las provincias, con excepción de La Pampa, Tierra del Fuego, La Rioja, Jujuy y Tucumán » (Moreno *et al.*, 2008).

[42] « The Network is formed by : Asociación Aves Argentinas, Asociación Conservación Argentina, Asociación Tellus Conservacionista del Sur, Fundación Ambiente y Recursos Naturales, Fundación CEBio, Fundación de Historia Natural Félix de Azara, Fundación Ecologista Verde, Fundación Elsa Shaw de Pearson, Fundación Federico Wildermuth, Fundación Flora y Fauna Argentina, Fundación Hábitat & Desarrollo, Fundación Huellas para un Futuro, Fundación Naturaleza para el Futuro, Fundación Patagonia Natural, Fundación Proyungas, Fundación Rachel y Pamela Schiele, Fundación Temaikén, Fundación Vida Silvestre Argentina, The Conservation Land Trust and TNC. » Source : http://www.nature.org/ourinitiatives/regions/southamerica/argentina/explore/private-nature-reserves-network.xml, consulté le 05/12/2014.

[43] « The Turner Endangered Species Fund and Turner Biodiversity Divisions protect imperiled species with an emphasis on the nearly 2 million acres owned by Ted Turner. » Source : http://tesf.org/, consulté le 10/12/2014.

[44] http://www.tompkinsconservation.org/park_creation.htm, consulté le 10/12/2014.

Le front écologique global

Au Chili, la situation est paradoxale car si le secteur privé est roi, la plupart des acteurs politiques et économiques ne lui reconnaissent pas la légitimité de « geler » de vastes ressources foncières. Malgré l'orientation très néolibérale du pays où la propriété privée du foncier est de règle, la protection privée de la nature est encore relativement mal perçue par les gouvernants et certains entrepreneurs au motif de geler une partie des ressources économiques potentielles du pays (coupes de bois, hydroélectricité, extraction minière, etc.). Par conséquent, le statut de réserve naturelle privée ne bénéficie pas encore d'une aura importante dans le pays malgré un nombre important d'initiatives : « PPAs began to emerge in the 1990s and have grown to cover an estimated 1,5 million ha (10 % of the country) within over 370 different projects, making Chile a regional leader in private conservation » (Tecklin & Sepulveda, 2014, p. 203). Ces auteurs reviennent sur cette problématique de la privatisation de la nature au Chili et de ses enjeux actuels : « Why has it been so difficult to incorporate private protected areas into legal and policy frameworks that are widely considered to be market friendly ? What specific tensions and contradictions are generated by the use of private property for conservation in the Chilean context ? » (Tecklin & Sepulveda, 2014, p. 204). Les réserves naturelles privées sont officiellement reconnues par l'État en 1994[45] mais ne bénéficient pas de l'application des dispositions législatives, à l'exception de quelques statuts de compromis comme celui de *santuario de la naturaleza*[46]. Comme je l'ai déjà développé à plusieurs reprises dans ce travail, la protection privée de la nature au Chili est souvent associée depuis les années 1990 aux projets ambitieux et contestés de l'éco-baron D. Tompkins. Il s'agit selon Tecklin & Sepulveda d'une première génération de front écologique privé au Chili. Mais depuis le milieu des années 1990, une seconde génération semble s'activer. Ainsi, beaucoup d'ONG environnementales se sont investies dans la protection privée, comme le CODEFF (voir chapitre 2), à l'initiative en 1997 du RAPP (Red de Áreas Protegidas Privadas), ainsi que des propriétaires fonciers pouvant bénéficier des dispositifs très médiatisés du développement de l'éco-immobilier. S. Piñera (ex-président chilien) a utilisé ce dispositif réglementaire dans le sud de l'île de Chiloé lors de la création conflictuelle du parc de Tantauco : « In contrast, [the media] has rarely covered the opposition of Chiloé's indigenous organisations whose protests have ranged from accusations of usurpation of a name belonging to the Huilliche people, to contesting the validity of

---

[45] Article 35 of the country's National Environmental Framework Law of 1994.
[46] Los « Santuarios de la Naturaleza » son una de las categorías de protección contempladas en la Ley n° 17 288, sobre Monumentos Nacionales de Chile (http://www.mma.gob.cl/1304/articles-50613_pdf.pdf, consulté le 10/12/2014).

Piñera´s land claim given the existence of prior indigenous titles that had never been relinquished » (Tecklin & Sepulveda, 2014, p. 210). Les figures 65 & 66 localisent les principales initiatives privées de conservation de la nature au Chili et donnent des informations sur les acteurs, les localisations et les superficies en jeu.

Une autre forme de conservation privée (*les conservation communities*), commune à l'Afrique du Sud et au Chili, sera développée dans les pages suivantes (au sein du sous-processus des fronts écologiques de retour à la nature).

Figure 65 : Les réserves privées au Chili

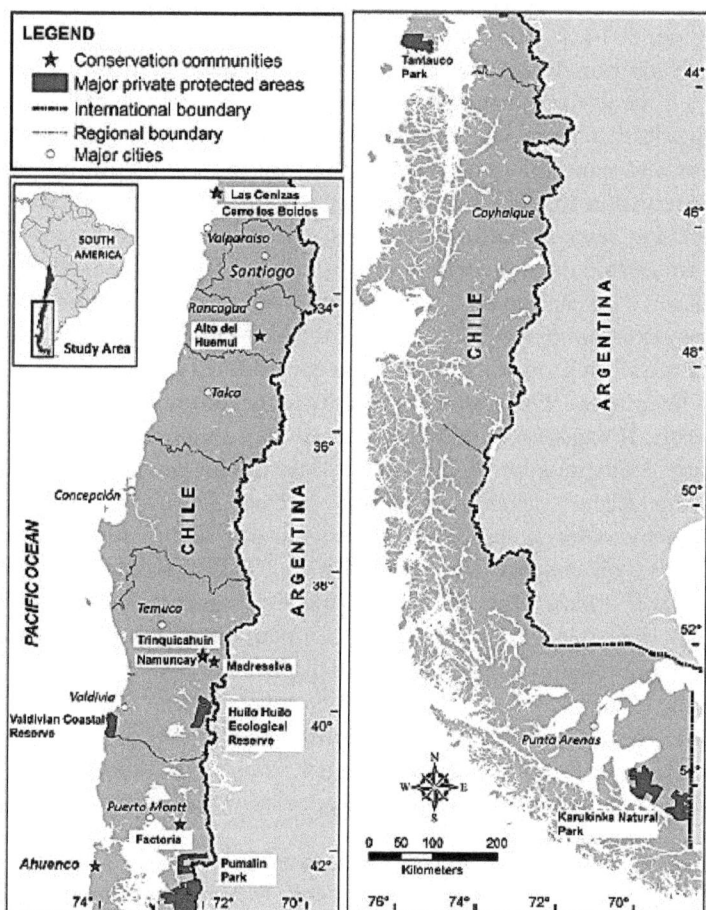

Source : Tecklin & Sepulveda, 2014

Le front écologique global

Figure 66 : *Les deux générations de fronts écologiques privés au Chili*

PPA	Size (ha) & location	Acquisition & administration
Huilo-huilo Ecological Reserve	100'000 declared as reserve within 232'000 property in Panguipulli area of Los Rios region	In 2001, Chilean businessman Victor Peterman declares transformation of his forest estate into a reserve with limited real estate development. Land administration is then divided among five business and charitable entities for tourism, forestry etc.
Valdivian Coastal Reserve	60'000 on southern coast of Los Rios region	In 2003, WWF and TNC organise acquisition of the 'Chaihuin-Venecia' properties at bankruptcy auction for USD 7,5 million. TNC manages lands as a private reserve and donates 9'000 ha for the adjacent Alerce Costero National Park.
Tantauco Park	118'000 on Chiloe Island, Los Lagos Region	In 2003, Chilean businessman and politician Sebastian Piñera buys property from US businessman for reported USD 8 million. Transfers management to his charitable foundation, Fundación Futuro.
Karukinka Natural Park	270'000 on Island of Tierra del Fuego, Magallanes Region	In 2004, Goldman Sachs receives title to forest lands owned by Trillium timber company as part of foreclosure on reported USD 20 million in loan guarantees from Capital One. Land donated to WCS for management as private reserve.

PPA	Owner	Size (ha)	Region	Status	Initiated
Pumalin Park	Conservation Land Trust (Tompkins)	298'000	Lakes	Nature Sanctuary (2005)	1991
Corcovado-Tic Toc	Conservation Land Trust	84'000	Aysen	Private reserve	1994
Melimoyu/ Isla Magdalena	Conservation Land Trust	15'000	Aysen	Private reserve	1994
Estancia Yendegaia	Yendegaia Foundation	40'000	Magallanes	Private reserve	1998
Cabo Leon	Yendegaia Foundation	26'000	Magallanes	Private reserve	2001
Total		463'000			

Source : Tecklin & Sepulveda, 2014

Figure 67 : *Le projet de création d'un parc national de Patagonie*

Source : http://www.conservacionpatagonica.org/home.htm, consulté le 10/12/2014

En m'appuyant sur Jones (2012), je montre comment un front écologique privé dans la vallée de Chacabuco (région chilienne d'Aysén) peut être associé à un processus d'annexion foncière et d'instrumentalisation des populations locales (éleveurs de moutons). Ces terres sont devenues dans les années 2000 la propriété de la marque de vêtements de montagne « Patagonia », dirigée par l'épouse de D. Tompkins, Kristine Tompkins (à travers l'ONG *Conservación Patagónica*)[47] et le franco-américain Yvon Chouinard[48]. Ils ont pour

---

[47] http://www.conservacionpatagonica.org/home.htm, consulté le 10/12/2014.
[48] http://www.patagonia.com/us/patagonia.go?assetid=3351, consulté le 10/12/2014.

Le front écologique global

objectif de transformer ces terres en un parc national[49] (figure 106). Quelles sont les images diffusées par le National Geographic au service du projet de Tompkins et Chouinard pour légitimer le combat pour la protection de la vallée aux yeux des différents mécènes et du grand public ? Une première phase de légitimation a consisté à produire des images vantant les mérites d'une *wilderness* vide d'Hommes, sorte de dernier paradis perdu patagon.

Les populations locales pastorales (appelées localement *gauchos*) n'étaient mentionnées que pour indiquer qu'ils étaient au service de la protection, comme des « anges-gardiens » : « However, in one brochure Arcilio Sepulvida, a gaucho who was born on the Chacabuco Valley Station and grew up hunting pumas to protect livestock, is described as now : "proudly tracking pumas to ensure their protection and helping preserve the huemul population". Similarly, Daniel Velásquez, another gaucho from the old station who stayed on to work for CP as a ranger, is quoted in an essay for Patagonia as "proud to work toward what will one day become Patagonia National Park" » (Jones, 2012, pp. 258-259). À partir du moment où dans les années 2010, le site est menacé par les grands projets hydrauliques d'HydroAysén[50], la nature des images diffusées par le National Geographic change, et le *gaucho* revêtu de sa parure traditionnelle devient le pasteur autochtone à sauver des eaux (figure 68), même si ce revirement « opportuniste » de représentations ne fera pas l'unanimité au sein des environnementalistes impliqués dans le projet, très réticents à l'idée de réhabiliter les éleveurs traditionnels dans leurs discours. Dans cet exemple, ce sont les acteurs du régime d'environnementalité qui construisent la représentation de la Patagonie qu'ils souhaitent pour pouvoir justifier ensuite leurs projets de fronts écologiques.

> Only two images of Aysén residents appear in the National Geographic collection, one of which is in the Chacabuco Valley. Bridget Besaw, a photographer from the US, captured a photograph of Erasmo Betancur Casanova, a ranger for CP, wearing a boina or beret-style hat, red scarf, and sheep skin pants – dress identifying him as gaucho (Besaw 2010). Betancur's connection to pastoralism is enacted as he herds a flock of sheep on horseback. Titled 'The Last Gaucho', Betancur is presented as a member of a culture that is at its close, one that will surely be lost if the HidoAysén proposal becomes a reality. [...] Accordingly, « The Last Gaucho » image and caption, although framing CP in positive light, was criticised by some environmentalists involved

---

[49] http://www.conservacionpatagonica.org/blog/2012/08/28/a-history-of-valle-chacabuco/, consulté le 10/12/2014.
[50] http://www.conservacionpatagonica.org/blog/2014/06/12/victory-against-hidroaysen-dam-project-is-cancelled/, consulté le 10/12/2014.

in the anti-dam campaign. Environmentalists with the power to define what is included in a representation of Patagonia are faced with the matter of where to situate certain Aysén *identities in the landscape.* (Jones, 2012, pp. 259-260)

Figure 68 : « *The last gaucho* », *à voir en ligne (pour des raisons de droits d'images)*

Source : http://news.nationalgeographic.com/news/2010/05/photogalle ries/100512/photos-patagonia-rivers-dams/, consulté le 10/12/2014

Dans les trois pays, la protection privée de la nature diffère selon son intention et son échelle. Plus les propriétaires sont riches et la surface protégée est grande, plus le processus d'appropriation foncière et de domination territoriale est intense. Si l'intérêt des acteurs privés de la nature en Afrique du Sud se concentre sur des questions de conservation de la grande faune sauvage, au Chili et en Argentine il semble plutôt se cristalliser sur la préservation des grands espaces de *wilderness* avec pour objectif de créer des féodalités écologiques (figure 69). Conservation privée et possible *green grabbing* représentent donc les deux faces d'une même pièce... Le développement de l'éco-tourisme en Afrique du Sud, Argentine et Chili est d'ailleurs très relié à ces initiatives privées de protection de la nature et sont même parfois concomitantes et confondues.

Le front écologique global 233

Figure 69 : *La privatisation foncière stratégique en Argentine*

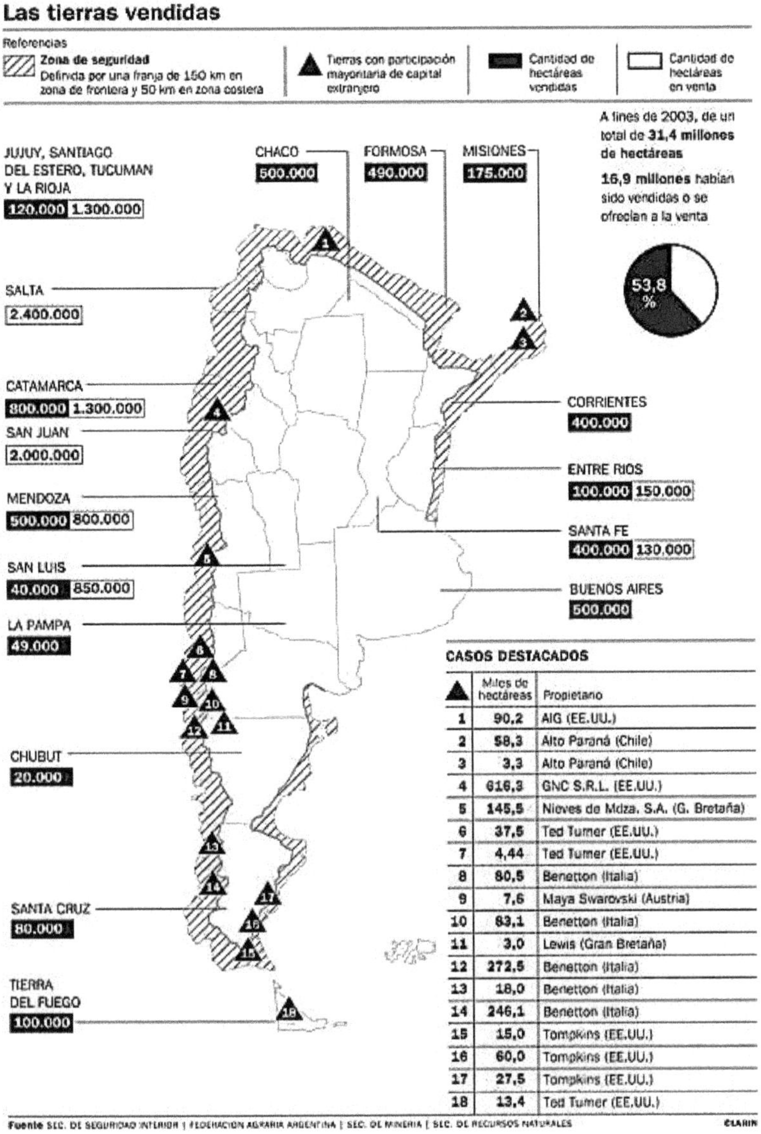

Las tierras vendidas

Referencias
- **Zona de seguridad** : Definida por una franja de 150 km en zona de frontera y 50 km en zona costera
- ▲ Tierras con participación mayoritaria de capital extranjero
- ■ Cantidad de hectáreas vendidas
- □ Cantidad de hectáreas en venta

A fines de 2003, de un total de **31,4 millones de hectáreas**, 16,9 millones habían sido vendidas o se ofrecían a la venta. **53,8 %**

Provincia	Vendidas	En venta
JUJUY, SANTIAGO DEL ESTERO, TUCUMAN Y LA RIOJA	120.000	1.300.000
CHACO	500.000	
FORMOSA	490.000	
MISIONES	175.000	
SALTA	2.400.000	
CATAMARCA	800.000	1.300.000
SAN JUAN	2.000.000	
MENDOZA	500.000	800.000
SAN LUIS	40.000	850.000
LA PAMPA	49.000	
CORRIENTES	400.000	
ENTRE RIOS	100.000	150.000
SANTA FE	400.000	130.000
BUENOS AIRES	500.000	
CHUBUT	20.000	
SANTA CRUZ	80.000	
TIERRA DEL FUEGO	100.000	

CASOS DESTACADOS

▲	Miles de hectáreas	Propietario
1	90,2	AIG (EE.UU.)
2	58,3	Alto Paraná (Chile)
3	3,3	Alto Paraná (Chile)
4	616,3	GNC S.R.L. (EE.UU.)
5	145,5	Nieves de Mdza. S.A. (G. Bretaña)
6	37,5	Ted Turner (EE.UU.)
7	4,44	Ted Turner (EE.UU.)
8	80,5	Benetton (Italia)
9	7,6	Maya Swarovski (Austria)
10	83,1	Benetton (Italia)
11	3,0	Lewis (Gran Bretaña)
12	272,5	Benetton (Italia)
13	18,0	Benetton (Italia)
14	246,1	Benetton (Italia)
15	15,0	Tompkins (EE.UU.)
16	60,0	Tompkins (EE.UU.)
17	27,5	Tompkins (EE.UU.)
18	13,4	Ted Turner (EE.UU.)

Fuente SEC. DE SEGURIDAD INTERIOR | FEDERACION AGRARIA ARGENTINA | SEC. DE MINERIA | SEC. DE RECURSOS NATURALES CLARIN

Source : « Cada vez más extranjeros son dueños de costas y fronteras » Clarin, http://edant.clarin.com/suplementos/zona/2005/10/16/z-03415.htm, consulté le 16/02/2015

II.6. Le fort développement de l'éco-tourisme

L'éco-tourisme peut à la fois être identifié comme un des derniers fronts du tourisme, activité liée à la *frontier* par excellence (Laing & Crouch, 2011) et apparaissant comme consubstantielle du front écologique. C'est un processus qui permet de conférer au front écologique une légitimité économique et implique en effet une forme de rentabilisation des efforts de protection. Il arrive parfois que ce soit la dynamique écotouristique qui permette l'initiation d'un front écologique, mais dans la plupart des cas c'est plutôt l'inverse qui se produit.

Depuis les années 1990, la littérature sur les questions d'écotourisme est très abondante[51], ayant très souvent tendance à présenter cette activité comme une solution miracle aux problèmes de pauvreté ou d'environnement, dans la droite ligne de la philosophie de l'organisation mondiale du tourisme[52]. Cependant, plusieurs chercheurs ont aussi produit des travaux visant à relativiser cette euphorie et développent une réflexion critique sur l'écotourisme, en particulier dans des contextes de pays touristiquement émergents (Butcher, 2007 ; Witt *et al.*, 2014 ; Magio *et al.*, 2013 ; Kleinod, 2011), et en relation directe avec des contextes de protection de la nature. « With the critique of 'fortress conservation', ecotourism has become an important element of biodiversity conservation : local people are no longer driven out of nature reserves, they are included in conservation efforts instead. Ecotourism has been developed in the context of such conservation efforts » (Butcher, 2007 ; Kleinod, 2011). Les dynamiques écotouristiques prennent plusieurs noms différents : *sustainable tourism, conservation tourism, nature based tourism* ou encore *wilderness tourism,* etc. Est-ce l'écotourisme qui instrumentalise la protection de la nature, sous forme de *green washing* touristique, ou est-ce la protection de la nature qui a besoin de l'écotourisme pour se légitimer, en particulier auprès de populations locales en quête de ressources et d'emplois ? L'écotourisme semble toujours exister en filigrane des autres sous-processus du front écologique global : au sein ou à proximité des patrimoines mondiaux naturels de l'humanité, au sein des parcs transfrontaliers, comme forme de rémunération des écosystèmes (bénéfices culturels et récréatifs) ou encore pour rentabiliser des processus de protection privée de la

---

[51] https://www.ecotourism.org/what-is-ecotourism, consulté le 12/12/2014.
[52] Voir http://media.unwto.org/en/press-release/2013-01-03/un-general-assembly-eco tourism-key-eradicating-poverty-and-protecting-envir, consulté le 12/12/2014.

nature, qu'ils soient portés par des éco-barons ou par des communautés autochtones.

En Afrique du Sud, Argentine et Chili, plusieurs indices trouvés sur les pages web officielles des organisations touristiques nationales permettent de dire que le tourisme « de nature » est une composante importante des stratégies de développement touristique national. Sur le site sud-africain du tourisme, sur les 10 principales raisons mentionnées par les touristes pour justifier leur visite dans le pays[53] :

- la « *natural beauty* » arrive en 2e position
- « l'*adventure* » en 4e position
- le « *good weather* » en 5e position
- et la « *wildlife* » en 8e position.

Ce classement est confirmé par les 10 meilleures activités pratiquées[54] où le « *Game viewing and safaris* » arrive en première position et les plages en 4e position, et par les 10 meilleures expériences de voyage[55] où la « *Scenic splendour and serenity* » arrive en première position, le « *Five-star safari* » en 3e position, la « *Magnificent marine life* » en 5e position et « l'*Outdoor rush* » en 7e position.

Sur le site argentin du tourisme[56], moins élaboré que son corollaire sud-africain, une des cinq catégories principales de tourisme se nomme le « *turismo activo* » et comprend les sous catégories de « *ecoturismo* », « *turismo aventura* », « *turismo rural* »[57] et « *turismo joven* ». Enfin le site chilien du tourisme renvoie directement à une page web dédiée au « *turismo*

---

[53] http://www.southafrica.net/research/en/top10/entry/top-10-reasons-to-visit-south-africa, consulté le 12/12/2014.
[54] http://www.southafrica.net/research/en/top10/entry/top-10-activities-in-south-africa, consulté le 12/12/2014.
[55] http://www.southafrica.net/research/en/top10/entry/top-10-experiences-in-south-africa, consulté le 12/12/2014.
[56] « La variedad de ecosistemas que presenta el país se corresponde con la cantidad de actividades posibles para disfrutarlos. Cada localidad tiene una oferta de propuestas orientadas a que el visitante disfrute intensamente de la naturaleza, de sus desafíos y sus más recónditos secretos, en el marco de paisajes donde nunca se perderá la sensación de ser el primero en recorrerlos. Senderismo, mountain-bike, montañismo, rafting, kayakismo, hidrospeed, travesías 4X4, aladeltismo, parapente, carrovelismo, windsurf, son algunas de las actividades que día a día se renuevan y multiplican con el único límite de la imaginación y las preferencias del turista ». Voir http://www.turismo.gov.ar/esp/menu.htm, consulté le 12/12/2014.
[57] Au sein duquel existe un réseau argentin de tourisme rural communautaire : http://raturc.desarrolloturistico.gov.ar, consulté le 12/12/2014.

sustenable »[58] qui présente les différents aspects de la durabilité touristique que le pays essaye de mettre en place. Des trois pays, c'est l'Afrique du Sud qui attire le plus les touristes internationaux. Les entrées touristiques en 2012 en Afrique du Sud étaient de 9,6 millions de touristes, dont la plupart viennent en Afrique du Sud pour voir des animaux sauvages ou des paysages de nature[59]. En Argentine les entrées touristiques étaient la même année de 5,6 millions, se panachant entre la capitale Buenos Aires et les Provinces, qui possèdent une offre touristique très importante liée à la nature (chutes d'Iguazu, Quebrada de Humahuaca, glaciers patagons, Ushuaia, etc.). Au Chili les entrées touristiques étaient la même année de 3,5 millions dont une partie non négligeable est orientée vers certains grands sites naturels (San Pedro de Atacama, Laguna San Rafaël, Parc national Torres del Paine, etc.).

On retrouve dans les thématiques traitées par la littérature scientifique sur l'écotourisme en Afrique du Sud, en Argentine et au Chili des superpositions importantes entre front écologique et front éco-touristique. Les problématiques de protection de la faune sauvage, de protection des espaces naturels et de développement des populations locales reviennent souvent. Ainsi, réalisé à partir d'une sélection de la littérature récente sur le sujet, le tableau 12 indique quelques niveaux d'interrelations existant entre l'écotourisme et le front écologique dans les trois pays que ce soit en termes de notions ou de terrains.

---

[58] http://www.chilesustentable.travel/, consulté le 12/12/2014.
[59] Même le tourisme au sein de la ville du Cap tend à se localiser au niveau des sites du parc national de la montagne de la table sur la Péninsule.

Le front écologique global   237

Tableau 12 : Typologie de la littérature sur les liens entre front écologique et front écotouristique en Afrique du Sud, Argentine et Chili

(Cousins *et al.*, 2009 ; Dicken, 2010 ; Brooks *et al.*, 2011 ; Kepe, 2001 ; Viljoen & Naicker, 2000 ; Hill *et al.*, 2006 ; Matthews, 2014 ; Pastor & Torres n.d. ; Skewgar *et al.*, 2009 ; Muñoz & Salinas, 2010 ; Gale *et al.*, 2013 ; McAlpin, 2007)

Thématiques	Notions touristiques mobilisées	Afrique du Sud	Argentine	Chili
Protection de la faune sauvage	*ecotourism* ; *conservation tourism* ; *wildlife-based tourism*	Cousins, J. A., *et al.*, 2009. **Selling conservation ? Scientific legitimacy and the commodification of conservation tourism** ; Dicken M.L., 2010, **Socio-economic aspects of boat-based ecotourism during the sardine run within the Pondoland Marine Protected Area** ; Brooks S. *et al.*, 2011, **Creating a commodified wilderness : tourism, private game farming, and « third nature » landscape in KwaZulu-Natal** ; Koelble, T., 2011, **Ecology, Economy and Empowerment : Eco-Tourism and the Game Lodge Industry in South Africa** ;		Skewgar E., 2009, **Marine Reserve in Chile would benefit penguins and ecotourism**

Thématiques	Notions touristiques mobilisées	Afrique du Sud	Argentine	Chili
Protection des espaces naturels	*ecotourism* ; *frontier tourism* ; *turismo de naturaleza*	Kepe T., 2001, **Tourism, protected areas and development in South Africa, views of visitors to Mkambati Nature Reserve**	Matthews A., 2014, **Journeys into Authenticity and Adventure : Analysing Media Representations of Backpacker Travel in South America** ;	Muñoz M.D. & Torres Salinas R., 2010, **Conectividad, apertura territorial y formación de un destino turístico de naturaleza** ;
Développement *bottom-up* des populations locales	*nature-based tourism* ; *conservation tourism* ; *sustainable tourism* ; *Turismo Sustentable*	Viljoen J.H. & Naicker K., 2000, **Nature-based tourism on communal land : the Mavhulani experience** ; Hill T. *et al.*, 2006, **Small-scale, nature-based tourism as a pro-poor development intervention : Two examples in KwaZulu Natal, South Africa** ; Saayman M. *et al.*, 2012, **Does conservation make sense to local communities ?** ;	Pastor G. & Torres L., 2010, **¿Turismo en territorios periféricos ? Algunas reflexiones a propósito de un estudio de caso en el « Desierto de Lavalle », Argentina**	Gale T. *et al.*, 2013, **Moving beyond tourists' concepts of authenticity : place-based tourism differentiation within rural zones of Chilean Patagonia** ; McAlpin M., 2008, **Conservation and Community-Based Development through Ecotourism in the Temperate Rainforest of Southern Chile**

Source : Auteur

Le front écologique global

Certains de ces articles adoptent une posture très critique vis-à-vis de l'instrumentalisation de la nature par le tourisme, comme Brooks (*et al.*) qui montrent de manière critique en Afrique du Sud comment les propriétaires de réserves animalières privées tentent de recréer une « troisième nature »[60] faussement sauvage en essayant de minimiser la visibilité des fermiers africains. Il s'agit bien d'une forme de front écologique avec remplacement d'un ordre socio-spatial par un autre.

> One game farm owner had managed to persuade the farm dwellers living on his farm to move away from their existing and too visible dwellings (van Brakel, 2008, pp. 42-43). They had first been offered housing close to the lodges the farmer had built to accommodate tourists, and had been allowed to take their small stock with them. After a while, the owner concluded that the sight of farm dweller families living with their goats and chickens was « not good for the lodge ». He subsequently constructed a bamboo screen to keep them out of sight of the tourists. Visual invisibility alone did not work, however ; the residents were deemed to still be making too much noise, thus disrupting the tourists' unpeopled wilderness experience. In the end, the owner decided to move the families to the edge of the farm, right away from the tourist lodges. (Brooks *et al.*, 2011, pp. 266-267)

D'autres articles, comme celui de McAlpin, montrent le succès de l'écotourisme pour légitimer un front écologique autochtone, au sein du territoire Mapulahual (littoral Pacifique chilien au droit d'Osorno), dernier sous-processus du front écologique global. « Even though the factors that led to the successful creation of the Mapulahual probably existed in a unique combination, other communities could adapt features of the Mapulahual to their particular circumstances » (McAlpin, 2007, p. 67).

L'écotourisme représente pour le front écologique probablement la dynamique la plus visible de l'éco-conquête, où les éco-conquérants sont à l'œuvre qu'ils soient acteurs privés, autochtones ou touristes. C'est une

---

[60] « To capture the kind of landscape being imagined and brought into being in the service of wilderness tourism. This derives from the Hegelian and later Marxist concept of "first nature", used to refer to the "original" physical environment of the earth, untransformed by people. "Second nature" is then produced through the application of human labour, a transformation effected with ever greater efficiency from the time of the Industrial Revolution. […] If the previous, farmed landscape can be thought of as a "second nature" landscape – one where the natural environment was evidently undergoing transformation, through human labour, in order to produce goods of value to a (capitalist) society – then the landscape emerging in obedience to tourism-fuelled wilderness dreams, can be thought of as a "third nature" landscape » (Brooks *et al.*, 2011, p. 263).

activité qui permet donc de questionner les dimensions économiques et culturelles du front écologique.

II.7. Fronts écologiques du retour à la nature

La présence de militants environnementalistes en nombre significatif en Afrique du Sud et en Argentine, augmente au Chili ces dernières années. Dans le contexte de ces trois économies émergentes, le néolibéralisme érigé en système politique a des impacts négatifs sur les ressources environnementales et les populations les plus démunies. Ceci explique en partie les initiatives par le bas d'un certain nombre d'habitants souhaitant changer radicalement leur mode de vie. L'Afrique du Sud, l'Argentine et le Chili sont trois pays bien représentés dans la base de données de GEN (Global Ecovillage Network[61], voir chapitre 1), autant en termes de projets qu'en termes de personnes impliquées dans les réseaux de gouvernance de l'ONG[62]. La figure 70 présente le nombre et la localisation des projets référencés pour les trois pays : 28 pour l'Afrique du Sud, 16 pour l'Argentine et 8 pour le Chili (en comparaison, il y en a une quarantaine pour le Brésil, 37 pour l'Australie, 17 pour la France et 11 pour la Nouvelle-Zélande). Certains de ces éco-villages peuvent aussi inclure une dimension autochtone et sont donc reliés au sous-processus suivant.

Figure 70 : *Les éco-villages réalisés ou en projet en Afrique du Sud, Argentine et Chili*

Source : GEN, http://gen.ecovillage.org/en/projects/map, consulté le 09/02/2015

---

[61] Même si celle-ci est incomplète comme on l'a vu pour la France.
[62] Un Sud-Africain est membre du bureau international.

En Afrique du Sud, plusieurs initiatives semblent remarquables : celle de Berg-en-Dal[63] qui est un projet de permaculture dans le Karoo et celle de Heart and Soul[64] qui est une éco-farm dans l'intérieur des terres au-delà d'Hermanus. En Argentine l'initiative de l'éco-villa[65] « Gaia »[66] est intéressante. Elle se veut pionnière depuis 1992 d'un retour pour tous à la nature dans les confins du péri-métropolitain de Buenos Aires. Enfin, au Chili la communauté écologique de Peñalolén[67] située dans la banlieue de Santiago du Chili ou encore la communauté auto-dépendante d'El Manzano[68] dans le Bio-Bio correspondent bien à la définition du front écologique de retour à la nature. Tous ces projets nécessiteraient une recherche de terrain pour mesurer leur adéquation réelle aux principes généraux soutenus.

II.8. Les fronts écologiques autochtones

Les fronts écologiques autochtones peuvent concerner autant des initiatives privées émanant d'individus ou de petits collectifs de la société civile que des groupes autochtones eux-mêmes. Des processus de co-construction de fronts écologiques entre les autochtones et les autorités de conservation de la nature ou des ONG environnementales peuvent leur permettre, avec succès ou non, de récupérer ou de défendre leurs terres et de promouvoir leur culture. Une comparaison entre les exemples de Riemvasmaak (Afrique du Sud), de Mapulahual (Chili) et de la communauté Mapuche Lof Wiritray au cœur du parc national Nahuel Huapi (Argentine) semble pertinente. Elle montre les difficultés et les réussites de tels processus de construction de front écologique qui ont souvent tendance à opposer la vision occidentale aux visions autochtones de la nature.

L'exemple de Riemvasmaak en Afrique du Sud (figure 71) montre les enjeux d'une des premières restitutions foncières post-apartheid, et de sa difficile transformation en « community nature conservancy » (Cundill & Fabricius, 2010 ; LUND, 1999 ; Mckenzie, 1995), ouverte à l'écotourisme[69].

---

[63] http://www.berg-en-dal.co.za/, consulté le 09/02/2015.
[64] https://hearthsoul.wordpress.com, consulté le 09/02/2015.
[65] En Argentine, la villa (se prononce vicha) est habitat auto-construit.
[66] http://www.gaia.org.ar/, consulté le 09/02/2015.
[67] http://comunidadecologicapenalolen.bligoo.com/, consulté le 09/02/2015.
[68] http://elmanzano.org/, consulté le 09/02/2015.
[69] http://www.southafrica.net/za/en/articles/entry/article-southafrica.net-riemvasmaak-community-conservancy, consulté le 12/12/2014.

The negative trends in Riemvasmaak were due to conflicts and distrust that emerged during the initiative, both within the community and between the community and outside actors. Conflict and tenure insecurity at this site were due to ongoing and unresolved negations with government departments regarding access to a piece of land that officially belonged to the community, but to which the community still had limited access to because of conservation concerns on the part of government. (Cundill & Fabricius, 2010)

Figure 71 : *Riemvasmaak, Afrique du Sud*

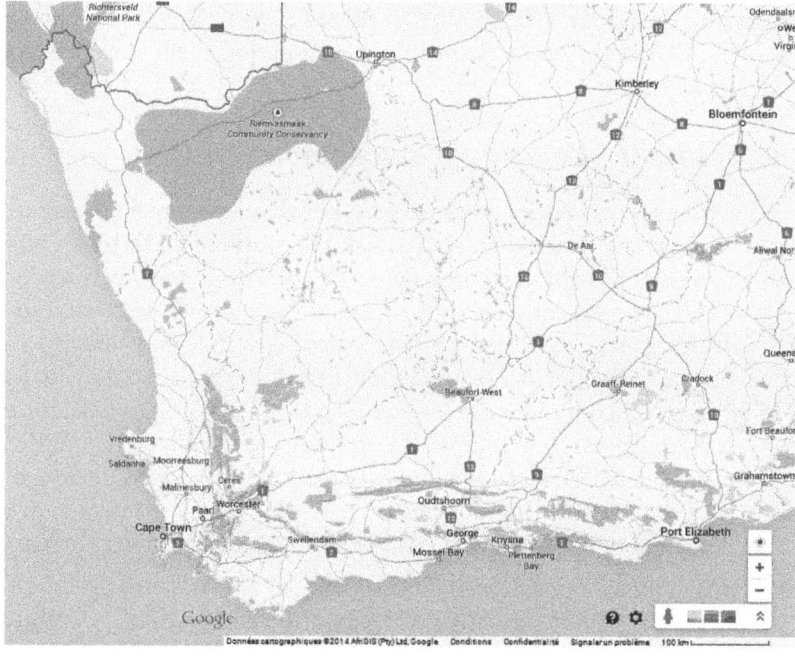

Source : Google maps

L'exemple des Mapuche Lof Wiritray au cœur du parc Nahuel Huapi, en Argentine (figure 72), montre la mise en place d'un processus de cogestion de la nature et de développement touristique entre la communauté et l'autorité du parc national[70], mais pour quels bénéfices réels pour les autochtones ? Une évaluation au bout de dix ans sera sans doute nécessaire pour effectuer un premier bilan du dispositif de cogestion.

---

[70] http://raturc.desarrolloturistico.gov.ar/patagonia/comunidad/comunidad-mapuche-lof-wiritray-lago-mascardi-provincia-de-rio-negro, consulté le 12/12/2014.

Le front écologique global   243

La communauté Wiritray, dans le sud du parc près de la ville de Villa Mascardi (voire Fig. 3). Elle est la première communauté mapuche à avoir obtenu sa personne juridique en 2006. Depuis elle a entamé avec le parc national, un processus de recensement de ces terres ancestrales. Elle devrait d'ici peu récupérer une partie de son territoire, de l'ordre de 800 hectares (sur 2 500 demandés) dans le parc national. Cette communauté fut une des premières à avoir rejoint le programme de comanejo initié par le parc national en 2001. (Miniconi & Guyot, 2010, p. 136)

Figure 72 : *Le projet de tourisme communautaire de Lof Wiritray en Argentine*

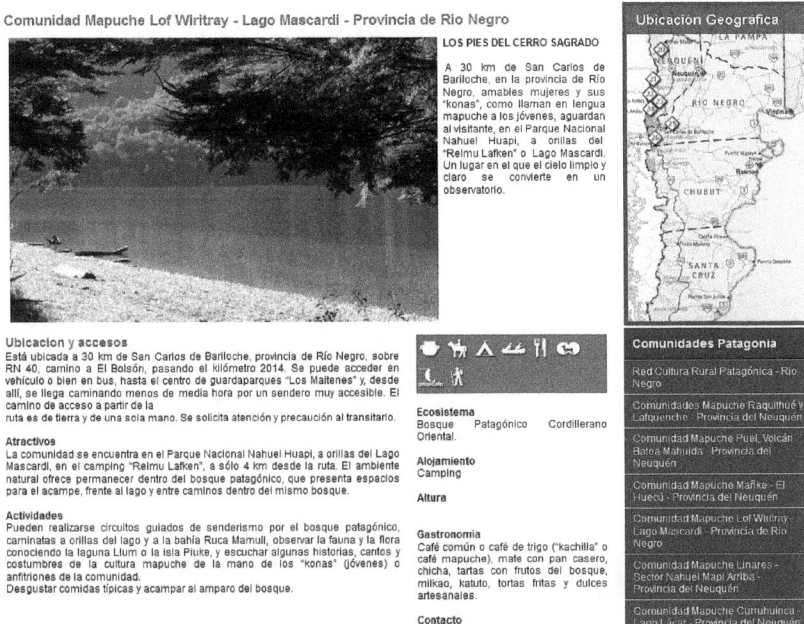

Source : http://raturc.desarrolloturistico.gov.ar/patagonia/comunidad/comunidad-mapuche-lof-wiritray-lago-mascardi-provincia-de-rio-negro, consulté le 12/12/2014

Enfin, au Chili, l'exemple du Mapu Lahual[71] (figures 73 & 74) est celui qui s'apparente peut-être le plus à une « *success story* » (Mc Alpin, 2008) même si plusieurs auteurs ont montré le caractère complexe de l'adéquation entre des normes de protection « occidentales » et des cosmovisions autochtones de la nature.

---

[71] http://www.mapulahual.cl/, consulté le 12/12/2014.

The indigenous association « Mapu Lahual » of Butahuillimapu has a community – based conservation project in Huilliches' lands in Region IX. The community' has implemented a network of six protected areas covering mort' than 1 000 hectares of coastal temperate rainforest. The idea is to increase family income and to diversify their economic activities in areas where many communities live below the poverty line. The project has been supported by the WWF who on its Web page declares : « Mapu Lahual demonstrates that it is possible to recognize the rights of indigenous peoples and achieve conservation goals in the same areas. » [...] On the other hand, the spokesperson for 'Parques para Chile' revealed that in the Mapu Lahual area there are communities that « do not believe in conservation ». According to this interviewee, « this aspiration for conserving nature should be shared by the communities beyond their leaders ». (Meza, 2009, p. 156)

Figure 73 : *Site du Mapu Lahual au Chili*

Source : http://www.mapulahual.cl/index.php?option=com_content&view=section&id=6&Itemid=59, consulté le 12/12/2014

Le front écologique global

Figure 74 : *Carte du réseau d'espaces naturels protégés indigènes de Mapu Lahual*

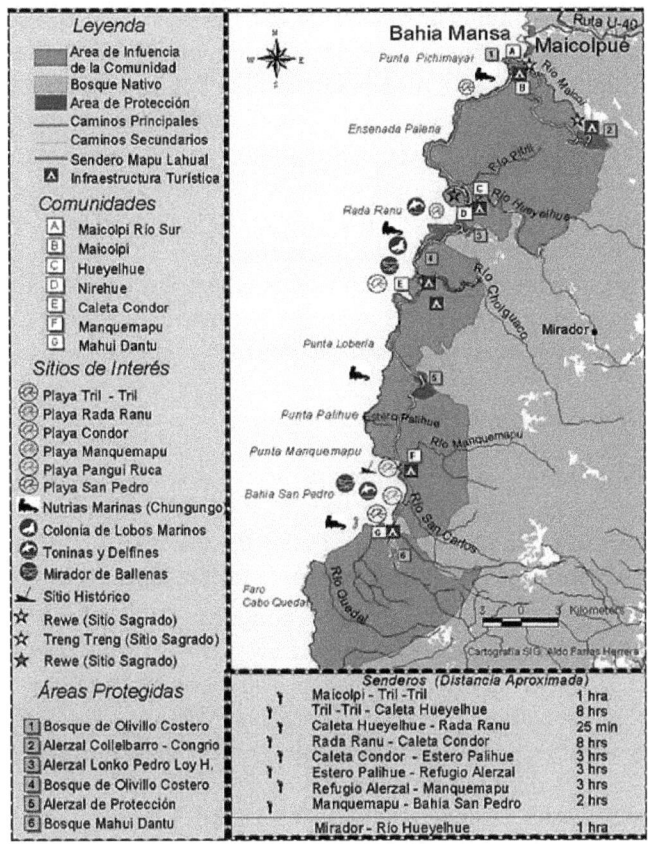

Source : http://ccc2.cl.tripod.com/mapaareasprotegidas.htm, consulté le 16/12/2014

Ces trois exemples témoignent chacun d'un agencement spatio-temporel différent entre communauté autochtone et front écologique. L'exemple sud-africain illustre l'histoire d'un groupe autochtone Khoi (catalogué « coloured » par le régime d'apartheid) expulsé de ses terres dans les années 1960, lors de la création conjointe du parc national d'Augrabies Falls et de vastes zones de manœuvres militaires. Un processus de restitution foncière (le premier de l'Afrique du Sud post-apartheid) en 1994 permettra aux habitants spoliés de récupérer leurs terrains et de les passer sous statut de conservation communautaire. L'exemple argentin illustre un processus de cogestion engagé récemment entre une communauté autochtone – qui vit au cœur d'un parc national – et les autorités de conservation pour promouvoir, en particulier, le développement touristique. L'exemple chilien illustre quant à lui la création d'un réseau de réserves naturelles co-produit par les communautés autochtones résidentes et des ONG environnementales. Cette dernière configuration chilienne semble la plus propice pour parler de front écologique autochtone avec une dimension *bottom-up* avérée. La configuration argentine est déjà plus complexe car le processus de cogestion est une réponse à des conflits historiques de coexistence entre autochtones et parc national, et le front écologique n'est pas processus totalement partagé. En Afrique du Sud, la thématique de la restitution foncière oblige à tenir compte de plusieurs décennies d'appauvrissement d'un groupe autochtone déraciné et dont une partie des membres a quitté le territoire. De plus, le front écologique reste un processus *top-down* aux yeux de ces habitants.

II.9. Bilan comparatif

La comparaison de ces différents sous-processus de la génération globale en Afrique du Sud, Argentine et Chili montre de nombreux points communs, en particulier sur l'avancée et la maturité des processus de mondialisation de l'appropriation de la nature dans les trois pays.

Les trois pays se sont dotés d'un nouveau système national d'aires protégées. En 2003 en Afrique du Sud avec la loi sur les aires protégées (*Protected Areas Act*) perfectionnée en 2008 avec la stratégie nationale d'expansion des aires protégées (*National Protected Areas Expansion Strategy*)[72]. En 2003 en Argentine avec le Système fédéral d'aires protégées (SIFAP – *Sistema Federal de Áreas Protegidas*) et la création des systèmes provinciaux d'aires protégées. En 2009 au Chili avec le système intégral d'aires protégées (SNAP – *Sistema Nacional Integral de Áreas Protegidas*) qui remplace le SNASPE système national public d'aires forestières protégées de 1984, et constitue un prélude à la création en 2014 du Service de biodiversité et d'aires protégées (SBAP – *Servicio de Biodiversidad y Áreas Protegidas*) pour remplacer la CONAF. Chacun de ces systèmes tente d'organiser la gestion et l'expansion des fronts écologiques liés aux espaces naturels protégés dans les trois pays. De plus, ils ont pour

---

[72] https://www.environment.gov.za/sites/default/files/docs/nationalprotected_areasexpansion_strategy.pdf, consulté le 20/12/2014.

mission de réguler l'ensemble des sous-processus de la génération globale (reconnaissances UNESCO, liens avec les préconisations des BINGO, parcs transfrontaliers, services écosystémiques, protection privée, initiatives communautaires, etc.) en leur donnant un cadre légal et territorialement intégré au sein de chaque système national.

Les trois pays apparaissent comme inégalement avancés dans les différents sous-processus de la génération globale. Si l'Afrique du Sud apparaît comme « avant-gardiste » dans la constitution d'aires protégées transfrontalières ou pour la rémunération des services écosystémiques, le Chili et l'Argentine ont eu des relations de travail plus anciennes avec l'UNESCO depuis les années 1970, et ce malgré les dictatures militaires dans ces deux pays. Du point de vue de la préconisation (puis de la réalisation) des fronts écologiques par les BINGO le Chili se démarque nettement car jusqu'à ces dernières années, ce pays a plutôt souffert d'un manque de coordination et d'investissement de ses politiques publiques nationales en matière de protection de la nature. Le Chili se différencie donc de l'Afrique du Sud et de l'Argentine qui disposent chacune d'un organisme dédié de gestion des parcs nationaux ainsi que de structures provinciales, ayant chacun une certaine autonomie en matière de préconisation et de stratégies d'expansion.

Ces vingt dernières années et à des degrés divers, l'expansion du front écologique au sein des trois pays est assez comparable. Il concerne essentiellement des espaces maritimes protégés, des parcs issus de processus de protection privée de la nature et quelques projets de conservation communautaire (autochtone). Pourtant, les trois pays ont été critiqués par certains experts de la CBD[73] (Convention pour la diversité biologique) pour le manque d'efficacité de la gestion publique de leurs aires protégées. En effet, ces trois démocraties post-autoritaires misent surtout sur la nature comme un mode de développement économique via l'écotourisme, activité qui s'infuse dans l'ensemble des autres sous-processus. Si l'Afrique du Sud semble ici plus avancée, elle le doit surtout à la réputation mondiale de sa faune sauvage. De manière différenciée mais encore très incomplète, les trois pays instrumentalisent aussi la nature comme un outil de réparation des spoliations coloniales et dictatoriales, en particulier en termes de rétrocession ou de cogestion foncière, selon des processus propres aux contextes historiques et culturels de chacun des pays. Il semblerait toutefois que ces bonnes intentions de « partage » de la nature ne pèsent pas grand-chose en comparaison avec les stratégies de contrôle et de domination

---

[73] http://www.cbd.int/protected/, consulté le 20/12/2014.

foncières activées par quelques grands éco-barons, entreprises ou ONG avec la complicité parfois active des États qui en retirent des bénéfices politiques et parfois stratégiques.

Le dispositif d'environnementalité actuel dans les trois pays est fortement marqué par le néolibéralisme. Cette réalité politico-économique n'efface toutefois pas la volonté souveraine des trois États et de certaines de leurs provinces de contrôler (physiquement et réglementairement) la plupart des processus territoriaux de reconquête de la nature. Ces processus sont réalisés au nom de projets politiques nationalistes en plein renouvellement et s'appuyant partiellement sur la nature pour se recomposer : réserves naturelles de la défense en Argentine, volonté de leadership national sud-africain sur la conservation de la nature en Afrique Australe, nouveau ministère national de la biodiversité au Chili, etc.

Plusieurs exemples pris dans les trois pays peuvent permettre de comprendre sur le terrain la dynamique spatio-temporelle des fronts écologiques, à travers les trois générations, et de mettre en perspective la notion de cyclicité.

III. Penser la cyclicité des fronts écologiques

Les dynamiques spatio-temporelles des fronts écologiques sont très diverses dans les trois pays comparés. Néanmoins, en Afrique du Sud, en Argentine et au Chili la prégnance des logiques de la génération globale tend à uniformiser les processus et les enjeux autour de plusieurs priorités comme les reconnaissances mondiales en matière de biodiversité et de patrimoine, l'intégration des populations locales dans la gestion, la rentabilité économique de la nature protégée, et donc le contrôle par les États (et/ou par quelques grands groupes privés) de quelques « *hotspots* » touristiques internationaux. Les différences de dynamiques spatio-temporelles ne sont ainsi pas forcément propres aux pays même si elles s'expliquent parfois par des contextes spécifiquement nationaux ou locaux. L'observation des dynamiques spatio-temporelles des fronts écologiques en Afrique du Sud, Argentine et Chili peut permettre de monter en généralité et de proposer une ébauche de théorisation de la cyclicité, éventuellement applicable ailleurs dans d'autres contextes.

Le front écologique global

La cyclicité d'un front écologique est sa capacité à se renouveler régulièrement pour pouvoir perdurer dans le temps et dans l'espace[74], soit de manière continue sans ruptures dommageables, soit de manière discontinue avec un ensemble de phases de ruptures et de reconquêtes. Dans le cas d'une fermeture de front écologique, il s'agira alors d'un cycle interrompu ou non renouvelé. La cyclicité dépend au moins de six facteurs interreliés, dont certains réinterrogent le système de valeur des dispositifs d'environnementalité. Le premier facteur désigne la conception du processus de front écologique, par le bas et/ou par le haut. La conception interroge les valeurs de « souveraineté » et de « libération », en fonction des objectifs politiques de construction du front écologique. Le second facteur repose sur la territorialisation du front écologique et sa capacité à s'inscrire spatialement de façon multiscalaire (à l'échelle locale, nationale ou globale). Le troisième facteur ayant de l'influence sur la cyclicité est le niveau de conflictualité entre les acteurs, pris dans des logiques d'opposition scalaire (populations autochtones contre autorités nationales) ou d'affrontements fronts contre fronts (front minier, front agricole, front d'urbanisation). Le niveau de conflictualité interroge donc directement l'infusion de la valeur « disciplinaire » dans les logiques socio-économiques et donc la capacité des différents acteurs à intérioriser des normes environnementalistes. Le quatrième facteur, plus complexe à appréhender, est lié à ce que j'appelle le « phasage générationnel », c'est-à-dire la capacité du front écologique à être en phase avec le passage d'une logique générationnelle à une autre, ou d'un sous-processus à un autre (pour la génération globale), comme par exemple l'ouverture d'un parc national à des acteurs autres que l'État, des ONG environnementales internationales, habitants etc. Le « phasage générationnel » revient donc pour les acteurs contrôlant un front écologique à accepter les transformations de la valeur de « vérité », en particulier sur la manière d'appréhender la nature à protéger. Le

---

[74] La cyclicité peut aussi s'évaluer en termes d'efficacité de gestion de la biodiversité. L'IUCN a mis en place une méthodologie d'évaluation des espaces naturels protégés, appelée « Global IUCN Protected Area Management Effectiveness (PAME) » en lien avec les objectifs fixés par la CBD (Convention sur la diversité biologique). « By 2020, at least 17 per cent of terrestrial and inland water, and 10 percent of coastal and marine areas, especially areas of particular importance for biodiversity and ecosystem services, are conserved through effectively and equitably managed, ecologically representative and well connected systems of protected areas and other effective area-based conservation measures, and integrated into the wider landscapes and seascapes' » (Objectif 11, CBD). Le PAME comprend essentiellement des critères techniques visant à la meilleure gestion de la biodiversité possible.

cinquième facteur repose sur la valorisation économique du front écologique, en particulier touristique internationale, et donc sur l'intégration de la valeur « néolibérale ». Enfin, le dernier facteur, ayant plutôt valeur d'hypothèse, et lié au niveau d'hybridation, entendu ici dans le sens d'une identification et d'une assimilation des logiques du front écologique par les sociétés locales.

En m'appuyant sur les exemples de fronts écologiques que j'ai étudiés en Afrique du Sud, en Argentine et au Chili, je peux dégager au moins cinq formes distinctes de cyclicité (tableau 13) :

- Un cycle plurigénérationnel à dynamique stable désigne un front écologique à haut niveau de reconnaissance multiscalaire et durablement implanté ;
- Un cycle plurigénérationnel à dynamique instable concerne un front écologique à la reconnaissance contestée mais qui a su se renouveler ;
- Un cycle monogénérationnel à dynamique de fermeture est un front écologique qui s'est soldé par un arrêt souvent dû à un passage avorté vers une autre logique générationnelle ;
- Un cycle monogénérationnel à dynamique instable est un front écologique qui a émergé dans la génération globale mais dont l'existence est contestée ;
- Enfin un cycle monogénérationnel à dynamique pionnière désigne un front écologique pionnier de la génération globale, dont la construction est en cours.

Tableau 13 : Les différentes formes de cyclicité du front écologique

Formes de cyclicité du FE	Dynamique cyclique	Conception	Territorialisation	Conflictualité	Phasage	Valorisation économique	Hybridation
Valeurs des dispositifs d'environnementalité	-	*Souveraineté vs libération*		*Discipline*	*Vérité*	*Néolibéralisme*	-
Plurigénérationnel à dynamique stable	Continue	Top-down et bottom-up	Glocale et nationale	Modérée	En phase	Forte	Forte
Plurigénérationnel à dynamique instable	Discontinue	Top-down	Nationale et globale	Forte	Déphasé	Inégale	Faible
Monogénérationnel à dynamique de fermeture	Interrompue	Top-down	Nationale	Très forte	Déphasé	Faible	Faible
Monogénérationnel à dynamique instable	Discontinue	Top-down	Nationale et globale	Forte	Déphasé	Inégale	Modérée
Monogénérationnel à dynamique pionnière	Continue	Top-down et bottom-up	Glocale et nationale	Modérée	En phase	Forte	Forte

Source : Auteur

Certains fronts écologiques « hérités » des périodes impériale et géopolitique peuvent se fermer à cause de l'urbanisation, de conflits fonciers ou d'un défaut de gestion, mais ils peuvent aussi se « rouvrir » en fonction de nouvelles opportunités conjoncturelles, ce qui sur le temps long produit de l'instabilité. D'autres formes plus stables continuent à progresser par le biais de processus appartenant au front écologique global (action des BINGO environnementales, patrimonialisation UNESCO, protection privée, etc.). En outre, certains fronts écologiques totalement pionniers peuvent être initiés et résultent d'une combinaison simple ou complexe de sous-processus appartenant à la génération globale. Pour rendre intelligibles ces différentes formes de cyclicité du front écologique, je vais les illustrer en prenant des exemples concrets en Afrique du Sud, en Argentine et au Chili. Ils me semblent en partie représentatifs de dynamiques spatio-temporelles plus générales à l'échelle du monde. Le tableau 14 propose plusieurs exemples représentatifs des différentes formes de cyclicités proposées.

Tableau 14 : Exemples de cyclicités de fronts écologiques en Afrique du Sud, Argentine et Chili

Forme / Pays	Afrique du Sud	Argentine	Chili
Plurigénérationnel à dynamique stable	**Table Mountain National Park (1939)**	Parque Nacional Iguazu (1934)	Parque Nacional Puyehue (1941)
Plurigénérationnel à dynamique instable	iSimangaliso Wetland Park (1895)	**Parque nacional Baritú (1974)**	Parque nacional Chiloé (1983)
Monogénérationnel à dynamique de fermeture	**Wild Coast : Silaka (1985)** Pondoland National Park (2005)	Reserva Nacional Pizarro (2005)	Reserva Nacional los Flamencos (1990)
Monogénérationnel à dynamique instable	Pondoland Marine Protected Area (2004)	Reserva Natural Mar Chiquita (1991)	**Parque Nacional Llullaillaco (1995)**
Monogénérationnel à dynamique pionnière	Eden to Addo Biodiversity Corridor	Parque Nacional Iberá	**Parque Nacional Patagonia**

Source : Auteur

NB : Chaque espace naturel protégé indiqué **en gras** sera explicité.

III.1. Cyclicité plurigénérationnelle à dynamique stable

En Afrique du Sud, un exemple représentatif de ce que j'appelle la « cyclicité plurigénérationnelle à dynamique stable » est incarné par la protection de la montagne de la Table et de la Péninsule du Cap (encadré 9 et figure 55). La dynamique spatio-temporelle de la protection de la Péninsule du Cap est relativement stable et a débuté il y a près de 80 ans (Guyot *et al.*, 2014). La conception de ce front écologique a toujours oscillé entre des logiques *top-down* (rôle de l'État sud-africain pour réaffirmer à plusieurs reprises sa souveraineté sur la Péninsule du Cap) et *bottom-up* (militantisme des habitants du Cap et de certains élus locaux). Malgré plusieurs phases relativement critiques au moment de l'établissement du Group Areas Act dans les années 1950 et 1960 ou au passage à la métropole post-apartheid en 1994, la conflictualité de ce front écologique urbain reste relativement mineure en comparaison de bon nombre d'autres cas localisés dans des zones rurales sud-africaines. Elle est cependant en augmentation ces dernières années en raison des plus grandes disparités résidentielles sur la Péninsule (très riches résidents versus habitants des bidonvilles) et donc d'une plus grande remise en question de la valeur disciplinaire du parc national par des logiques de glacis environnemental ou d'intrusion résidentielle, malgré plusieurs programmes d'éducation à l'environnement conduits par les gestionnaires de la nature.

Néanmoins, c'est un front écologique qui a su traverser différentes générations sans trop de ruptures car la valeur de vérité environnementale a toujours reposé sur une représentation patrimonialisée de la nature. En effet, la conception de la protection de la nature au Cap remonte aux années 1920 lors de la génération géopolitique d'union nationale. Puis, elle se poursuit avec la multiplication et le renforcement des réserves naturelles pendant l'apartheid au service d'une péninsule ségréguée « verte et blanche ». La consécration du front écologique en parc national entre 1994 et 1998 se produit au tournant de la génération globale, dynamique confirmée dans les années 2000 par l'obtention du statut de patrimoine mondial naturel de l'humanité (UNESCO) pour le fynbos, principal écosystème endémique de la Péninsule.

Plus que tout, ce qui permet au front écologique capetonien d'assurer sa pérennisation est essentiellement lié à ses atouts en termes de développement touristique, en parfaite adéquation avec les logiques néolibérales en œuvre en Afrique du Sud depuis 1996. Ainsi, le secteur touristique au Cap ne serait rien sans la Montagne de la Table (dont le fameux téléphérique est en concession privée) et le cap de Bonne-Espérance. Enfin l'hybridation entre le parc national et la ville est relativement importante, en particulier quand sont prises en considération les pratiques et les représentations spatiales des classes sociales les plus aisées (Guyot *et al.*, 2014 ; Guyot *et al.*, 2015).

Plusieurs enseignements me semblent généralisables à partir de cet exemple. La « cyclicité plurigénérationnelle à dynamique stable » est essentiellement liée à la construction d'un front écologique de dimension mondiale doté d'un haut niveau de reconnaissance international, que ce soit d'un point de vue écologique ou touristique. Son inscription au sein d'une métropole multimillionnaire, loin d'être un handicap, est plutôt un gage de stabilité. Je pourrai défendre la même analyse pour Rio de Janeiro (parc de Tijuca) ou Nairobi (parc éponyme) [voir les résultats de l'ANR UNPEC : Urban National Parks in Emerging Countries]. L'inscription d'un front écologique dans un espace gagnant (voir les territoires réseaux, centraux et périphériques, sous contrôle métropolitain (Guyot, 2003 ; Veltz, 2005)), fréquenté par des acteurs à fort capital environnemental, permet donc de l'inscrire dans une cyclicité stabilisée, sans profondes remises en question. D'autres fronts écologiques sont dans ce cas-là comme le parc national Kruger en Afrique du Sud (1926), le parc national d'Iguazu en Argentine/Brésil (années 1930) ou le parc national Torres del Paine au Chili (1959).

Encadré 9 : *Un front écologique plurigénérationnel à dynamique stable, le Cap (Afrique du Sud) (Guyot et al., 2014)*

Espace compris entre la montagne de la Table et le cap de Bonne-Espérance, la Péninsule du Cap est un géosymbole de la colonisation de l'Afrique du Sud par les Blancs. Les deux éléments principaux de cette symbolique sont la Montagne et le fynbos.

La phase amont de préconisation de front écologique remonte au discours de J. Smuts. Il prononce un discours fondateur devant le Moutain Club du Cap en 1923 et envisage la conservation de la Montagne de la Table comme monument national.

> « We, as a nation, valuing our unique heritage, should not allow it to be spoiled and despoiled, and should look upon it as among its most sacred possessions, part not only of the soil, but of the soul of South Africa. For centuries to come, while civilization lasts on this subcontinent, this national monument should be maintained in all its natural beauty and unique setting. It should be symbolic of our civilization itself, and it should be our proud tradition to defend it to the limit against all forces of man or nature who disfigure it. » Cité dans (Guyot *et al.*, 2014)

Il fait référence à une possession sacrée appartenant au sol et à l'âme de l'Afrique du Sud, blanche à l'époque. Il parle de sa conservation comme monument national à l'endroit même où se termine la civilisation sur le continent africain. Smuts est le créateur du holisme et développe en ce sens des relations philosophico-spirituelles à la nature. En 1927, il publie « Holism and Evolution » qui est une contribution solide à l'émergence de la philosophie holistique. Il se rend tous les jours sur la Montagne de la Table. Son projet de protection est avant tout une expérience intime.

> « The intimate rapport with nature is one of the most precious things in life. Nature is indeed very close to us ; sometimes closer than hands and feet, of which in truth she is but the extension. The emotional appeal of nature is tremendous ; sometimes almost more than one can bear […] […] Holism is the tendency in nature to form wholes that are greater than the sum of the parts through creative evolution … Having no human companion I felt a spirit of comradeship for the objects of nature around me. In my childish way I communed with these as with my own soul ; they became the sharers of my confidence. » (Smuts, 1927, p. 337 ; 342)

La mise en place effective du front écologique débutera en 1939 avec la création de la réserve naturelle du cap de Bonne-Espérance à la suite d'une requête menée par la Wildlife Society d'Afrique Australe, dans le contexte de la génération géopolitique « d'union nationale ». En effet, il s'agit de faire du cap de Bonne-Espérance un symbole de la protection de la nature par l'ensemble des Blancs. Une vingtaine d'années plus tard, c'est au tour de la réserve naturelle de la Montagne de la Table d'être créée en 1963, suivie en 1965 par celle de Silvermine, à l'initiative de la municipalité du Cap. À la suite des pressions de groupes de scientifiques, de militants et de résidents, le CPPNE (Cape Peninsula Protected Natural Environment) est entériné en 1989 par l'Environment Conservation Act n° 73 dans le cadre d'une gestion coordonnée par la province du Cap.

C'est l'entrée de l'Afrique du Sud dans la génération globale, dans les années 1990, qui va achever la transformation du front écologique péninsulaire en parc national. En 1993 est créé à l'initiative d'Andy Gubb, directeur provincial de WESSA (Wildlife and Environment Society), le « Peninsula Mountain Forum », réseau d'environ 25 associations et ONG locales et nationales, dont l'objectif est la pérennisation de la protection de la nature et le contrôle des usages sur l'intégralité de la chaîne péninsulaire entre la montagne de la Table et le cap de Bonne-Espérance.

Ainsi, le front écologique s'accélère, avec la publication du rapport Fuggle en 1994 (réalisé par une équipe de chercheurs de l'Université du Cap) qui préconise l'intégration du CPPNE en un parc national géré par une nouvelle autorité capable d'intégrer l'ensemble des acteurs locaux dans la gestion des différents terrains. Un appel à projets est organisé en 1997 pour décider qui de l'État, de la province ou de la Ville (du Cap) sera sélectionné pour gérer le nouveau parc. C'est le NPB (maintenant appelé South African National Park ou SAN Park) qui est choisi par le comité de parc. D. Daitz est nommé premier administrateur du Cape Peninsula National Park (CPNP) en mai 1998. Il bénéficie de subventions de la Banque mondiale (Global Environmental Facility) qui permettent de « défrayer » les différentes autorités locales lors du transfert de gestion et de la perte d'aménités, et d'investir dans l'arrachage des plantes exotiques. Les militants vont regretter que le parc leur échappe au profit d'une gestion nationale, pourtant consolidée et légitimée par une reconnaissance et des financements internationaux. C'est donc un front écologique qui a toujours oscillé entre dynamique *bottom-up* et reconnaissance *top-down*. Le parc national est confirmé dans son rôle phare d'attraction du tourisme international et va alors changer de nom en 2004 pour s'appeler « Table Mountain National Park » (TMNP), et va être intégré dans un périmètre du patrimoine mondial naturel de l'humanité pour la richesse de ses formations végétales[75]. Cette ultime reconnaissance permet une certaine relance du front écologique *bottom-up* par des résidents qui estiment que la biodiversité n'est pas correctement gérée par les autorités du parc.

III.2. Cyclicité plurigénérationnelle à dynamique instable

En Argentine, la « cyclicité plurigénérationnelle à dynamique instable » est bien illustrée par le parc national de Baritú dans la province de Salta. Il s'agit là d'un front écologique à cyclicité discontinue, marqué par la succession chaotique de plusieurs logiques de fronts écologiques.

Le parc national de Baritú (Argentine, province de Salta) a été créé en 1974, dans le contexte d'une génération géopolitique des fronts écologiques. Il prend place plus précisément à la fin d'une phase d'« affaiblissement du front écologique » argentin. Ce parc est créé au

---

[75] http://whc.unesco.org/fr/list/1007/, consulté le 18/12/2014.

Le front écologique global

service d'un objectif *top-down* de contrôle frontalier de la Bolivie au sein d'une province mal contrôlée par l'exécutif national argentin en raison de ses velléités autonomistes. La valeur de souveraineté est ici clairement investie par l'État. Ce parc national a été conçu pour conserver l'écosystème originel des Yungas (jungle pluvieuse sempervirente), totalement intact par endroits (zones non peuplées et zones forestières non exploitées), en particulier la forêt subtropicale de montagne et certaines espèces animales emblématiques comme le jaguar (figure 75).

Figure 75 : *Le parc national de Baritú et la réserve de biosphère des Yungas en Argentine*

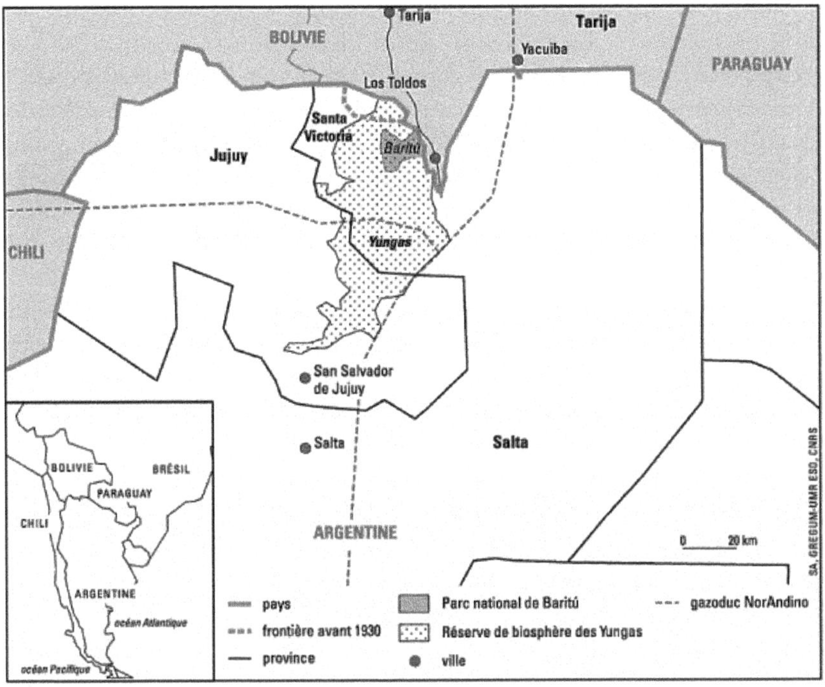

Source : Guyot *et al.*, 2007

La création du parc prévoit deux types d'expropriations : les populations locales vivant à l'intérieur des limites du parc et les *fincas* exploitant les ressources forestières. Les maisons des villageois de Lipeo et de Baritú ont été déplacées en limite de parc, afin que les activités agricoles et d'élevage soient compatibles avec l'effort de conservation, et un projet d'arrêt de l'activité de trois fincas (Las Pava, San Martin del Porongal et Rodeo

Monde) est décidé. Par conséquent, le niveau de conflictualité associé au parc est fort. Jusque dans les années 1990, le parc existait sur le papier mais n'était pas véritablement administré. L'organisme de gestion des parcs nationaux argentins (APN) est peu doté en ressources et la priorité est donnée aux parcs nationaux de Patagonie, plus à même d'attirer des touristes et d'être rentables. Cette non-gestion du parc implique l'arrêt des activités d'une seule *finca* (San Martin del Porongal). Les autres *fincas* vont poursuivre leurs activités en prenant pour otage la population locale menacée de perdre des sources de revenus. Il n'y a donc aucun consensus parmi les acteurs à propos des valeurs de discipline et de vérité. Ainsi, les normes de protection de la nature apparaissent comme non légitimes par la plupart des acteurs locaux qui se demandent si la nature est protégée pour ce qu'elle est ou en raison de sa localisation stratégique ? L'État compose presque à lui seul le régime d'environnementalité. De son côté, le niveau provincial (Salta) a plutôt tendance à protéger les intérêts des entrepreneurs locaux face à une initiative de protection perçue comme centralisée et bureaucratique, car émanant de Buenos Aires. Dans les années 1990, alors que les enjeux de contrôle frontalier s'assouplissent en Argentine, le front écologique de Baritú est au point mort, ce qui est lié à l'envenimement des conflits locaux et à un manque de volonté de la part de l'organisme national de conservation d'assurer sa mission. Il se produit un déphasage d'environ une décennie entre cette première logique géopolitique et l'évocation d'un projet de réserve de biosphère UNESCO qui pourrait permettre la renaissance de ce front écologique dans une logique de génération globale.

La création de biosphère des Yungas en 2003 (RBYUN) permet de donner une reconnaissance internationale aux Yungas, tout en assurant une meilleure gestion du parc national de Baritú en connexion avec plusieurs autres espaces naturels protégés sous forme de corridor orienté vers le sud (figure 75). Elle sert aussi de trait d'union entre les différentes aires protégées existantes, dans une perspective transfrontalière, avec le parc national de Tariquia en Bolivie et la constitution d'un corridor binational (PEA, commission binationale pour le développement du bassin supérieur du Bermejo). Cette réserve de biosphère ne résout cependant pas tous les problèmes mais permet d'impulser une nouvelle dynamique de gestion des Yungas argentines, reposant, par exemple, sur des projets participatifs d'éducation à l'environnement ou sur le développement de l'éco-tourisme, bien qu'il soit encore très modéré. Cependant, les conflits récurrents entre les différents acteurs participant à un mode de gestion multiscalaire complexe ont tendance à ralentir le processus (Guyot *et al.*, 2007).

Plusieurs enseignements peuvent être tirés de cet exemple. La cyclicité plurigénérationnelle à dynamique instable est surtout liée à l'absence de cohérence entre les différentes phases du front écologique, à un niveau de conflictualité élevé entre les différents acteurs et à une absence de reconnaissance « consensuelle » par le développement touristique. Quand la labélisation internationale fait irruption dans un espace mal connecté, ceci induit de l'instabilité et de la différenciation territoriale en fonction des différentes stratégies d'acteurs de d'instrumentalisation de ce gain de reconnaissance.

III.3. Cyclicité monogénérationnelle à dynamique de fermeture

La cyclicité monogénérationnelle à dynamique de fermeture est souvent liée à un front écologique qui n'a pas pu s'insérer dans les logiques d'une nouvelle génération, donc essentiellement au passage de la génération géopolitique à la génération globale. L'exemple précédent aurait pu en faire partie s'il n'y avait pas eu de processus de création de réserve de biosphère. Pour illustrer cette forme bien spécifique, je prendrais l'exemple de la réserve naturelle de Silaka sur la Wild Coast en Afrique du Sud, créée en 1985 par le bantoustan du Transkei en remplacement d'une base militaire, et prenant place au cœur de la génération géopolitique de « front écologique fragmenté du grand apartheid ». Cette réserve est dédiée à la protection de la forêt côtière subtropicale (figure 76). C'est un exemple typique de territorialisation autoritaire de la nature émanant d'un État illégitime et qui n'a pas su s'adapter au nouvel ordre politique post-apartheid.

Sa gestion, peu effective pendant les dernières années d'existence du bantoustan, est aujourd'hui remise en cause par une réclamation foncière émanant de plusieurs communautés locales riveraines (Dellier, 2010). Voilà plusieurs années que la réserve est laissée à l'abandon, sans réel contrôle de la part des autorités et que la plupart des clôtures ne sont plus entretenues. Un accord de cogestion entre les Eastern Cape Parks Board et les communautés locales n'a pas permis une véritable redynamisation de la réserve, malgré la rénovation de dix-huit hébergements touristiques. Le front écologique semble aujourd'hui bien moribond. En 2013, les habitants du village voisin de Sicambeni ont en effet décidé de fermer l'accès à la réserve naturelle au motif de ne bénéficier d'aucune des retombées de l'écotourisme local[76]. Il s'agit donc d'un processus *bottom-up* de fermeture de front écologique à moins que cela ne puisse être interprété comme une volonté de certains habitants de pouvoir enfin contrôler un espace naturel qui leur échappait.

Figure 76 : *La réserve naturelle de Silaka en Afrique du Sud*

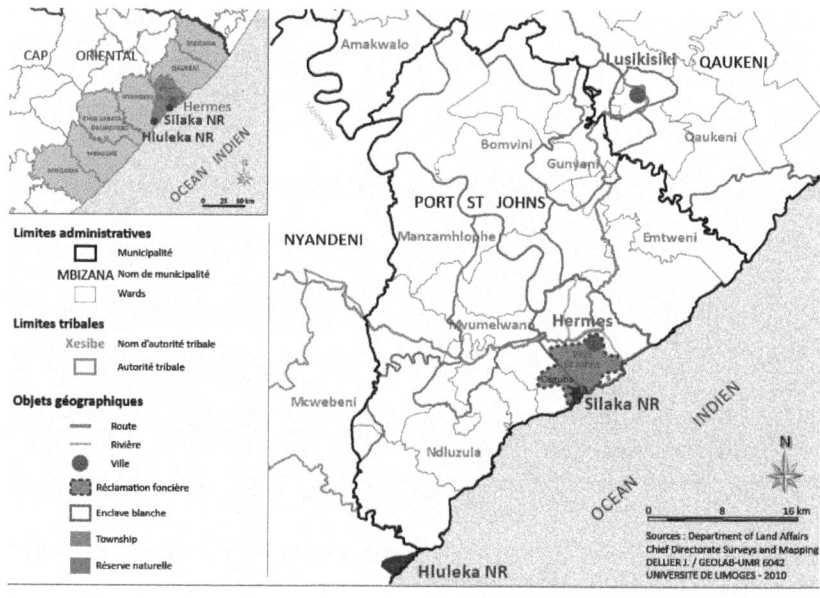

Source : Dellier, 2010

Plusieurs enseignements peuvent être généralisés à partir de cet exemple. L'arrêt d'un cycle conduisant à la fermeture d'un front écologique est lié à une totale illégitimité du processus de protection reposant sur un régime d'environnementalité très fragmenté, à un niveau de conflictualité très élevé et à une absence de valorisation économique partagée par la plupart des acteurs locaux.

---

[76] http://www.sabc.co.za/news/a/2a6c53804fc385bab405f60b5d39e4bb/Residents-divided-over-Silaka-Nature-Reserve-closure-20132605, consulté le 16/12/2014.

Le front écologique global 261

III.4. Cyclicité monogénérationnelle à dynamique instable

La cyclicité monogénérationnelle à dynamique instable concerne uniquement des fronts écologiques mis en place durant la génération globale et ayant des problèmes de légitimation et de pérennisation. L'exemple du parc national de Llullaillaco au Chili (région d'Antofagasta) me semble représentatif de cette dynamique irrégulière. Le parc a été créé en 1995[77] pour protéger une zone frontalière (Argentine) très sensible de haute montagne andine sèche sur 269 000 hectares (figure 77).

Figure 77 : *Le parc national de Llullaillaco au Chili*

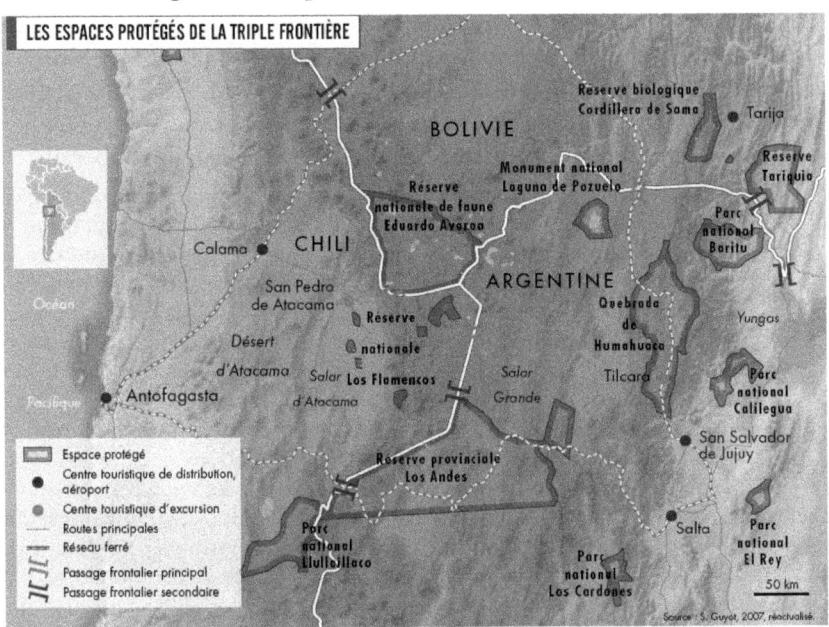

Source : Guyot, 2007, réactualisé in Laslaz *et al.*, 2012.

Malgré l'élaboration d'un plan de gestion en 1999[78], ce parc national n'a fait l'objet d'aucune mesure effective de gestion jusqu'en 2013, exemple typique de « parc de papier ». Il s'agissait en réalité d'un type de parc « ressourciste » dans lequel étaient rendus possible des processus d'extraction minière. « Posteriormente, mediante el Decreto Supremo

---

[77] http://www.conaf.cl/parques/parque-nacional-llullaillaco/, consulté le 16/12/2014.
[78] http://bibliotecadigital.ciren.cl/gsdlexterna/collect/textoshu/index/assoc/HASH01da.dir/CONAF-HUMED12.pdf, consulté le 16/12/2014.

n° 856 de 1995 (ver anexo B), se crea el Parque Nacional Llullaillaco, y lo declara lugar científico para efectos mineros, lo que implica que de acuerdo a lo señalado en el artículo 17°, n° 6 del Código de Minería, cualquier ejecución de actividades mineras extractivas, podrán iniciarse sólo con el otorgamiento de un permiso firmado por el Presidente de la República » (CONAF, 1999). L'entreprise minière Minera Escondida exploite le cuivre sur des concessions localisées à l'ouest du parc national sans contreparties en matières environnementales. Les valeurs de discipline et de vérité étaient absentes du projet de parc à la différence des valeurs de souveraineté frontalière et énergétique. D'ailleurs, en 2013, l'État chilien demande finalement à l'entreprise de l'aider à cogérer le parc national. Ces deux acteurs signent donc une convention de cogestion, et créent ainsi un régime d'environnementalité public-privé dont l'objectif est d'utiliser le levier de la valorisation économique pour améliorer la gestion des écosystèmes d'altitude. La valeur néolibérale est donc assumée pour en faire un gage de réussite d'un front écologique jusque-là inopérant.

> El Director Regional, Ricardo Moyano, destacó que « es una alianza estratégica público-privado que tiene objetivos en comunes, entre ellos generar dar a conocer a la comunidad los recursos naturales y culturales que existen en la zona y las acciones que van en el resguardo y conservación de la Biodiversidad Florística y faunística que existe en el Parque Nacional Llullaillaco, en cual están contemplada acciones de investigación, conservación y educación ambiental entre otras ». A partir de la firma de este convenio, se dará inicio al proyecto que considerará dos etapas con una duración de 18 meses. La primera etapa, se desarrollará en 6 meses y consiste en la habilitación o mejora de las instalaciones de administración del Parque y la adquisición de equipamiento necesario para el desarrollo de las actividades que son : actualizar el plan de manejo del Parque, desarrollar planes de investigación de la flora y fauna (Vicuña, Chinchilla, Predadores, Flamencos), y recursos culturales en la zona y sectores aledaños ; apoyar el desarrollo de planes de Educación Ambiental y turismo de intereses especiales al interior del Parque ; difusión y capacitaciones ; limpieza en sitios cercanos al parque y rutas de acceso. La segunda etapa, de doce meses continuará desarrollando las actividades ya iniciadas y completando las actividades especificadas en el convenio. Con el objeto de lograr una adecuada y eficiente coordinación y desarrollo del proyecto, se creará una Mesa Técnica de Trabajo, compuesta por miembros de la institución y de la entidad privada[79].

C'est donc un partenariat public-privé qui permet d'éviter la fermeture irréversible d'un front écologique – qui n'existait que sur le

---

[79] http://www.sustentare.cl/2013/01/10/conaf-y-minera-escondida-acuerdan-conservacion-del-parque-nacional-llullaillaco/, consulté le 16/12/2014.

Le front écologique global 263

papier, processus en phase avec la génération globale. Peut-être faut-il aussi y voir une forme de contrepartie de restauration écologique en lien avec les concessions extractives autorisées depuis 1995.

Je peux tirer au moins un enseignement généralisable de cet exemple de cyclicité monogénérationnelle à dynamique instable. Il s'agit de la capacité pour les acteurs « du haut » à trouver un consensus économique – respectant les logiques néolibérales – pour financer l'effort de protection. Cette logique vient renforcer le postulat défendu en première partie « d'environnementalité post-politique », où l'État trouve son intérêt à faciliter le jeu des grandes entreprises privées.

III.5. Cyclicité monogénérationnelle à dynamique pionnière

Cette dernière forme est plus récente. Elle correspond à des fronts écologiques en cours d'émergence qui adoptent des logiques proches de la forme plurigénérationnelle à dynamique stable. C'est une initiative typique de la génération globale, résultante d'une volonté de certains acteurs privés d'arriver à leurs objectifs de contrôle territorial de la nature en s'associant largement aux pouvoirs publics pour légitimer et « légaliser » leurs actions.

La reconnaissance mondiale (régime d'environnementalité internationalisé), la légitimité glocale (adhésion locale forte au régime d'environnementalité et faible niveau de conflictualité) et la valorisation économique (rentabilité touristique et intégration d'autres activités) apparaissent comme trois facteurs essentiels de la stabilisation des cycles de fronts écologiques, ce qui induit une différenciation forte entre les territoires.

Conclusion : la colonialité des fronts écologiques

L'Argentine et le Chili sont traversés par des logiques de colonialité[80] (Bourguignon Rougier *et al.*, 2014 ; Escobar & Restrepo, 2010 ; Grosfoguel, 2007) qui s'infusent dans la plupart des logiques de fronts

---

[80] « Si l'on conçoit le colonialisme comme un rapport politique, économique, sexuel, spirituel, épistémologique, pédagogique, linguistique de domination métropolitaine dans le système monde et un rapport culturel/structurel de domination ethno-racial, les mal nommées républiques indépendantes d'Amérique latine et de la Caraïbe restent des territoires à décoloniser. » Ramón Grosfoguel, p. 16.

écologiques, en particulier liées à la conquête privée de la nature (exemples des époux Tompkins de part et d'autre des Andes de Patagonie) ou à la mise en place très instrumentale de démarches participatives et cogestionnaires avec les populations autochtones (Parc Nahuel Huapi en Argentine, Mapulahual au Chili).

L'Afrique du Sud est en théorie très décalée de l'Argentine et du Chili du point de vue de son processus de décolonisation. La décolonisation (I) de l'Afrique du Sud peut être datée en 1910 lors de la création de l'Union sud-africaine par les élites blanches de la colonie de peuplement. L'Afrique du Sud reste alors un dominion du Royaume-Uni. La décolonisation (II) de l'Afrique peut aussi être datée en 1961 lors de la création de la République d'Afrique du Sud par le gouvernement nationaliste d'apartheid à majorité boer et la sortie du pays du Commonwealth. Enfin la décolonisation (III) de l'Afrique du Sud peut enfin être datée en 1994, date de la première élection démocratique multiraciale qui a vu Nelson Mandela arriver à la présidence du pays. Affirmer que la décolonisation de l'Afrique du Sud a eu lieu en 1910 revient à placer le pays dans un contexte de décolonisation sensiblement comparable à celui de l'Argentine et du Chili. En revanche, dater la décolonisation de l'Afrique du Sud en 1994, le place dans une situation révolutionnaire du point de vue de l'inversion de la racialité des élites politiques qui deviennent alors majoritairement non-blanches. Ce phénomène-ci ne s'est pas passé en Argentine ni au Chili, et ne se passera probablement jamais car les autochtones sont en situation minoritaire à la différence de l'Afrique du Sud où ils ont toujours été en situation majoritaire. Néanmoins, la réconciliation territoriale et l'adhésion au néolibéralisme voulues par Nelson Mandela et l'ANC tempèrent quelque peu la force de la révolution politique de 1994. De ce point de vue là, même si les Blancs sont minoritaires en Afrique du Sud, ce pays reste une postcolonie de peuplement, car ils représentent toujours la classe dominante dans le secteur économique.

La conquête du territoire de l'Afrique du Sud est presque achevée en 1910, et va se recomposer ensuite au gré des rapports de forces entre les différents groupes, d'abord au sein des Blancs (Anglophones et Afrikaners) puis après 1994 parmi les nouvelles élites africaines, la colonisation démographique interne (migrations de travail) remplaçant alors d'autres formes de colonisation interne frontales (front agricole, front minier, front écologique). Au final, les logiques de domination en Afrique du Sud s'apparentent encore beaucoup à la colonialité et la question du « décolonial » se pose bien sûr de manière aiguë dans ce pays. Du point de vue du front écologique, l'Afrique du Sud fait encore clairement face à la colonialité d'un ensemble de processus même si l'État démocratique gouverné par l'ANC est suffisamment habile pour tenter de distiller l'image contraire, il n'y a qu'à prendre pour exemple la devise du parc national de la Montagne de la Table « A park for all ». La réalité en Afrique du Sud est donc probablement plus hybride qu'en Argentine et au Chili entre des logiques postcoloniales affirmées et une persistance de la colonialité. Le front écologique global induit un ensemble de processus qui brouillent un peu la lecture en termes de postcolonalisme ou de colonialité. La valorisation de l'autochtonie humaniste et écologique au cœur de l'imposition du front écologique global doit être déconstruite, mais la référence à la colonialité ne peut sans doute pas tout expliquer. Les rapports de domination multiscalaires ne sont plus forcément comptables des héritages coloniaux et s'imposent surtout comme l'action d'une nature humaine en permanence tentée par certaines formes d'autoritarisme.

L'Afrique du Sud, l'Argentine et le Chili sont finalement des pays faux amis. Pays de fronts et de frontières et de diversités culturelle et écologique, ce sont des nations fragiles dont certaines composantes se ressemblent mais dont les autres restent ancrées dans des spécificités historiques, culturelles et politiques relativement inertes. Les éco-conquérants de ces trois pays se ressemblent probablement mais les espaces conquis diffèrent encore considérablement du point de vue des logiques démographiques et culturelles, même si les laissés pour compte de l'écologisme global se ressemblent beaucoup plus qu'on le croit.

Conclusion générale

La formulation du concept de front écologique est un apport théorique afin de penser les résultantes territoriales de diverses appropriations de la nature sous-tendues par un désir de protection, émanant de catégories diverses d'éco-conquérants. Cet ouvrage a montré que le front écologique ne se limitait pas à la protection de la nature par le biais de la création d'espaces naturels protégés, même si elle en constitue l'aspect le plus documenté et donc le plus facilement exploitable. Le front écologique permet de penser de manière simultanée l'ensemble des logiques (politiques, sociales, économiques etc.) sous-tendues par les valeurs des dispositifs d'environnementalité qui motivent le désir de protection de la nature (vérité, discipline, souveraineté, néolibéralisme, libération). Ces logiques s'inscrivent alors spatialement selon des agencements territoriaux contrôlés par les acteurs des régimes d'environnementalité (ONG, OIG, États, sujets environnementaux, etc.).

Il pourra être facilement reproché au concept de front écologique de ne pas toujours intégrer « l'essentiel » du point de vue des conservationnistes, c'est-à-dire la capacité d'un dispositif de protection à protéger le mieux possible une biodiversité en péril. En effet, l'avancée du front écologique ne permet pas de dire si la planète va échapper – ou non – à une destruction programmée de sa biodiversité. En revanche, cette avancée du front écologique est significative du désir d'une frange de la population mondiale de pouvoir se prémunir contre une telle destruction, de manière intéressée ou désintéressée, in situ ou à distance. À travers le prisme du front écologique, les gestionnaires des espaces naturels protégés apparaissent alors souvent instrumentalisés par les logiques politiques, territoriales, sociales, économiques qui les contraignent. Le front écologique permet donc de penser la protection de la nature mondiale de manière essentiellement politique, alors que les logiques actuelles de conservation de la nature nous sont actuellement vendues comme post-politiques et éco-centrées.

Le concept de front écologique propose aussi un cadre pour penser la conquête territoriale au nom de la protection de la nature réalisée dans un cadre non conventionnel, comme le montrent les dynamiques *bottom-up* ou autochtones. Ce point-ci pourra être approfondi par des recherches complémentaires car il met en scène des éco-conquérants qui font le choix de vivre sur le front écologique et non pas à distance de celui-ci.

Un autre apport théorique du front écologique est sa capacité à conceptualiser les conflits environnementaux en particulier dans des contextes frontaliers, frontaux et fonciers. Avec le front écologique, le conflit ne relève plus seulement d'une logique mouvante d'acteurs mais produit des lignes de fronts à défendre au nom d'intérêts, certes divers, mais s'incarnant dans des territorialités spécifiques.

Enfin, l'apport sociétal de cet ouvrage réside principalement dans l'idée que l'échelle mondiale s'impose aujourd'hui comme le niveau spatial de référence de la conquête territoriale de la nature de la part des éco-conquérants (écotouristes, ONG, OIG, éco-barons, réseaux *bottom-up* : éco-villages, mouvances autochtonistes, etc.). Ils s'affranchissent des frontières nationales et culturelles pour consolider leur contrôle sur un front écologique multiforme et archipélagique. La nature semble s'imposer alors comme un mode de domination géopolitique moins violent et peut-être plus efficace sur le long terme que l'impérialisme économique ou militaire, au profit de ces éco-conquérants. Le contexte global lié aux dérèglements climatiques renforce ce processus en le légitimant. La protection de la nature s'impose donc comme une logique frontale à part entière se combinant (hybridation) ou se heurtant (conflit) avec les autres logiques frontales (militaire, minière, agricole, touristique, urbaine, etc.). C'est souvent dans l'hybridation des logiques de fronts écologiques avec d'autres formes de conquête territoriale que les gains en matière de domination sont les plus grands. Par exemple, à l'échelle de la ville, l'hybridation entre protection de la nature et glacis immobilier permet de figer la domination immobilière des classes aisées sur les plus beaux sites urbains. À l'échelle nationale, l'hybridation entre protection de la nature et marges stratégiques – souvent frontalières – permet de légitimer la domination des autorités nationales sur des minorités autochtones souvent dérangeantes. À l'échelle mondiale, l'hybridation entre des stratégies de contrôle d'ONG environnementales et de grands groupes privés (mines, textile, tourisme, etc.) permet de conforter une domination ressourciste sur des pans entiers de territoires. L'hybridation est une notion qui devra être travaillée et approfondie dans le futur car elle participe de l'orchestration post-politique contemporaine et permet de proposer une nouvelle lecture du monde dans laquelle la protection de la nature devient un prétexte écologiste plus qu'une finalité biologique. Il est de la responsabilité des chercheurs d'ouvrir la discussion sur ce point.

Références bibliographiques

Adams, W.M., Hodge, I.D. & Sandbrook, L. 2014. « New spaces for nature : the re-territorialisation of biodiversity conservation under neoliberalism in the UK ». *Transactions of the Institute of British Geographers*, vol. 39, pp. 574-588, 10.1111/tran.12050.

Afeissa, H.-S. 2009. « Nouveaux fronts écologiques ». *Multitudes*, n° 36, pp. 151-154, 10.3917/mult.036.0151.

Agosto, P. & Briones, C. 2007. « Luchas y resistencias Mapuche por los bienes de la naturaleza ». *OSAL*, año VIII.

Agrawal, A. 2005a. « Environmentality: Community, intimate government, and the making of environmental subjects in Kumaon, India ». *Current anthropology*, vol. 46, pp. 161-190.

Agrawal, A. 2005b. *Environmentality: technologies of government and the making of subjects.* Duke University Press, 352 p.

Agriculture & Environnement. 2006. « Le WWF, une multinationale verte de notables ». *Agriculture et Environnement* [En ligne], URL : http://www.agriculture-environnement.fr/dossiers,1/ecologie-politique,18/le-wwf-une-multinationale-verte-de-notables,232.html (consulté le 01/03/2015).

Akamani, K. 2006. « The Wilderness Idea: A Critical Review ». *Education for Sustainable Development* [En ligne], URL : http://edu4sd.blogspot.com/2006/04/wilderness-idea-critical-review.html (consulté le 23/06/2014).

Albaladejo, C. & Arnauld de Sartre, X. 2005. *L'Amazonie brésilienne et le développement durable : expériences et enjeux en milieu rural.* L'Harmattan, 287 p.

Alon-Mozes, T. & Maya, M. 2015. « Zippori National Park as a Composite Narrative ». *Israel Studies*, vol. 20, pp. 1-30.

Amilhat-Szary, A.-L. & Guyot, S. 2009. « El turismo transfronterizo en los Andes centrales : prolegómenos sobre una geopolítica del turismo ». *Si Somos Americanos (Chile)*, IX, pp. 58-93.

Amilhat Szary, A.-L. 2013. « Minas en la montaña : cuando la explotación de las periferias escapa al Estado ». *Fronteras, Territorios y Montañas. La cordillera de Los Andes más allá de la frontera política.* Editorial de la Pontificia Universidad

Católica, 221-241 [En ligne], URL : http://www.academia.edu/11963294/Cordillera_de_Atacama_Movilidad_fronteras_y_aticulaciones_collas-atacame%C3%B1as (consulté le 18/05/2015).

AMILHAT-SZARY, A.-L. & GIRAUT, F. 2015. *Borderities and the Politics of Contemporary Mobile Borders*. Palgrave Macmillan [En ligne], URL : http://www.palgrave.com%2Fpage%2Fdetail%2Fborderities-and-the-politics-of-contemporary-mobile-borders-annelaure-amilhatszary%2F%3Fk%3D9781137468840%26loc%3Duk (consulté le 18/02/2015).

ANDRÉ, V. 2002. *Environnement menacé ou territoire géré ? : le Fouta Djalon (République de Guinée)*. Bordeaux 3 [En ligne], URL : http://www.theses.fr/2002BOR30001 (consulté le 13/05/2015).

APESTEGUY, C., MARTINIÈRE, G. & THÉRY, H. 1979. « Frontières en Amazonie : la politique du Brésil et l'intégration de l'Amérique du Sud ». *Notes et études documentaires*, n° 53, 76-98.

ARNAULD DE SARTRE, X., BERDOULAY, V. & LOPES, R. DA S. 2012. « Eco-Frontier and Place-Making: The Unexpected Transformation of a Sustainable Settlement Project in the Amazon ». *Geopolitics*, 17, pp. 578-606, 10.1080/14650045.2011.631199.

ARNAULD DE SARTRE, X., OSZWALD, J., CASTRO, M. & DUFOUR, S. 2014. *Political ecology des services écosystémiques*. P.I.E. Peter lang [En ligne], URL : https://halshs.archives-ouvertes.fr/halshs-01098622/document (consulté le 18/02/2015).

ARNAULD DE SARTRE. 2016. *Agriculture et changements globaux, Expertises globales et situations locales*. PIE Peter Lang, coll. « EcoPolis », 204 p.

ARNOULD, P. & GLON, E. 2005. *La nature a-t-elle encore une place dans les milieux géographiques ?*. Publications de la Sorbonne, 276 p.

ARNOULD, P. & SIMON, L. 2007. *Géographie de l'environnement*. Belin.

AUBERTIN, C. 1995. « Les "réserves extractivistes" : un nouveau modèle pour l'Amazonie ? » *Natures, Sciences, Sociétés*, n° 3, pp. 102-115.

AUBERTIN, C. 2005. *ONG et biodiversité : Représenter la nature ?*. IRD Éditions, 216 p.

AUBERTIN, C. & RODARY, E. 2008. *Aires protégées, espaces durables ?*. IRD Éditions, 280 p.

BAILONI, M. 2012. « Aménager un espace idéalisé : identité et conflits dans la campagne anglaise ». *Revue Géographique de l'Est*, vol. 52 [En ligne], URL : http://rge.revues.org/3739 (consulté le 28/02/2015).

BARRAL, M.P. & OSCAR, M.N. 2012. « Land-use planning based on ecosystem service assessment: A case study in the Southeast Pampas of Argentina ». *Agriculture, Ecosystems & Environment*, 154, pp. 34-43, 10.1016/j.agee.2011.07.010.

BARRAUD, R. & PÉRIGORD, M. 2013. « L'Europe ensauvagée : émergence d'une nouvelle forme de patrimonialisation de la nature ? ». *L'Espace géographique*, T. 42, 254-269.

BASSETT, T.J. & GAUTIER, D. 2014. « Territorialisation et pouvoir : la Political Ecology des territoires de conservation et de développement ». *EchoGéo*, 10.4000/echogeo.14044.

BEINART, W. & HUGHES, L. 2007. *Environment and Empire*. Oxford History of the British Empire Companion Series, 416 p.

BELAIDI, N. 2011. « Quand la biodiversité devient un enjeu politique et socioculturel. Réflexion à partir des fronts écologiques et des parcs pour la paix ». *AIRD Recherche d'accompagnement pour la gestion des aires protégées au Sud, Atelier 3 – Gouverner les aires protégées : acteurs, institutions, politiques publiques, politiques globales* [En ligne], URL : http://hal.archives-ouvertes.fr/hal-00848544 (consulté le 02/07/2014).

BELAIDI, N. 2015. « Théorie du droit et front écologique : apport à la (re)définition de la justice environnementale ». *Développement durable et territoires. Économie, géographie, politique, droit, sociologie*, vol. 6, n° 1, 10.4000/developpementdurable.10806.

BENEDETTI, A. 2005. *Un territorio andino para un país pampeano Geografía histórica del Territorio de los Andes (1900-1943)*. Universidad de Buenos Aires, 714 p. [En ligne], URL : http://www.filo.uba.ar/contenidos/investigacion/institutos/geo/ptt/TesisdoctoradoBenedetti.pdf (consulté le 05/09/2017).

BENGOA, J. 2000. *Historia del pueblo mapuche : (siglo XIX y XX)*. Lom Ediciones, 440 p.

BENHAMMOU, F. 2007. *Crier au loup pour avoir la peau de l'ours : une géopolitique locale de l'environnement à travers la gestion et la conservation des grands prédateurs en France*. Thèse de doctorat, Paris, France : École nationale du génie rural, des eaux et des forêts, 639 p.

BENHAMOU, F. 2010. « L'inscription au patrimoine mondial de l'humanité ». *Revue Tiers Monde*, n° 202, pp. 113-130, 10.3917/rtm.202.0113.

BENJAMINSEN, T.A. & SVARSTAD, H. 2009. « Qu'est-ce que la "political ecology" ? » *Natures Sciences Sociétés*, vol. 17, pp. 3-11.

BERKES, F. 1999. *Sacred Ecology*. Routledge, 336 p.

Berque, A. 1980. « La montagne et l'œcoumène au Japon ». *L'Espace géographique*, vol. 9, pp. 151-162, 10.3406/spgeo.1980.3547.

Berque, A. 1986. *Le sauvage et l'artifice : les Japonais devant la nature.* Gallimard, impr. 1986, 314 ; 15 p.

Berque, A. 1990. *Médiance : de milieux en paysages.* GIP Reclus, 163 p.

Berque, A. 2000. *Écoumène : introduction à l'étude des milieux humains.* Belin, 276 p.

Berque, A. 2012. « Das aguas da montanha à paisagem /Des eaux de la montagne au paysage (La naissance du concept de paysage en Chine) ». *Filosofia e arquitectura da paisagem.* Centro de filosofia da Universidade de Lisboa, 95-103.

Besse, J.-M. 2010. *Approches spatiales dans l'histoire des sciences et des arts.* Belin [En ligne], URL : http://www.cairn.info/resume.php?ID_ARTICLE=EG_393_0211 (consulté le 30/03/2015).

Blanc, N. & Lolive, J. 2008. *Art écologique et paysage durable : réalisation d'un colloque international et du séminaire préparatoire.* Université de Paris I.

Blanc, N. & Lolive, J. 2013. *Esthétique environnementale et projet paysager participatif.* Éditions Quæ [En ligne], URL : https://halshs.archives-ouvertes.fr/halshs-00851106 (consulté le 13/05/2015).

Blanc-Pamard, C. & Rakoto-Ramiarantsoa, H. 2000. *Le terroir et son double : Tsarahonenana, 1966-1992, Madagascar.* IRD Éditions, 260 p.

Blanc-Pamard, C., Rakoto Ramiarantsoa, H. & Séminaire de Clôture De L'ati.Action Transdépartementale Incitative Aires Protégées, Arvieux (FRA), 2006/11/28-30. 2006. « Des territoires et des savoirs de quelle(s) nature(s) ? : quand "l'environnementalité" est mise au service du développement … » Aubertin, C., Pinton, F. & Rodary, E. (eds.) *Les aires protégées, zones d'expérimentation du développement durable : recueil des contributions.* IRD [En ligne], URL : http://www.documentation.ird.fr/hor/fdi:010043952 (consulté le 22/05/2014).

Blásquez-Martínez, L. 2009. « Deux fronts écologiques dans la ville : enjeux fonciers et arrangements territoriaux autour de la conservation des terres rurales comme valeurs écologiques à Mexico ». *L'Espace Politique. Revue en ligne de géographie politique et de géopolitique*, 10.4000/espacepolitique.1463.

Blatrix, C. 2012. *Des sciences de la participation : paysage participatif et marché des biens savants en France.* Maison des sciences de l'homme, n° 79, pp. 59-80.

BONERANDI, E., LANDEL, P.-A. & ROUX, E. 2003. « Les espaces intermédiaires, forme hybride : ville en campagne, campagne en ville ? /-- Intermediate spaces, a hybrid form : a town in the countryside, or countryside in the town ?-- ». *Revue de géographie alpine*, vol. 91, pp. 65-77, 10.3406/rga.2003.2263.

BONIN, M. & RODARY, E. 2012. *L'influence des services écosystémiques sur les aires protégées : premiers éléments de réflexion*. ANR SERENA.

BOONZAAIER, C.C. 2012. « Towards a Community-Based Integrated Institutional Framework for Ecotourism Management: The Case of the Masebe Nature Reserve, Limpopo Province of South Africa ». *Journal of Anthropology*, e530643, 10.1155/2012/530643.

BOULANGER, P. 2011. *Géographie militaire et géostratégie, enjeux et crises du monde contemporain*. Armand Colin, 304 p.

BOURDEAU, P. & LEBRETON, F. 2013. « Les dissidences récréatives en nature : entre jeu et transgression ». *Revue électronique des sciences humaines et sociales* [En ligne], URL : http://www.espacestemps.net/articles/les-dissidences-recreatives-en-nature-entre-jeu-et-transgression/ (consulté le 18/05/2015).

BOURGUIGNON ROUGIER, P., COLIN, P. & GROSFOGEL, R. 2014. *Penser l'envers obscur de la modernité – Une anthologie de la pensée décoloniale latino-américaine*. PULIM, 213 p.

BOWMAN, I. 1931. *The pioneer fringe*. American Geographical Society.

BRIFFAUD, S. 2006. « Le temps du paysage. Alexandre de Humboldt et la géohistoire du sentiment de la nature ». *Géographies plurielles. Les sciences géographiques au moment de l'émergence des sciences humaines (1750-1850)*. L'Harmattan, pp. 275-301 [En ligne], URL : https://halshs.archives-ouvertes.fr/halshs-00923868/document (consulté le 25/02/2015).

BROCKINGTON, D., DUFFY, R., IGOE, J. 2008. *Nature Unbound: Conservation, Capitalism and the Future of Protected Areas*. Routledge: Sterling, VA.

BROOKS, S., SPIERENBURG, M., VAN BRAKEL, L., KOLK, A. & LUKHOZI, K.B. 2011. « Creating a Commodified Wilderness: Tourism, Private Game Farming, and "third Nature" Landscapes in Kwazulu-Natal ». *Tijdschrift voor economische en sociale geografie*, vol. 102, 260-274, 10.1111/j.1467-9663.2011.00662.x.

BÜSCHER, B. 2012. « Payments for ecosystem services as neoliberal conservation : (Reinterpreting) evidence from the Maloti-Drakensberg, South Africa ». *Conservation and Society*, vol. 10, p. 29, 10.4103/0972-4923.92190.

Bustillo, E. 1968. *El despertar de Bariloche*. Editorial y Librería Goncourt, 588 p.

Butcher, J. 2007. *Ecotourism, NGOs and Development: A Critical Analysis*. Routledge, 200 p.

Bystrom, K. 2012. « Reading the South Atlantic: Chile, South Africa, the Cold War, and Mark Behr's The Smell of Apples ». *African Studies*, vol. 71, pp. 1-18, 10.1080/00020184.2012.668290.

Carr, S., Humphreys, D. & Thomas, A. 2013. *Environmental Policies and NGO Influence: Land Degradation and Sustainable Resource Management in Sub-Saharan Africa*. Routledge, 217 p.

Carruthers, D. 2001. « Environmental politics in Chile: Legacies of dictatorship and democracy ». *Third World Quarterly*, 22, pp. 343-358, 10.1080/01436590120061642.

Carruthers, J. 1994. « Dissecting the myth: Paul Kruger and the Kruger National Park ». *Journal of Southern African Studies*, vol. 20, pp. 263-283, 10.1080/03057079408708399.

Carruthers, J. 2008. « Conservation and Wildlife Management in South African National Parks 1930s-1960s ». *Journal of the History of Biology*, vol. 41, pp. 203-236, 10.1007/s10739-007-9147-3.

Carruthers, J. 2011. « Pilanesberg National Park, North West Province, South Africa: Uniting economic development with ecological design – A history, 1960s to 1984 ». *Koedoe*, vol. 53, 10.4102/koedoe.v53i1.1028.

Carruthers, J. 2013. « The Royal Natal National Park, Kwazulu-Natal: Mountaineering, Tourism and Nature Conservation in South Africa's First National Park c. 1896 to c. 1947 ». *Environment and History*, 19, pp. 459-485, 10.3197/096734013X13769033133701.

Carter, N. 2007. *The Politics of the Environment: Ideas, Activism, Policy*. Cambridge University Press, 383 p.

Castree, N. 2004. « Differential geographies: place, indigenous rights and 'local' resources ». *Political Geography*, 23(2), pp. 133-167.

Chambers, I., Calabritto, C., Carmen, M., Esposito, R., Festa, M., Izzo, R. & Lanza, O. 2007. « Landscapes, Art, Parks and Cultural Change ». *Third Text*, vol. 21, pp. 315-326, 10.1080/09528820701362431.

Chambers, S.A. 2011. « Jacques Rancière and the problem of pure politics ». *European Journal of Political Theory*, n° 10, pp. 303-326, 10.1177/1474885111406386.

CHAMPAGNE, C. 2008. « Développement écovillageois et renouvellement de l'habiter rural : le cas de Saint-Camille au Québec » [En ligne], URL : http://www.archipel.uqam.ca/1373/ (consulté le 24/10/2014).

CHARRETTON, P., DUPUIS, M.F. & FISCHESSER, B. 1995. « L'analyse paysagère dans la gestion des territoires ». *Ingénieries – E A T*, p. 31 – p. 40.

CHARTIER, D. 2002. *Le rôle de Greenpeace et du WWF dans la résolution des problèmes environnementaux : quel espace politique pour quelles ONG ?*. Université d'Orléans [En ligne], URL : http://www.theses.fr/2002ORLE1043 (consulté le 13/05/2015).

CHARTIER, D. & RODARY, E. 2007. « Géographie de l'environnement, écologie politique et cosmopolitiques ». *L'Espace Politique. Revue en ligne de géographie politique et de géopolitique*, 10.4000/espacepolitique.284.

CHECA-ARTASU, M.-M. 2011. « Gentrificación y cultura : algunas reflexiones ». *REVISTA BIBLIOGRÁFICA DE GEOGRAFÍA Y CIENCIAS SOCIALES*, XVI [En ligne], URL : http://www.ub.edu/geocrit/b3w-914.htm (consulté le 05/09/2017).

CHONGWA, M.B. 2012. « The History and Evolution of National Parks in Kenya ». *The George Wright Forum*, vol. 29, pp. 39-42.

CLARO, E. 2012. *Identification of the main obstacles and opportunities in the legal/regulatory system for implementing and approach is in decisions.* CEAZA-ProEcoServ.

CLÉMENT, G. 1999. *Le jardin planétaire*. Albin Michel, 127 p.

CLÉMENT, G. 2004. *Manifeste du Tiers paysage*. Sujet-Objet, 69 p.

COATES, P., COLE, T., DUDLEY, M. & PEARSON, C. 2011. « Defending Nation, Defending Nature? Militarized Landscapes and Military Environmentalism in Britain, France, and the United States ». *Environmental History*, vol. 16, pp. 456-491, 10.1093/envhis/emr038.

COETZEE, J.M. 1988. *White Writing: On the Culture of Letters in South Africa*. Yale University Press, 193 p.

COLE, R. 2008. « Les territoires naturels protégés en Russie depuis 1990 : une politique visionnaire malgré des difficultés structurelles ». *Les parcs nationaux dans le monde : Protection, gestion et développement durable*. Ellipses, pp. 47-71.

COLIN, P. 2014. « La théorie décoloniale en Amérique latine. Spécificités, enjeux et perspectives ». *Penser l'envers obscur de la modernité – Une anthologie de la pensée décoloniale latino-américaine*. PULIM, pp. 1-27.

Comaroff, J. & Comaroff, J.L. 2001. « Naturing the Nation: Aliens, Apocalypse and the Postcolonial State ». *Journal of Southern African Studies*, vol. 27, pp. 627-651.

Comaroff, J. & Comaroff, J.L. 2012. *Theory from the South, Or, How Euro-America is Evolving Toward Africa*. Paradigm Publishers, 261 p.

CONAF. 1999. *Plan de Manejo Parque Nacional Llullaillaco*. Unidad de gestión patrimonio silvestre.

Connell, R. 2007. *Southern theory: the global dynamics of knowledge in social science*. Polity, 296 p.

Cormier-Salem, M.-C. & Boutrais, J. 2005. *Patrimoines naturels au Sud : territoires, identités et stratégies locales*. IRD Éditions, 556 p.

Corntassel, J. 2012. « Re-envisioning resurgence: Indigenous pathways to decolonization and sustainable self-determination ». *Decolonization: Indigeneity, Education & Society*, 1(1), 16 p.

Costa, L.M. 2006. « Politics, desire and memory in the construction of landscape in the Argentine pampas ». *Journal of Visual Art Practice*, vol. 5, pp. 107-119.

Costanza, R., D'Arge, R., Groot, R. de, Farber, S., Grasso, M., Hannon, B., Limburg, K., *et al*. 1998. « The value of the world's ecosystem services and natural capital » [En ligne], URL : http://inis.iaea.org/Search/search.aspx?orig_q=RN:29045320 (consulté le 19/02/2015).

Couly, C. & Arnauld de Sartre, X. 2012. « Populations locales et unités de conservation : de l'exclusion à une inclusion incomplète (le cas de la Forêt nationale du Tapajós, Amazonie brésilienne) ». *Confins. Revue franco-brésilienne de géographie / Revista franco-brasilera de geografia*, 10.4000/confins.7595.

Cousins, J., Sadler, J. & Evans, J. 2008. « Exploring the Role of Private Wildlife Ranching as a Conservation Tool in South Africa: Stakeholder Perspectives ». *Ecology and Society*, vol. 13 [En ligne], URL : http://www.ecologyandsociety.org/vol13/iss2/art43/ (consulté le 05/09/2017).

Cousins, J.A., Evans, J. & Sadler, J.P. 2009. « Selling Conservation? Scientific Legitimacy and the Commodification of Conservation Tourism ». *Ecology and Society*, vol. 14 [En ligne], URL : http://hdl.handle.net/10535/3507 (consulté le 05/09/2017).

Coy, M. 1986. « Développement régional à la périphérie amazonienne : organisation de l'espace, conflits d'intérêts et programmes d'aménagement dans une région de "frontière" : le cas du Rondonia ». *Cahiers des Sciences Humaines*, n° 22, pp. 371-388.

Crosby, A.W. 2004. *Ecological Imperialism: The Biological Expansion of Europe, 900-1900*. Cambridge University Press, 410 p.

Cundill, G. & Fabricius, C. 2010. « Monitoring the Governance Dimension of Natural Resource Co-management ». *Ecology and Society*, 15 [En ligne], URL : http://www.ecologyandsociety.org/vol15/iss1/art15/ (consulté le 05/09/2017).

Dalby, S. 2009. *Security and Environmental Change*. Polity, 209 p.

Danilia, N. 2001. « The Zapovedniks of Russia ». *The George Wright Forum*, vol. 18, pp. 48-55.

Delgado, L.E., Sepúlveda, M.B. & Marín, V.H. 2013. « Provision of ecosystem services by the Aysén watershed, Chilean Patagonia, to rural households ». *Ecosystem Services*, vol. 5, pp. 102-109, 10.1016/j.ecoser.2013.04.008.

D'Elía, C. & Stancanelli, N. 2012. « Argentina-Sudáfrica : inserción en el mundo y relación bilateral ». *Revista del CEI*, 65-85.

Dellier, J. 2010. « les écueils de la wild coast (afrique du sud) ». *Espaces protégés, acceptation sociale et conflits environnementaux*. Université de Limoges, pp. 197-208 [En ligne], URL : https://halshs.archives-ouvertes.fr/halshs-00593228/document (consulté le 01/03/2015).

Depraz, S. 2005a. « Le concept d'"Akzeptanz " et son utilité en géographie sociale ». *L'Espace géographique*, T. 34, pp. 1-16.

Depraz, S. 2005b. *Recompositions territoriales, développement rural et protection de la nature dans les campagnes d'Europe centrale post-socialiste*. Thèse de doctorat, Université Paul Valéry, 525+252 p.

Depraz, S. 2007. « Campagnes et naturalité : la redéfinition d'un rapport à la nature dans les espaces ruraux des nouveaux Länder ». *Revue d'études comparatives Est-Ouest*, vol. 38, pp. 135-152, 10.3406/receo.2007.1850.

Depraz, S. 2008. « Les parcs nationaux d'Europe Centrale au risque du développement durable ». *Les parcs nationaux dans le monde : Protection, gestion et développement durable*. Ellipses, pp. 166-183.

Depraz, S. & Héritier, S. 2012. « La nature et les parcs naturels en Amérique du Nord ». *L'Information géographique*, vol. 76, pp. 6-6, 10.3917/lig.764.0006.

Desbiens, C. 2013. *Power from the North: Territory, Identity, and the Culture of Hydroelectricity in Quebec*. UBC Press, 312 p.

Descola, P. 2005. *Par-delà nature et culture*. Gallimard, 640 p.

Detienne, M. 2000. *Comparer l'incomparable*. Seuil, 150 p.

Dicken, M.L. 2010. « Socio-economic aspects of boat-based ecotourism during the sardine run within the Pondoland Marine Protected Area, South Africa ». *African Journal of Marine Science*, vol. 32, pp. 405-411, 10.2989/1814232X.2010.502642.

Dion, R. 1947. *Les frontières de la France*. Hachette, DL 1947, 110 p.

DiStefano, M. 2008. *The Organic Citizen: Reimagining Democratic Participation and Indigeneity in U.S. Late 19th and 20th Century Econarratives*. ProQuest, 356 p.

División de Recursos Naturales Renovables y Biodiversidad. 2011. *Las áreas protegidas de Chile, antecedantes, institucionalidad, estadísticas y desafíos*.

Dressler, W.H. 2011. « First to third nature : the rise of capitalist conservation on Palawan Island, the Philippines ». *The Journal of Peasant Studies*, vol. 38, pp. 533-557, 10.1080/03066150.2011.582580.

Duban, F. 2000. *L'écologisme aux États-Unis. Histoire et aspects contemporains de l'environnementalisme américain*. L'Harmattan.

Duffy, R. 2007. « Peace parks and global politics: the paradoxes and challenges of global governance ». In Ali, S. (ed.) *Peace Parks: Conservation and Conflict Resolution*. MIT Press, pp. 55-68 [En ligne], URL : http://eprints.soas.ac.uk/17802/ (consulté le 05/09/2017).

Elkin, S.L. 1987. *City and Regime in the American Republic*. University of Chicago Press, 232 p.

Ellis, S.D.K. 1992. « Défense d'y voir : la politisation de la protection de la nature » [En ligne], URL : https://openaccess.leidenuniv.nl/handle/1887/9048 (consulté le 17/06/2014).

Escobar, A. & Restrepo, E. 2010. « Anthropologies hégémoniques et colonialité ». *Cahiers des Amériques latines*, pp. 83-95, 10.4000/cal.1550.

Espejo, M.R. 1980. « Libéralisme économique et espace rural au Chili depuis 1973 ». *Études rurales*, 77, pp. 21-37, 10.3406/rural.1980.2593.

Espinoza Cuevas, V., Ortiz Rojas, M.-L. & Rojas Baezas, P. 2002. *Comisiones de Verdad, un camino incierto*. CODEPU-APT.

Fairhead, J., Leach, M. & Scoones, I. 2012. « Green Grabbing : a new appropriation of nature ? » *The Journal of Peasant Studies*, vol. 39, pp. 237-261, 10.1080/03066150.2012.671770.

FALL, J. 2005. « Michel Foucault and Francophone geography ». *Revue électronique des sciences humaines et sociales* [En ligne], URL : http://www.espacestemps.net/articles/michel-foucault-and-francophone-geography/ (consulté le 14/06/2014).

FERBER, L. 2013. « PLEIN AIR: How Hudson River School art influenced the American spirit. (Cover story) ». *New York State Conservationist*, vol. 67, pp. 6-11.

FLAD, H.K. 2009. « The parlor in the wilderness : domesticating an iconic american landscape ». *Geographical Review*, vol. 99, pp. 356-376.

FLETCHER, R. 2010. « Neoliberal environmentality: Towards a poststructuralist political ecology of the conservation debate ». *Conservation and Society*, vol. 8, p. 171, 10.4103/0972-4923.73806.

FONTAINE, G. 2006. « Convergences et tensions entre ethnicité et écologisme en Amazonie ». *Autrepart*, n° 38, p. 63, 10.3917/autr.038.0063.

FOREMAN, D. 2006. « Take Back Conservation Movement ». *International Journal of Wilderness*, vol. 4, pp. 4-31.

FORTMANN, L. & KUSEL, J. 1990. « New Voices, Old Beliefs: Forest Environmentalism Among New and Long-Standing Rural Residents ». *Rural Sociology*, vol. 55, pp. 214-232, 10.1111/j.1549-0831.1990.tb00681.x.

FOUCAULT, M. 1975. *Surveiller et punir*. Gallimard.

FOUCAULT, M. 1977. *Le jeu de Michel Foucault*. Gallimard.

FOUCAULT, M. 1978. *La gouvernementalité*. Gallimard.

FRASER, A. 2007. « Land reform in South Africa and the colonial present ». *Social & Cultural Geography*, vol. 8, pp. 835-851, 10.1080/14649360701712560.

FRISCHKNECHT, M. 2006. « Placemaking: from colonisation to architectonic style in Andean Patagonia ». *The Journal of Architecture*, vol. 11, pp. 209-223, 10.1080/13602360600786142.

GALAFASSI, G.P. 2012. « "Recuperación ancestral mapuche". Divergencias ideológicas y conflictos entre Mapuches y el Estado: el caso del Lof Inkaial WalMapu Meu (Parque Nacional Nahuel Huapí, Río Negro, Argentina) ». *Cuadernos de Antropología Social*, n° 35, pp. 71-98.

GALE, T., BOSAK, K. & CAPLINS, L. 2013. « Moving beyond tourists' concepts of authenticity: place-based tourism differentiation within rural zones of Chilean Patagonia ». *Journal of Tourism and Cultural Change*, vol. 11, pp. 264-286, 10.1080/14766825.2013.851201.

GAUCHON, C. 2008. « Une montagne emblématique aux multiples enjeux : le parc national du Triglav (Slovénie) ». *Les parcs nationaux dans le monde : Protection, gestion et développement durable*. Ellipses, pp. 99-119.

GAUTIER, D. 2012. *Environnement, discours et pouvoir : l'approche Political ecology*. Éditions Quae, 258 p.

GERVAIS-LAMBONY, P. 2003a. « Afrique du Sud, les temps du changement ». *Hérodote*, n° 111, p. 81, 10.3917/her.111.0081.

GERVAIS-LAMBONY, P. 2003b. « Quelques remarques générales sur la comparaison en sciences sociales en général, et en géographie en particulier ». *Espaces arc-en-ciel – Identités et territoires en Afrique du Sud et en Inde*. KARTHALA Éditions, pp. 29-40.

GIAMPICCOLI, A. & KALIS, J.H. 2012a. « Community-based tourism and local culture: the case of the amaMpondo ». *PASOS*, vol. 10, pp. 173-188.

GIAMPICCOLI, A. & KALIS, J.H. 2012b. « Tourism, Food, and Culture: Community-Based Tourism, Local Food, and Community Development in Mpondoland ». *Culture, Agriculture, Food and Environment*, vol. 34, pp. 101-123, 10.1111/j.2153-9561.2012.01071.x.

GIANNACHI, G. 2012. « Representing, Performing and Mitigating Climate Change in Contemporary Art Practice ». *Leonardo*, vol. 45, pp. 124-131, 10.1162/LEON_a_00278.

GIRAUT, F., GUYOT, S. & HOUSSAY-HOLZSCHUCH, M. 2005. « La nature, les territoires et le politique en Afrique du Sud ». *Annales. Histoire, Sciences sociales*, 4, pp. 695-720.

GIRAUT, F., GUYOT, S. & HOUSSAY-HOLZSCHUCH, M. 2008. « Enjeux de mots : les changements toponymiques sud-africains ». *L'Espace géographique*, T. 37, pp. 131-150.

GIRAUT, F. & VACCHIANI-MARCUZZO, C. 2012. « Représenter les lieux et les populations dans une colonie de peuplement : un siècle de recensements sud-africains ». *Mappemonde* [En ligne], URL : http://mappemonde.mgm.fr/num34/articles/art12201a.html (consulté le 05/09/2017).

GLACKEN, C.J. 1976. *Traces on the Rhodian Shore: Nature and Culture in Western Thought from Ancient Times to the End of the Eighteenth Century*. University of California Press, 804 p.

GOLONU, B. 2013. « Activism Rooted in Tradition ». *Third Text*, vol. 27, pp. 54-64, 10.1080/09528822.2013.752204.

GONZÁLEZ, H. 1986. « Propiedad comunitaria o individual. Las leyes indígenas y el pueblo mapuche ». *Nütram*, Año 2, pp. 7-13.

GORDON, D.R. 2011. « Deepening democracy through community dispute resolution: problems and prospects in South Africa and Chile ». *Contemporary Justice Review*, vol. 14, pp. 291-305, 10.1080/1028 2580.2011.589667.

GREEN, C. 2009. « Managing Laponia: A World Heritage Site as Arena for Sami Ethno-Politics in Sweden » [En ligne], URL : http://www.diva-portal.org/smash/record.jsf?pid=diva2%3A275592&dswid=-6277 (consulté le 04/02/2015).

GREEN, R.E., CORNELL, S.J., SCHARLEMANN, J.P. & BALMFORD, A. 2005. « Farming and the fate of wild nature ». *Science*, 307, pp. 550-555.

GREGORY, D. 2004. *The Colonial Present: Afghanistan. Palestine. Iraq*. Wiley, 396 p.

GRENIER, C. 2000. *Conservation contre nature : les îles Galápagos*. IRD Édition, 376 p.

GRIFFITHS, T. & ROBIN, L. 1997. *Ecology and Empire: Environmental History of Settler Societies*. University of Washington Press, 260 p.

GROSFOGUEL, R. 2007. « The Epistemic Decolonial Turn ». *Cultural Studies*, 21, pp. 211-223, 10.1080/09502380601162514.

GUHA, R. 2003. « The Authoritarian biologist and the Arrogance of anti-humanism: Wildlife conservation in the Third World ». *Battles over Nature, science and the politics of conservation*. Permanent Black, pp. 139-157.

GUIMOND, L. & SIMARD, M. 2010. « Gentrification and neo-rural populations in the Québec countryside: Representations of various actors ». *Journal of Rural Studies*, 26, pp. 449-464, 10.1016/j.jrurstud.2010.06.002.

GUYOT, S. 2002. « Spatial competition and the new governance framework in Mabibi (Maputaland) : implications for development ». *Geographical Journal*, vol. 168, pp. 18-32, 10.1111/1475-4959.00035.

GUYOT, S. 2003. *L'environnement contesté : la territorialisation des conflits environnementaux sur le littoral du Kwazulu-natal (Afrique du Sud : Kosi Bay, St Lucia, Richards Bay et Port Shepstone)*. Thèse, Université de Nanterre – Paris X [En ligne], URL : http://tel.archives-ouvertes.fr/tel-00363411 (consulté le 22/10/2013).

GUYOT, S. 2005. « Political dimensions of environmental conflicts in Kosi Bay (South Africa). Signification of the new post-apartheid governance system ». *Development Southern Africa*, 32, pp. 441-458.

GUYOT, S. 2006a. « Géopolitique des parcs (trans) frontaliers en Afrique Australe » . *Les Cahiers d'Outre-Mer*, vol. 59, pp. 215-232.

Guyot, S. 2006b. *Rivages zoulous : l'environnement au service du politique en Afrique du Sud*. KARTHALA Éditions, 278 p.

Guyot, S. 2008. « Une méthodologie de terrain "avec de vrais bricolages et plein de petits arrangements" ». In *À travers l'espace de la méthode : les dimensions du terrain en géographie* [En ligne], URL : http://halshs.archives-ouvertes.fr/halshs-00422362 (consulté le 22/10/2013).

Guyot, S. 2009. « Fronts écologiques et éco-conquérants : définitions et typologies. L'exemple des " ONG environnementales en quête de Côte Sauvage (Afrique du Sud)" ». *Cybergeo*, 10.4000/cybergeo.22651.

Guyot, S. 2011a. « La nature et le territoire : jeux de pouvoir et enjeux de conflits ». *Géographie des Conflits*. Éditions Sedes, pp. 111-131.

Guyot, S. 2011b. « The Eco-Frontier Paradigm: Rethinking the Links between Space, Nature and Politics ». *Geopolitics*, 16, pp. 675-706, 10.1080/14650045.2010.538878.

Guyot, S. 2011c. « The Instrumentalization of Participatory Management in Protected Areas: The ethnicization of participation in the Kolla-Atacameña Region of the Central Andes of Argentina and Chile ». *Journal of Latin American Geography*, 10, pp. 9-36, 10.1353/lag.2011.0048.

Guyot, S. 2012a. « La construction territoriale de têtes de ponts antarctiques rivales : Ushuaia (Argentine) et Punta Arenas (Chili) ». *L'Espace Politique. Revue en ligne de géographie politique et de géopolitique*, 10.4000/espacepolitique.2466.

Guyot, S. 2012b. « L'émergence d'un Front Touristique Transfrontalier dans les Andes Centrales (Triple Frontière : Argentine, Bolivie et Chili) ». *ACME: An International E-Journal for Critical Geographies*, 11, 304-334.

Guyot, S. 2013. « La construcción territorial de cabezas de puente antárticas rivales : Ushuaia (Argentina) y Punta Arenas (Chile) ». *Revista Transporte y Territorio*, 9, 11-38.

Guyot, S. 2015. « The Politics Of Eco-Frontiers: When Environmentality Meets Borderities ». *Borderities and the politics of contemporary mobile borders*. Palgrave Macmillan.

Guyot, S. & Dellier, J. 2009. *Rethinking the Wild Coast, South Africa: Eco-Frontiers Vs Livelihoods in Pondoland*. VDM Verlag Dr Müller, 233 p.

Guyot, S., Dellier, J. & Caillot, A. 2015. « "Our rural sense of place": Rurality and Strategies of Self-Segregation in the Cape Peninsula (South Africa) ». *JSSJ Justice Spatiale/Spatial Justice* [En ligne], URL : http://www.jssj.org/article/ourrural–sense–of–place–ruralite–et–strategies–de–defense–de–lentre–soi–dans–la–peninsule–du–cap–afrique–du–sud/ (consulté le 05/09/2017).

Guyot, S., Dellier, J. & Cerbelaud, F. 2014. « L'environnement au profit des plus riches ? Construction et hybridation d'un front écologique métropolitain dans la Péninsule du Cap (Afrique du Sud) ». *VertigO – la revue électronique en sciences de l'environnement* [En ligne], URL : http://vertigo.revues.org/14660 (consulté le 26/05/2014).

Guyot, S., Folio, F. & Lamy, M.-A. 2001. « Réussites, enjeux et contradictions du développement à Richards Bay, Afrique du Sud ». *Espace géographique*, T. 30, pp. 140-151.

Guyot, S. & Mniki, L. 2008. « Les parcs nationaux sud-africains, entre frontières raciales et « frontière environnementale » : Les nouveaux enjeux de la conservation de la nature sur la Wild Coast ». *Les parcs nationaux dans le monde : Protection, gestion et développement durable*. Ellipses, pp. 227-242 [En ligne], URL : http://hal.archives-ouvertes.fr/hal-00453797 (consulté le 22/10/2013).

Guyot, S. & Richard, F. 2009. « Les fronts écologiques – Une clef de lecture socio-territoriale des enjeux environnementaux ? » Guyot, S. & Richard, F. (eds.) *L'Espace Politique* [En ligne], URL : http://espacepolitique.revues.org/index1422.html (consulté le 11/12/2010).

Guyot, S., Salin, E. & Ramousse, D. 2007. « Acteurs et territorialisations conflictuelles autour de la "mise en réserve " de l'Alto Bermejo (Argentine-Bolivie) ». *Géocarrefour*, vol. 82, pp. 255-263, 10.4000/geocarrefour.3602.

Guyot, S. & Seethal, C. 2007. « Identity of place, places of identities: change of place names in post-apartheid South Africa ». *South African Geographical Journal*, 89, pp. 55-63.

Guyot, S. & Sepulveda, B. 2014. « The New Borders of Participation in Protected Areas, from Ethnicisation to Local (Dis)Integration: The Case of Chile ». *Cartographies of Nature: How conservation animates borders*. Cambridge Scholars Publishing, pp. 193-217.

Hajdu, F., Jacobson, K., Salomonsson, L. & Friman, E. 2012. « But tractors can't fly » [En ligne], URL : http://www.ijtr.org/Hajdu%20et%20al%20IJTR%20Article%202012.pdf (consulté le 02/07/2014).

Halfacree, K. 2007. « Back-to-the-Land in the Twenty-First Century – Making Connections with Rurality ». *Tijdschrift voor economische en sociale geografie*, 98, pp. 3-8, 10.1111/j.1467-9663.2007.00371.x.

Hamman, M. & Tuinder, V. 2012. *Introducing the Eastern Cape: A quick guide to its history, diversity and future challenges*. Stockholm University [En ligne], URL : http://www.sapecs.org/wp-content/uploads/2013/11/Eastern-Cape-Background-Report.pdf (consulté le 05/09/2017).

Hancock, C. 2007. « "Délivrez-nous de l'exotisme " : quelques réflexions sur des impensés de la recherche géographique sur les Suds (et les Nords) ». *Autrepart*, n° 41, pp. 69-81, 10.3917/autr.041.0069.

Hansen, M. 2013. « New geographies of conservation and globalisation: the spatiality of development for conservation in the iSimangaliso Wetland Park, South Africa ». *Journal of Contemporary African Studies*, vol. 31, pp. 481-502, 10.1080/02589001.2013.807566.

Harvey, D. 2008. *Géographie de la domination*. Les Prairies Ordinaires, 118 p.

Havlick, D.G. 2011. « Disarming Nature: Converting Military Lands to Wildlife Refuges* ». *Geographical Review*, 101, pp. 183-200, 10.1111/j.1931-0846.2011.00086.x.

Hennessy, E. & McCleary, A. 2011. « Nature's Eden? The Production and Effects of "Pristine" Nature in the Galápagos Islands ». *Island Studies Journal*, 6, pp. 131-156.

Héritier, S. 2002. *Environnement et patrimoine, tourisme et aménagement dans les parcs nationaux des montagnes de l'Ouest canadien (Banff, Jasper, Yoho, Kootenay, Revelstoke, Glacier, Lacs Waterton)*. Thèse de doctorat de Géographie, Université de Chambéry, 390 p.

Héritier, S. 2009. « Réflexions autour des "Fronts écologiques " dans le nord de l'Alberta (Canada) ». *L'Espace Politique. Revue en ligne de géographie politique et de géopolitique*, 10.4000/espacepolitique.1425.

Héritier, S., Arnauld de Sartre, X., Laslaz, L. & Guyot, S. 2009. « Fronts écologiques : dynamiques spatio-temporelles et dominations multi-scalaires ». *L'Espace Politique. Revue en ligne de géographie politique et de géopolitique*, 10.4000/espacepolitique.1453.

Héritier, S. & Laslaz, L. (eds.) 2008. *Les parcs nationaux dans le monde : protection, gestion et développement durable*. Ellipses, DL 2008, 312 ; xvi p.

Hevilla, M.C. & Molina, M. 2010. « Trashumancia y nuevas movilidades en la frontera argentino-chilena de los andes centrales ». *Revista Transporte y Territorio*, 3, pp. 40-58.

Hill, T., Nel, E. & Trotter, D. 2006. « Small-scale, nature-based tourism as a pro-poor development intervention: Two examples in Kwazulu-Natal,

South Africa ». *Singapore Journal of Tropical Geography*, 27, pp. 163-175, 10.1111/j.1467-9493.2006.00251.x.

HOEHN, S. & THAPA, B. 2009. « Attitudes and perceptions of indigenous fishermen towards marine resource management in Kuna Yala, Panama ». *International Journal of Sustainable Development & World Ecology*, 16, pp. 427-437, 10.1080/13504500903315938.

HOLMES, G. 2014. « What is a land grab? Exploring green grabs, conservation, and private protected areas in southern Chile ». *The Journal of Peasant Studies*, 41, pp. 547-567, 10.1080/03066150.2014.919266.

HOLSTON, J. 2009. « Insurgent Citizenship in an Era of Global Urban Peripheries ». *City & Society*, 21, pp. 245-267, 10.1111/j.1548-744X.2009.01024.x.

HONEY, M. 1999. *Ecotourism and Sustainable Development: Who Owns Paradise ?*. Island Press, 417 p.

HOPKINS, J.W. 1995. *Policymaking for Conservation in Latin America: National Parks, Reserves, and the Environment*. Greenwood Publishing Group, 234 p.

HOTYAT, M. 2013. « Impact des activités touristiques en forêt de Fontainebleau du XIXe siècle à nos jours – Exemples des "Séries Artistiques" et de la platière d'Apremont ». *Bulletin de l'Association de géographes français*, 90, pp. 219-231.

HOUSSAY-HOLZSCHUCH, M. 2008. « Géographies de la distance : terrains sud-africains ». Sanjuan, T. (ed.) *Carnets de terrain. Pratiques géographiques et aires culturelles*. L'Harmattan, coll. « Géographie et Cultures », pp. 181-195 [En ligne], URL : https://hal.archives-ouvertes.fr/hal-00326234 (consulté le 13/05/2015).

HOUSSAY-HOLZSCHUCH, M. 2010. *Crossing boundaries: – T. 1 : itinéraire scientifique ; T. 2 : publications ; T. 3 : Vivre ensemble dans l'Afrique du Sud post-apartheid*. Habilitation à diriger des recherches, Université Panthéon-Sorbonne – Paris I [En ligne], URL : https://tel.archives-ouvertes.fr/tel-00542013/document (consulté le 29/04/2015).

HUMES, E. 2009. *Eco Barons: The Dreamers, Schemers, and Millionaires Who Are Saving Our Planet*. Harper Collins, 388 p.

INGOLD, T. 2012. « Culture, nature et environnement ». *Tracés. Revue de Sciences humaines*, pp. 169-187, 10.4000/traces.5470.

INOGWABINI, B. 2014. « Conserving biodiversity in the democratic republic of Congo: A brief history, current trends and insights for the future ». *Parks*, vol. 20, pp. 101-110.

INSTITUTE OF ENVIRONMENTAL LAW. 2003. *Legal Tools and Incentives for Private Lands Conservation in Latin America: Building Models for Success.* Environmental Law Institute, 220 p.

JACOBSON, K. 2013. *From Betterment to Bt maize.* Uppsala, 158 p. [En ligne], URL : http://pub.epsilon.slu.se/10406/1/Jacobson_k_130507.pdf (consulté le 05/09/2017).

JAZEEL, T. 2013. *Landscape, Nature, Nationhood: A Historical Geography of Ruhuna (Yala) National Park.* Liverpool University Press [En ligne], URL : https://ezp.sub.su.se/login?url=http://search.ebscohost.com/login.aspx?direct=true&db=edsups&AN=ups.9781846318863.003.0003&site=edslive&scope=site (consulté le 05/09/2017).

JAZEEL, T. 2005. « "Nature", nationhood and the poetics of meaning in Ruhuna (Yala) National Park, Sri Lanka ». *Cultural Geographies*, 12, pp. 199-227, 10.1191/1474474005eu326oa.

JEAN, Y. & GUIBERT, M. 2011. *Dynamiques des espaces ruraux dans le monde.* Armand Colin, 529 p.

JONES, C. 2012. « Ecophilanthropy, Neoliberal Conservation, and the Transformation of Chilean Patagonia's Chacabuco Valley ». *Oceania*, 82, pp. 250-263, 10.1002/j.1834-4461.2012.tb00132.x.

JONES, R.E., FLY, J.M., TALLEY, J. & CORDELL, H.K. 2003. « Green migration into rural America: The new frontier of environmentalism? ». *Society and Natural Resources*, 16, pp. 221-238.

JOSEPHSON, P.R., DRONIN, N.M. & CHERP, A. 2013. *An environmental history of Russia.* Cambridge University Press, vii+340 p.

KANNAN, R., SHACKLETON, C. & SHAANKER, R. 2013. « Playing with the forest: invasive alien plants, policy and protected areas in India ». *Current Science*, 104, pp. 1159-1165.

KEPE, T. 2001. *Tourism, protected areas and development in South Africa: views of visitors to Mkambati Nature Reserve* [En ligne], URL : https://tspace.library.utoronto.ca/handle/1807/9857 (consulté le 10/02/2015).

KEPE, T. 2009. *Geopolitics of Conservation and the Making of an Environmental Discourse in a South African Countryside.* Université de Limoges.

KEPE, T. & NTSEBEZA, L. 2011. *Rural Resistance in South Africa: The Mpondo Revolts After Fifty Years.* BRILL, 291 p.

KING, B.H. & MCCUSKER, B. 2007. « Environment and development in the former South African bantustans ». *Geographical Journal*, 173, pp. 6-12, 10.1111/j.1475-4959.2007.00229.x.

KIPNG'ETICH, J. 2012. « Laying the Foundation for Conservation of Kenya's Natural Resources in the 21st Century ». *The George Wright Forum*, vol. 29, pp. 30-38.

KLEINOD, M. 2011. « "As Unspoilt As Possible" – A Framework for the Critical Analysis of Ecotourism ». *Transcience*, vol 2, pp. 44-58.

KLUBOCK, T.M. 2011. « The nature of the frontier: forests and peasant uprisings in southern Chile ». *Social History*, 36, pp. 121-142, 10.1080/03071022.2011.562348.

KNIGHT, C. 2010. « The Discourse of "Encultured Nature" in Japan: The Concept of Satoyama and its Role in 21st-Century Nature Conservation ». *Asian Studies Review*, 34, pp. 421-441, 10.1080/10357823.2010.527920.

KREUTER, U., PEEL, M. & WARNER, E. 2010. « Wildlife Conservation and Community-Based Natural Resource Management in Southern Africa's Private Nature Reserves ». *Society & Natural Resources*, 23, pp. 507-524, 10.1080/08941920903204299.

KREVER, V., STISHOV, M. & ONUFRENYA, I. 2009. *National protected areas of the Russian Federation: gap analysis and perspective framework*. WWF.

KULL, C.A., ARNAULD DE SARTRE, X. & CASTRO-LARRAÑAGA, M. 2015. « The political ecology of ecosystem services ». *Geoforum*, 61, pp. 122-134, 10.1016/j.geoforum.2015.03.004.

LACOSTE, Y. 2003. *De la géopolitique aux paysages : dictionnaire de la géographie*. Armand Colin, 413 p.

LAING, J.H. & CROUCH, G.I. 2011. « Frontier tourism: Retracing Mythic Journeys ». *Annals of Tourism Research*, vol. 38, pp. 1516-1534, 10.1016/j.annals.2011.02.003.

LARRÈRE. 2009. *Du bon usage de la nature*. Champs essais [En ligne], URL : http://livre.fnac.com/a2748325/Catherine-Larrere-Du-bon-usage-de-la-nature (consulté le 10/02/2015).

LASCOUMES, P. 2004. « La Gouvernementalité : de la critique de l'État aux technologies du pouvoir ». *Le Portique. Revue de philosophie et de sciences humaines*, n° 13-14 [En ligne], URL : http://leportique.revues.org/625 (consulté le 22/10/2014).

LASLAZ, L. 2005. « Les zones centrales des Parcs nationaux alpins français (Vanoise, Écrins, Mercantour), des conflits au consensus social ?

Contribution critique à l'analyse des processus territoriaux d'admission des espaces protégés et des rapports entre sociétés et politiques d'aménagement en milieux montagnards ». *Ruralia. Sciences sociales et mondes ruraux contemporains* [En ligne], URL : http://ruralia.revues.org/1094 (consulté le 13/05/2015).

Laslaz, L. 2009. « La collaboration environnementale transfrontalière, constituante d'un front écologique ? » *L'Espace Politique. Revue en ligne de géographie politique et de géopolitique*, 10.4000/espacepolitique.1439.

Laslaz, L., Depraz, S., Guyot, S. & Héritier, S. 2012. *Atlas mondial des espaces naturels protégés*. Autrement [En ligne], URL : http://www.academia.edu/2312346/Atlas_mondial_des_espaces_naturels_prot%C3%A9g%C3%A9s (consulté le 18/02/2015).

Laslaz, L., Gauchon, C., Duval, M. & Héritier, S. 2014. *Les espaces protégés : Entre conflits et acceptation*. Belin, 431 p.

Latour, B. 2004. *Politiques de la nature, comment faire entrer les sciences en démocratie ?*. La Découverte.

Lecourt, A. 2003. *Les conflits d'aménagement : analyse théorique et pratique à partir du cas breton*. Thèse, Université Rennes 2 [En ligne], URL : https://tel.archives-ouvertes.fr/tel-00003924/document (consulté le 13/05/2015).

Le Galès, P. 1995. « Du gouvernement des villes à la gouvernance urbaine ». *Revue française de science politique*, vol. 45, pp. 57-95, 10.3406/rfsp.1995.403502.

Léger, D. 1979. « Les utopies du "retour" ». *Actes de la recherche en sciences sociales*, pp. 45-63.

Lemouneau, C. 2012. « L'empreinte de la nature sous le gouvernement militaire d'Augusto Pinochet (1973-1990) : quelques formulations à propos d'un art national ». *Artelogie : recherches sur les arts, le patrimoine et la littérature de l'Amérique Latine*, n° 3, pp. 1-14.

Leonard, L. 2013. « The Relationship Between the Conservation Agenda and Environmental Justice in Post-Apartheid South Africa: An Analysis of Wessa KwaZulu-Natal and Environmental Justice Advocates ». *South African Review of Sociology*, vol. 44, pp. 2-21, 10.1080/21528586.2013.817059.

Light, A. 2000. « Restoration, the Value of Participation, and the Risks of Professionalization ». *Restoring Nature: Perspectives from the Social Sciences and Humanities*. Island Press, pp. 163-181.

Linz, J.J. 2007. *Régimes totalitaires et autoritaires*. Armand Colin, 237 p.

Lopes, P.D. 2005. « International Environmental Regimes: Environmental Protection as a Means of State Making? » *Oficina do CES*, p. 242.

Luke, T.W. 1995. « On Environmentality: Geo-Power and Eco-Knowledge in the Discourses of Contemporary Environmentalism ». *Cultural Critique*, pp. 57-81, 10.2307/1354445.

Luke, T.W. 1999. Luke T.W. 1999. « Environmentality as green governmentality ». In É. Darier (ed.), *Discourses of the Environment*. OxBlackwell, pp. 121-151.

Luke, T.W. 2000. « Toward a green geopolitics: Politicizing ecology at the Worldwatch Institute ». *Geopolitical Traditions: A Century of Geopolitical Thought*. Routledge, pp. 353-371.

Lund, F. 1999. « Remaking community at Riemvasmaak ». *Agenda*, 15, pp. 49-54, 10.1080/10130950.1999.9675784.

Magio, K., Velarde, M., Santillan, M.A. & Rios, A. 2013. « Ecotourism in Developing Countries: A Critical Analysis of the Promise, the Reality and the Future ». *Journal of Emerging Trends in Economics and Management Sciences (JETEMS)*, 4, pp. 481-486.

Maraud, S., Desbiens, C. 2017. « Eeyou Istchee – Baie-James : vers un capital environnemental mixte ? », *Norois*.

Maraud, S., Guyot, S. 2016. « Mobilization of imaginaries to build Nordic Indigenous Natures », Polar Geography, 39(3), pp. 1-21.

Marcotte, P. & Bourdeau, L. 2010. « La promotion des sites du Patrimoine mondial de l'UNESCO : Compatible avec le développement durable ? ». *Management & Avenir*, n° 34, pp. 270-288, 10.3917/mav.034.0270.

Marin, A. 2011. « From breach to bridge: the Augustów canal, an ecotourism destination across the EU's border with Belarus ». *Articulo – Journal of Urban Research*, 10.4000/articulo.1705.

Martínez Mauri, M. 2008. « De tule nega à kuna yala. Médiation, territoire et écologie au Panama, 1903-2004 ». *Nuevo Mundo Mundos Nuevos. Nouveaux mondes mondes nouveaux – Novo Mundo Mundos Novos – New world New worlds*, 10.4000/nuevomundo.15592.

Martino, D. 2001. « Buffer Zones Around Protected Areas: A Brief Literature Review ». *Electronic Green Journal*, 1 [En ligne], URL : http://escholarship.org/uc/item/02n4v17n (consulté le 18/02/2015).

Mashabela, T.E. & Vink, N. 2008. « Competitive performance of global deciduous fruit supply chains: South Africa versus Chile ». *Agrekon*, vol. 47 [En ligne], URL : https://ideas.repec.org/a/ags/agreko/37632.html (consulté le 28/02/2015).

MATHEKA, R.M. 2008a. « Decolonisation and Wildlife Conservation in Kenya, 1958-68 ». *The Journal of Imperial and Commonwealth History*, 36, pp. 615-639, 10.1080/03086530802561016.

MATHEKA, R.M. 2008b. « The International Dimension of the Politics of Wildlife Conservation in Kenya, 1958-1968 ». *Journal of Eastern African Studies*, vol. 2, pp. 112-133, 10.1080/17531050701847300.

MATHIEU, N. 1998. « La notion de rural et les rapports ville-campagne en France Les années quatre-vingt-dix ». *Économie rurale*, n° 247, pp. 11-20, 10.3406/ecoru.1998.5029.

MATTHEWS, A. 2014. « Journeys into Authenticity and Adventure: Analysing Media Representations of Backpacker Travel in South America ». *Literature & Aesthetics*, 22 [En ligne], URL : http://openjournals.library.usyd.edu.au/index.php/LA/article/view/7575 (consulté le 11/12/2014).

MAVHUNGA, C. & SPIERENBURG, M. 2009. « Transfrontier Talk, Cordon Politics: The Early History of the Great Limpopo Transfrontier Park in Southern Africa, 1925-1940 ». *Journal of Southern African Studies*, 35, pp. 715-735, 10.1080/03057070903101920.

MCALPIN, M. 2008. « Conservation and community-based development through ecotourism in the temperate rainforest of southern Chile ». *Policy Sciences*, vol. 41, pp. 51-69, 10.1007/s11077-007-9053-8.

MCKENZIE, P. 1995. « Reclaiming the Land: A Case Study of Riemvasmaak ». FROM DEFENCE TO DEVELOPMENT *Redirecting Military Resources in South Africa*. David Philip, pp. 60-84.

MELS, T. 1999. *Wild Landscapes: The Cultural Nature of Swedish National Parks*. Lund University Press, 257 p.

MEZA, L.E. 2009. « Mapuche Struggles for Land and the Role of Private Protected Areas in Chile ». *Journal of Latin American Geography*, 8, n° 1, pp. 149-163, 10.1353/lag.0.0026.

MILIAN, J. 2004. *Protection de la nature et développement territorial dans les Pyrénées*. Université de Toulouse 2 [En ligne], URL : http://www.theses.fr/2004TOU20055 (consulté le 13/05/2015).

MILIAN, J. & RODARY, E. 2010. « La conservation de la biodiversité par les outils de priorisation ». *Revue Tiers Monde*, n° 202, pp. 33-56, 10.3917/rtm.202.0033.

MINICONI, R. & GUYOT, S. 2010. « Conflicts and cooperation in the mountainous Mapuche territory (Argentina) ». *Revue de géographie alpine* [En ligne], URL : http://rga.revues.org/index1151.html (consulté le 04/02/2011).

MINISTRY OF ENVIRONMENT (JAPAN). 2014. « Natural Park System of Japan » [En ligne], URL : http://www.env.go.jp/en/nature/nps/park/doc/files/parksystem.pdf (consulté le 27/01/2015).

MIQUEL, P. 1996. *Le paysage français au XIXe siècle : l'école de la nature. Felix Ziem : 1821-1911...* Éd. de la Martinelle, 240 p.

MITCHELL, W.J.T. 2002. *Landscape and power.* University of Chicago Press.

MITTERMEIER, R.A., DA FONSECA, G.A. B., RYLANDS, A.B. & BRANDON, K. 2005. « A Brief History of Biodiversity Conservation in Brazil ». *Conservation Biology*, 19, pp. 601-607, 10.1111/j.1523-1739.2005.00709.x.

MOLINA, R. 1995. « Modelos de enajenación de territorios indígenas y el proceso de ocupación chilena del Alto Bío-Bío pehuenche ». *Pentukun*, n° 2, pp. 43-26.

MONBEIG, P. 1952. « Pionniers et planteurs de São Paulo ». *Revue économique*, vol. 4, n° 3, pp. 446-447.

MORENO, D., CARMINATI, A., MACHAIN, N. & ROLDÁN, M. 2008. « Reseña sobre las reservas privadas en la Argentina ». *Voluntad de Conservar : Experiencias seleccionadas de conservación por la sociedad civil en Iberoamérica.* Asociación Conservación de la Naturaleza, pp. 7-33.

MORRIS, N.J. & CANT, S.G. 2006. « Engaging with place: artists, site-specificity and the Hebden Bridge Sculpture Trail ». *Social & Cultural Geography*, 7, pp. 863-888, 10.1080/14649360601055805.

MULLANEY, E.G. 2014. « Geopolitical Maize: Peasant Seeds, Everyday Practices, and Food Security in Mexico ». *Geopolitics*, vol. 19, pp. 406-430, 10.1080/14650045.2014.920232.

MUÑOZ, M.D. & SALINAS, R.T. 2010. « Conectividad, apertura territorial y formación de un destino turístico de naturaleza. El caso de Aysén (Patagonia chilena) ». *Estudios y Perspectivas en Turismo*, vol. 19, pp. 447-470.

MYERS, N., MITTERMEIER, R.A., MITTERMEIER, C.G., DA FONSECA, G.A.B. & KENT, J. 2000. « Biodiversity hotspots for conservation priorities ». *Nature*, 403, pp. 853-858, 10.1038/35002501.

NAIDOO, R., BALMFORD, A., COSTANZA, R., FISHER, B., GREEN, R.E., LEHNER, B., MALCOLM, T.R. & RICKETTS, T.H. 2008. « Global mapping of ecosystem services and conservation priorities ». *Proceedings of the National Academy of Sciences*, 105, pp. 9495-9500, 10.1073/pnas.0707823105.

NEUMANN, R.P. 2004. « Moral and discursive geographies in the war for biodiversity in Africa ». *Political Geography*, 23, pp. 813-837, 10.1016/j.polgeo.2004.05.011.

NEUMANN, R.P. 2009. « Political ecology : Theorizing scale ». *Progress in Human Geography*, 33, pp. 398-406, 10.1177/0309132508096353.

NEUMANN, R.P. 2010. « Political ecology II : Theorizing region ». *Progress in Human Geography*, 34, pp. 368-374, 10.1177/0309132509343045.

NEUMANN, R.P. 2011. « Political ecology III : Theorizing landscape ». *Progress in Human Geography*, 0309132510390870, 10.1177/0309132510390870.

NOUZEILLES, G. 1999. « Patagonia as borderland: Nature, culture, and the idea of the state ». *Journal of Latin American Cultural Studies*, vol. 8, pp. 35-48, 10.1080/13569329909361947.

NTSHONA, Z., KRAAI, M., KEPE, T. & SALIWA, P. 2010. « From land rights to environmental entitlements: Community discontent in the « successful » Dwesa-Cwebe land claim in South Africa ». *Development Southern Africa*, 27, pp. 353-361, 10.1080/0376835X.2010.498942.

OLSON, D.M. & DINERSTEIN, E. 2002. « The Global 200 : Priority Ecoregions for Global Conservation ». *Annals of the Missouri Botanical Garden*, 89, pp. 199-224, 10.2307/3298564.

OLTREMARI, J.V. & JACKSON, R.G. 2006. « Conflicts, Perceptions, and Expectations of Indigenous Communities Associated with Natural Areas in Chile ». *Natural Areas Journal*, 26, pp. 215-220, 10.3375/0885-8608(2006)26[215:CPAEOI]2.0.CO;2.

OLWIG, K. 2002. *Landscape, Nature, and the Body Politic: From Britain's Renaissance to America's New World*. University of Wisconsin Press, 332 p.

OVALLE, F. & EASTMAN, C. 2007. *Ordenamiento Predial Participativo con fines de Conservación, para la Localidad de Inío, sector Sur Parque Tantauco (Chiloé)*. Universidad de Chile. [En ligne], URL : http://www.parquetantauco.cl/publicaciones/articulos/6.%20Ordenamiento%20Predial%20Participativo,%2089%20pag.pdf (consulté le 05/09/2017 ; lien brisé).

OXFORD, P., WATKINS, G. & BRITAIN), P.P. (CONSORT OF E.I., QUEEN OF GREAT). 2009. *Galapagos: both sides of the coin*. Enfoque Ediciones, 264 p.

OYADOMARI, M. 1989. « The rise and fall of the nature conservation movement in Japan in relation to some cultural values ». *Environmental Management*, vol. 13, n° 1, pp. 23-33, 10.1007/BF01867584.

OYOLA-YEMAIEL, A. 1999. *The Early Conservation Movement in Argentina and the National Park Service: A Brief History of Conservation, Development, Tourism and Sovereignty*. Universal-Publishers, 167 p.

PASQUIER, R. 2004. « Police, politique, monde : quelques questions ». *Labyrinthe*, 10.4000/labyrinthe.168.

PASTOR, G.C. & TORRES, L.M. 2010. « Turismo en territorios perifericos ?. Algunas reflexiones a proposito de un estudio de caso en el "Desierto de Lavalle" », Argentina. *Estudios y Perspectivas en Turismo*, vol. 19, n° 2, pp. 163-181.

PATERSON, A. 2009. « Legal Framework for Protected Areas : South Africa ». *IUCN-EPLP*, 81.

PAUCHARD, A. & VILLARROEL, P. 2002. « Protected Areas in Chile: History, Current Status, and Challenges ». *Natural Areas Journal*, vol. 22, pp. 318-330.

PAUDEL, N.S., BUDHATHOKI, P. & SHARMA, U.R. 2007. « Buffer Zones: New Frontiers for Participatory Conservation? » *Journal of Forest and Livelihood*, 6, pp. 44-53, 10.3126/jfl.v6i2.2324.

PAYEN, A. 2012. *Tourisme communautaire dans les suds : quelle implication des populations locales dans les aires protégées ? Cas du parc national de loango, gabon*. Université de Paris 1 [En ligne], URL : https://www.univ-paris1.fr/fileadmin/IREST/Memoires_Masters_2/PAYEN_Ariane.pdf (consulté le 05/09/2017).

PAYN, V. 2012. *« Ilima », « Izithebe » and the « Green Revolution »: a complex agro-ecological approach to understanding agriculture in Pondoland and what this means for sustainability through the creation of « Living Landscapes »*. Thesis, Stellenbosch University [En ligne], URL : http://scholar.sun.ac.za/handle/10019.1/20228 (consulté le 28/02/2015).

PEARSON, D. 2002. « Theorizing citizenship in British settler societies ». *Ethnic and Racial Studies*, vol. 25, pp. 989-1012, 10.1080/0141987022000009403.

PEET, R. & WATTS, M. 1996. *Liberation Ecologies: Environment, Development, Social Movements*. Routledge, 273 p.

PELUSO, N.L. & VANDERGEEST, P. 2011. « Political Ecologies of War and Forests: Counterinsurgencies and the Making of National Natures ».

Annals of the Association of American Geographers, vol. 101, pp. 587-608, 10.1080/00045608.2011.560064.

Poulot, M. 2008. « Les territoires périurbains : « fin de partie » pour la géographie rurale ou nouvelles perspectives ? » *Géocarrefour*, vol. 83, 10.4000/geocarrefour.7045.

Poulot, M. 2013. « Du vert dans le périurbain ». *Electronic Journal of Humanities and Social Sciences* [En ligne], URL : http://www.espacestemps.net/en/articles/du-vert-dans-le-periurbain-les-espaces-ouverts-une-hybridation-de-lespace-public/ (consulté le 30/03/2015).

Poux, X., Narcy, J.-B. & Ramain, B. 2009. « Réinvestir le saltus dans la pensée agronomique moderne : vers un nouveau front éco-politique ? » *L'Espace Politique. Revue en ligne de géographie politique et de géopolitique*, 10.4000/espacepolitique.1495.

Prescott, J.R.V. 2014. *Political Frontiers and Boundaries (Routledge Library Editions: Political Geography)*. Routledge, 301 p.

Price, M.F. 1996. « People in biosphere reserves: An evolving concept ». *Society & Natural Resources*, 9, pp. 645-654, 10.1080/08941929609381002.

Proecoserv. 2013. *Project for Ecosystem Services*. UNEP.

Pulgar, M. & Zaccai, E. 2013. « L'évolution des associations et des mouvements sociaux environnementaux dans le contexte politique chilien ». *Écologie & politique*, n° 46, pp. 95-107.

Purcell, M. 2014. « Rancière and revolution ». *Space and Polity*, 18, pp. 168-181, 10.1080/13562576.2014.911591.

Ramousse, D. & Salin, É. 2007. « Aires protégées des périphéries sud-américaines : entre réserves stratégiques et valorisation patrimoniale ». *Mondes en développement*, n° 138, pp. 11-26, 10.3917/med.138.0011.

Ramutsindela, M. 2007. « Resilient geographies: land, boundaries and the consolidation of the former bantustans in post-1994 South Africa ». *Geographical Journal*, vol. 173, pp. 43-55, 10.1111/j.1475-4959.2007.00230.x.

Ramutsindela, M. (ed.) 2014. *Cartographies of Nature : How Nature Conservation Animates Borders*. Cambridge Scholars Publishing.

Ramutsindela, M. 2015. « Natured Borders ». *Geoforum*, 61, pp. 135-137, 10.1016/j.geoforum.2015.03.007.

Ramutsindela, M., Spierenburg, M. & Wels, H. 2013. *Sponsoring Nature: Environmental Philanthropy for Conservation*. Routledge, 225 p.

Rangarajan, M. 2003. « The politics of ecology: The debate on Wildlife-People in India 1970-95 ». *Battles over Nature, science and the politics of conservation*. Permanent Black, pp. 189-239.

Redclift, M.R. 2006. *Frontiers: Histories of Civil Society and Nature*. MIT Press, 266 p.

Regnauld, H., Volvey, A. & Heulot, P. 2012. « Géomorphosites et collection du FRAC Bretagne ». *Géocarrefour*, pp. 219-228, 10.4000/geocarrefour.8871

Richard, F. 2009. « La gentrification des " espaces naturels " en Angleterre : après le front écologique, l'occupation ? » *L'Espace Politique. Revue en ligne de géographie politique et de géopolitique*, 10.4000/espacepolitique.1478.

Robbins, P. 2006. « Review ». *Geographical Review*, 96, pp. 715-718.

Robbins, P. 2012. *Political Ecology: A Critical Introduction*. John Wiley & Sons, 299 p.

Robinson, J. 2011. « Cities in a World of Cities: The Comparative Gesture ». *International Journal of Urban and Regional Research*, vol. 35, pp. 1-23, 10.1111/j.1468-2427.2010.00982.x.

Rodary, E. 2001. *Les espaces naturels : l'aménagement par la participation ? : mise en réseau et territorialisation des politiques de conservation de la faune en Zambie et au Zimbabwe*. Université d'Orléans [En ligne], URL : http://www.theses.fr/2001ORLE1041 (consulté le 13/05/2015).

Rodary, E. 2008. « Les parcs nationaux africains, une crise durable ». *Les parcs nationaux dans le monde : Protection, gestion et développement durable*. Ellipses, pp. 207-226.

Rodary, E. & Castellanet, C. 2003. *Conservation de la nature et développement : l'intégration impossible ?*. Rossi, G., Colloque « Dynamiques sociales et environnement : pour un dialogue entre chercheurs, opérateurs et bailleurs de fonds », Association française des volontaires du progrès & Groupe de recherche et d'échanges technologiques, eds. Karthala : GRET, 308 p.

Rodríguez, J.P. 1996. *Araucanía y Pampas: un mundo fronterizo en América del Sur*. Ediciones Universidad de la Frontera, 286 p.

Roger, A. 1997. *Court traité du paysage*. Gallimard, 199 p.

Roldán, M., Carminati, A., Biganzoli, F. & Paruelo, J.M. 2010. « Las reservas privadas ¿son efectivas para conservar las propiedades de los ecosistemas ? » *Ecología austral*, vol. 20, pp. 185-199.

Rose, G. 1993. *Feminism & Geography: The Limits of Geographical Knowledge*. University of Minnesota Press, 215 p.

Rossi, G. 2000. *L'ingérence écologique : environnement et développement rural du Nord au Sud : essai*. CNRS, 276 p.

Rouquié, A. 1984. « L'Argentine après les militaires ». *Politique étrangère*, 49, pp. 113-125, 10.3406/polit.1984.3353.

Rutherford, S. 2007. « Green governmentality: insights and opportunities in the study of nature's rule ». *Progress in Human Geography*, 31, pp. 291-307, 10.1177/0309132507077080.

Sacareau, I. 2000. « Mise en tourisme et dynamique spatiale au Népal ». *Mappemonde*, pp. 12-16.

Saumon, G. 2018 (date de soutenance prévisionnelle). *(In)justices environnementales et récits de nature dans le Montana*. Thèse de doctorat en cours, université de Limoges.

Scarzanella, E. 2002. « Las bellezas naturales y la nación : Los parques nacionales en Argentina en la primera mitad del siglo XX ». *Revista Europea de Estudios Latinoamericanos y del Caribe / European Review of Latin American and Caribbean Studies*, pp. 5-21.

Sepúlveda, B. 2011. *Les Mapuches du Chili : des représentations aux pratiques de l'espace*. Rouen, 614 p.

Sgard, A. 2010. « Une "éthique du paysage " est-elle souhaitable ? » *VertigO – la revue électronique en sciences de l'environnement*, 10.4000/vertigo.9472.

Sgard, A., Fortin, M.-J. & Peyrache-Gadeau, V. 2010. « Le paysage en politique ». *Développement durable et territoires. Économie, géographie, politique, droit, sociologie*, 10.4000/developpementdurable.8522.

Shafer, C.L. 1999. « US National Park Buffer Zones : Historical, Scientific, Social, and Legal Aspects ». *Environmental Management*, vol. 23, pp. 49-73, 10.1007/s002679900167.

Sidicaro, R. 1983. « Huit propositions sur les régimes autoritaires d'Argentine, du Chili et d'Uruguay ». *L'Homme et la société*, n° 69, pp. 145-174.

Sigal, S. 1984. « Sur le discours militaire : Argentine 1976-1978 et un déjà vu ». *L Homme et la société*, n° 71, pp. 33-53, 10.3406/homso.1984.3189.

Skelcher, B. 2003. « Apartheid and the Removal of Black Spots from Lake Bhangazi in Kwazulu-Natal, South Africa ». *Journal of Black Studies*, 33, pp. 761-783, 10.1177/0021934703033006003.

Skewgar, E., Simeone, A. & Dee Boersma, P. 2009. « Marine Reserve in Chile would benefit penguins and ecotourism ». *Ocean & Coastal Management*, 52, pp. 487-491, 10.1016/j.ocecoaman.2009.07.003.

Slater, R. 2002. « Between a Rock and a Hard Place: Contested Livelihoods in Qwaqwa National Park, South Africa ». *The Geographical Journal*, 168, pp. 116-129.

Slovo, G. 2001. *Poussière rouge*. Bourgois, 395 p.

Smith, A. 2013. « "The land and its people": reflections on artistic identification in an age of nations and nationalism ». *Nations & Nationalism*, vol. 19, pp. 87-106.

Smith, N. 2008. *Uneven Development: Nature, Capital, and the Production of Space*. University of Georgia Press, 346 p.

Smuts, J.C. 1927. *Holism and evolution*. MacMillan, 375 p.

Spierenburg, M. & Brooks, S. 2014. « Private game farming and its social consequences in post-apartheid South Africa: contestations over wildlife, property and agrarian futures ». *Journal of Contemporary African Studies*, 32, pp. 151-172, 10.1080/09637494.2014.937164.

Springate-Baginski, O. & Blaikie, P.M. 2013. *Forests, People and Power: The Political Ecology of Reform in South Asia*. Earthscan, 417 p.

Stabinsky, D. & Brush, S.B. 1996. *Valuing Local Knowledge: Indigenous People And Intellectual Property Rights*. Island Press, 354 p.

Stahl, J. 1985. « Les problèmes de la protection de l'environnement en U.R.S.S. : discours et prises de position ». *Revue d'études comparatives Est-Ouest*, vol. 16, pp. 43-65, 10.3406/receo.1985.2539.

Staszak, J.-F. 2008. « Qu'est-ce que l'exotisme ? » *Le Globe*, n° 148, pp. 7-24.

Steele, J. 2014. « Outside city limits : introducing Anton van der Merwe of Starways Arts, in Hogsback, Eastern Cape, South Africa ». *South African Journal of Art History*, vol. 29, n° 1.

Stoker, G. 1998. « Cinq propositions pour une théorie de la gouvernance ». *Revue Internationales des Sciences Sociales*, n° 155, pp. 19-30.

Stone, C.N. 1989. *Regime politics: governing Atlanta, 1946-1988*. University Press of Kansas, 336 p.

Stone, C.N. 2006. « Power, Reform, and Urban Regime Analysis ». *City & Community*, vol. 5, pp. 23- 38, 10.1111/j.1540-6040.2006.00151.x.

Strickland-Munro, J., Moore, S. & Freitag-Ronaldson, S. 2010. « The impacts of tourism on two communities adjacent to the Kruger

National Park, South Africa ». *Development Southern Africa*, 27, pp. 663-678, 10.1080/0376835X.2010.522829.

SULLIVAN, S. 2013. « Banking Nature? The Spectacular Financialisation of Environmental Conservation ». *Antipode*, vol. 45, pp. 198-217, 10.1111/j.1467-8330.2012.00989.x.

SUNDAY NNAMDI, B., GOMBA, O. & UGIOMOH, F. 2013. « Environmental Challenges and Eco-Aesthetics in Nigeria's Niger Delta ». *Third Text*, vol. 27, pp. 65-75, 10.1080/09528822.2013.753194.

SWYNGEDOUW, E. 2010. « Impossible Sustainability and the Post-political Condition ». Cerreta, M., Concilio, G. & Monno, V. (eds.) *Making Strategies in Spatial Planning*. Urban and Landscape Perspectives. Springer Netherlands, pp. 185-205 [En ligne], URL : http://link.springer.com/chapter/10.1007/978-90-481-3106-8_11 c (consulté le 05/09/2017).

TECKLIN, D. & SEPULVEDA, C. 2014. « The Diverse Properties of Private Land Conservation in Chile: Growth and Barriers to Private Protected Areas in a Market-friendly Context ». *Conservation and Society*, 12, pp. 203, 10.4103/0972-4923.138422.

THÉRY, H. 1976. *Rondônia mutations d'un territoire fédéral en Amazonie brésilienne*. Université de Paris I, 309 p.

THOMASHOW, M. 1995. *Ecological Identity: Becoming a Reflective Environmentalist*. Cambridge : MIT, 1995, 228 p.

TINÉ, G. 2002. *Histoire du paysage, enjeu économique, esthétique et éthique* [En ligne], URL : http://www.agrobiosciences.org/IMG/pdf/MAATine.pdf (consulté le 05/09/2017).

TOVEY, H. 1997. « Food, Environmentalism and Rural Sociology: On the Organic Farming Movement in Ireland ». *Sociologia Ruralis*, 37, pp. 21-37, 10.1111/1467-9523.00034.

TURNER, F.-J. 1893. *The significance of the Frontier in American History*. American Historical Association.

TURPIE, J.K., MARAIS, C. & BLIGNAUT, J.N. 2008. « The working for water programme: Evolution of a payments for ecosystem services mechanism that addresses both poverty and ecosystem service delivery in South Africa ». *Ecological Economics*, 65, pp. 788-798, 10.1016/j.ecolecon.2007.12.024.

URGENSON, L.S., PROZESKY, H. & ESLER, K.J. 2013. « Stakeholder Perceptions of an Ecosystem Services Approach to Clearing Invasive Alien Plants on Private Land ». *Ecology and Society*, 18 [En ligne], URL : http://hdl.handle.net/10535/8789 (consulté le 05/09/2017).

VALKO, J.M. 2009. « Tourist Gaze and Germanic Immigrants in Roberto Arlt's Aguafuertes patagónicas ». *Revista Hispánica Moderna*, vol. 62, pp. 77-92, 10.1353/rhm.0.0004.

VANIER, M. 2000. « Qu'est-ce que le tiers espace ? Territorialités complexes et construction politique ». *Revue de géographie alpine*, vol. 88, pp. 105-113, 10.3406/rga.2000.4626.

VELUT, S. 2007. *Mondialisation et développement territorial en Amérique latine : Argentine-Chili* [En ligne], URL : http://www.documentation.ird.fr/hor/PAR00002914 (consulté le 18/05/2015).

VELUT, S., MÉNANTEAU, L. & NEGRETE, J. 2009. « Protection du patrimoine naturel et gestion territoriale : la région de Valparaiso ». *Cahiers des Amériques latines*, pp. 105-119, 10.4000/cal.2116.

VÉRON, R. & FEHR, G. 2011. « State power and protected areas: Dynamics and contradictions of forest conservation in Madhya Pradesh, India ». *Political Geography*, 30, pp. 282-293, 10.1016/j.polgeo.2011.05.004.

VIARD, J. 1990. *Le tiers espace : essai sur la nature*. Méridiens Klincksieck, 162 p.

VIARD, J. 2012. *Penser la nature*. Éditions de l'Aube, 148 p.

VILJOEN, J.H. & NAICKER, K. 2000. « Nature-based tourism on communal land: The Mavhulani experience ». *Development Southern Africa*, vol. 17, pp. 135-148, 10.1080/03768350050003460.

VON HUMBOLDT, F.W.H.A.H. (FREIHERR). 1846. *Cosmos, essai d'une description physique du monde ; tr. par H. Faye (C. Galusky)*. Gide et cie, 616 p.

VUATTOUX, A. 2011. « Géographie et gouvernementalité : les nouveaux territoires de " l'Effet Foucault" ». *Revue électronique des sciences humaines et sociales* [En ligne], URL : http://www.espacestemps.net/articles/geographie-et-gouvernementalite-les-nouveaux-territoires-de-lrsquoeffet-foucault/ (consulté le 23/10/2014).

WALKER, P.A. 2005. « Political ecology : where is the ecology? » *Progress in Human Geography*, 29, pp. 73-82, 10.1191/0309132505ph530pr.

WALKER, P.A. 2006. « Political ecology : where is the policy? » *Progress in Human Geography*, 30, pp. 382-395, 10.1191/0309132506ph613pr.

WALKER, P.A. 2007. « Political ecology : where is the politics? » *Progress in Human Geography*, 31, pp. 363-369, 10.1177/0309132507077086.

WALL REINIUS, S. 2009. « Wilderness and culture in the Laponian World Heritage Area: Tourist views and experiences » [En ligne], URL : http://www.

diva-portal.org/smash/record.jsf?pid=diva2%3A228142&dswid=5087 (consulté le 10/02/2015).

Warnke, M. 2013. *Political Landscape: The Art History of Nature*. London: Reaktion Books [En ligne], URL : https://ezp.sub.su.se/login? url=http://search.ebscohost.com/login.aspx?direct=true&db=edsebk&AN=676649&site=eds-live&scope=site (consulté le 05/09/2017).

Weiner, D.R. 1988. *Models of Nature: Ecology, Conservation, and Cultural Revolution in Soviet Russia*. University of Pittsburgh Pre, 340 p.

Wieckowski, M. 2010. « Specific Features of Development of Tourism within the Areas Neighbouring upon the Polish Eastern Border ». *European Union : External and Internal Borders, Interactions and Networks*. EUROPA XXI, la revue de l'Institut de Géographie et d'Organisation Spatiale de l'Académie des Sciences de Pologne. Varsovie.

Wieckowski, M. 2013. « Eco-frontier in the mountainous borderlands of Central Europe ». *Journal of Alpine Research | Revue de géographie alpine*, 10.4000/rga.2107.

Wieckowski, M. 2014. « Overlapping Political and Ecological Borders on the Polish Borderlands ». *Cartographies of Nature: How conservation animates borders*. Cambridge Scholars Publishing, pp. 219-238.

Witt, L. de, Merwe, P. van der & Saayman, M. 2014. « Critical ecotourism factors applicable to National Park: a visitor perspective ». *Tourism review international*, vol. 17, pp. 179-194.

Wittenberg, H. 2004. *The sublime, imperialism and the African landscape*. Thesis, University of the Western Cape [En ligne], URL : http://etd.uwc.ac.za/xmlui/handle/11394/1340 (consulté le 30/04/2015).

Woodward, K. & Jones, J.P. 2005. « On the Border with Deleuze and Guattari ». *B/ordering Space*. Ashgate, pp. 233-248.

Woodward, R. 1999. « Gunning for rural England: The politics of the promotion of military land use in the Northumberland National Park ». *Journal of Rural Studies*, 15, pp. 17-33, 10.1016/S0743-0167(98)00051-5.

Woodward, R. 2005. « From Military Geography to militarism's geographies: disciplinary engagements with the geographies of militarism and military activities ». *Progress in Human Geography*, 29, pp. 718-740, 10.1191/0309132505ph579oa.

Yvard-Djahansouz, G. 2009. *Histoire du mouvement écologique américain*. Ellipses, impr. 2009, 177 p.

ZIMMERER, K.S. & BASSETT, T.J. 2012. *Political Ecology: An Integrative Approach to Geography and Environment-Development Studies.* Guilford Press, 559 p.

ZIMMER, O. 1998. « In Search of Natural Identity: Alpine Landscape and the Reconstruction of the Swiss Nation ». *Comparative Studies in Society and History*, 40, pp. 637-665, 10.1017/S0010417598001686.

ZIMMER, O. 2004. « "A Unique Fusion of the Natural and the Man-Made": The Trajectory of Swiss Nationalism, 1933-39 ». *Journal of Contemporary History*, 39, pp. 5-24.

Index

A

Acteurs 16, 18, 22, 24, 28, 29, 31, 33, 34, 35, 36, 37, 55, 58, 66, 70, 72, 78, 88, 98, 99, 112, 113, 114, 115, 116, 118, 119, 137, 140, 141, 142, 171, 173, 175, 195, 200, 205, 207, 208, 210, 215, 217, 222, 226, 227, 231, 232, 239, 249, 254, 256, 258, 259, 260, 262, 263, 267, 268, 271

Afrique du Sud 16, 18, 22, 25, 37, 42, 49, 50, 54, 55, 56, 67, 76, 78, 96, 102, 104, 121, 122, 123, 124, 125, 126, 127, 128, 130, 131, 132, 133, 134, 135, 136, 139, 140, 141, 142, 146, 163, 176, 179, 182, 184, 185, 187, 188, 189, 192, 193, 199, 201, 202, 203, 205, 212, 213, 214, 215, 217, 218, 219, 220, 221, 223, 224, 228, 232, 235, 236, 237, 239, 240, 241, 242, 245, 246, 247, 248, 250, 252, 253, 254, 255, 259, 260, 264, 265, 280, 281, 282, 283, 285

Agriculture 18, 34, 70, 84, 86, 94, 123, 138, 172, 182, 269, 293

Alien plants 39, 219, 286

Allemagne 54, 122

Amazonie 56, 60, 269, 270, 276, 279, 298

Andes 153, 156, 159, 202, 205, 209, 226, 264, 269, 271, 282

Antarctique 83, 101, 102, 103, 104, 171

Apartheid 21, 77, 122, 129, 130, 132, 133, 134, 136, 137, 138, 139, 140, 141, 142, 144, 145, 179, 184, 192, 203, 204, 205, 208, 219, 223, 241, 245, 253, 259, 264, 281, 283, 285, 297

Argentine 16, 37, 54, 55, 86, 95, 96, 101, 102, 104, 121, 122, 123, 124, 133, 135, 147, 148, 149, 150, 154, 155, 159, 161, 163, 169, 170, 172, 179, 182, 184, 185, 187, 188, 189, 190, 194, 199, 201, 202, 204, 205, 208, 210, 212, 213, 214, 215, 217, 220, 223, 225, 226, 232, 233, 235, 236, 237, 240, 241, 242, 243, 246, 248, 250, 252, 254, 256, 257, 258, 261, 263, 264, 265, 276, 282, 283, 296, 299

Atacama 91, 159, 202, 215, 221

Australie 22, 42, 50, 54, 56, 86, 102, 127, 133, 179, 240

Autochtones 20, 22, 48, 51, 53, 54, 57, 60, 66, 111, 114, 115, 116, 117, 118, 124, 125, 131, 147, 155, 156, 163, 164, 169, 171, 175, 177, 179, 199, 203, 207, 221, 235, 239, 241, 242, 243, 246, 249, 264, 267, 268

B

Bantoustan 144, 146, 259

BINGO 36, 59, 60, 70, 73, 74, 78, 86, 118, 202, 212, 247, 252

Biodiversité 18, 34, 36, 40, 57, 58, 59, 60, 66, 70, 71, 72, 73, 74, 76, 77, 78, 85, 91, 118, 123, 176, 196, 198, 199, 201, 212, 216, 217, 221, 226, 246, 248, 249, 256, 267, 270, 271, 290
Bolivie 158, 159, 164, 172, 182, 208, 257, 258, 282, 283
Botswana 135, 179
Brésil 22, 56, 87, 116, 117, 157, 179, 240, 254, 270
Buenos Aires 147, 149, 150, 154, 155, 161, 197, 207, 236, 241, 258

C

Canada 22, 38, 42, 49, 56, 67, 284
Cap de Bonne-Espérance 254, 255
Chili 16, 22, 37, 54, 55, 91, 92, 94, 95, 96, 101, 102, 104, 121, 122, 123, 124, 133, 147, 148, 154, 157, 158, 159, 161, 162, 163, 164, 169, 171, 172, 173, 174, 175, 176, 177, 178, 179, 182, 184, 185, 187, 188, 189, 191, 198, 199, 201, 202, 204, 205, 208, 210, 212, 213, 214, 215, 216, 220, 221, 223, 227, 228, 229, 232, 235, 236, 237, 240, 241, 243, 244, 246, 248, 250, 252, 254, 261, 263, 264, 265, 278, 282, 296, 299
Chiloé 177, 227, 252, 292
citationID 91, 92, 94, 220
Colonialité 263, 264, 278
Colonisation 19, 41, 49, 50, 101, 112, 124, 133, 163, 168, 170, 179, 254, 264, 279
Conflit 20, 34, 35, 53, 102, 268
Connectivité 36, 59, 60, 66, 74
Conquête 18, 22, 32, 34, 36, 40, 55, 63, 82, 98, 103, 104, 114, 126, 147, 163, 167, 169, 171, 178, 179, 239, 264, 267, 268
Conservation 21, 27, 28, 29, 30, 38, 49, 53, 55, 56, 58, 66, 67, 68, 69, 70, 72, 74, 78, 82, 83, 84, 88, 89, 91, 96, 98, 111, 114, 116, 117, 124, 125, 127, 132, 133, 135, 136, 137, 138, 139, 140, 141, 142, 144, 145, 146, 147, 157, 159, 164, 170, 173, 174, 176, 179, 182, 184, 187, 188, 193, 194, 195, 196, 198, 199, 200, 203, 207, 216, 218, 219, 223, 224, 225, 226, 227, 228, 232, 234, 237, 238, 241, 242, 244, 246, 247, 248, 249, 254, 255, 257, 267, 269, 271, 272, 273, 278, 279, 281, 283, 284, 285, 290, 291, 292, 293, 295, 299, 300
Conservation International 72, 73, 74, 75, 76, 78, 86, 91, 214, 215, 216, 217
Cyclicité 35, 36, 66, 115, 248, 249, 250, 251, 252, 253, 254, 256, 259, 261, 263

D

Désert 91
Développement 19, 35, 67, 69, 77, 78, 84, 88, 89, 100, 107, 116, 142, 145, 146, 147, 154, 160, 168, 185, 200, 201, 203, 208, 209, 217, 227, 232, 234, 235, 236, 242, 246, 247, 253, 258, 259, 269, 271, 272, 277, 283, 284, 289, 290, 295, 296, 299
Dictature 116, 122, 149, 158, 160, 161, 165, 168, 174, 175, 177, 184, 198, 204, 205

Dispositif 24, 25, 26, 29, 30, 66, 69, 70, 80, 85, 86, 87, 89, 90, 101, 125, 126, 142, 149, 159, 175, 185, 218, 219, 222, 223, 227, 242, 248, 267
Drakensberg 128, 194, 202, 215, 219, 273

E

Éco-conquérant 18, 34, 35, 80, 81, 100, 101, 149, 239, 265, 267, 268, 282
Éco-gouvernementalité 16, 23, 24, 28, 173, 219
Écologicalité 17, 23, 29, 32, 38, 50, 51, 53
Écologique 15, 17, 18, 20, 21, 26, 28, 30, 32, 33, 34, 35, 36, 37, 38, 40, 50, 53, 57, 59, 60, 63, 66, 71, 72, 74, 79, 83, 84, 85, 94, 98, 99, 101, 106, 111, 112, 115, 116, 118, 119, 121, 125, 129, 130, 133, 135, 138, 139, 140, 142, 149, 151, 156, 161, 165, 166, 168, 169, 177, 178, 184, 185, 187, 192, 196, 198, 202, 212, 217, 219, 221, 222, 234, 236, 239, 240, 241, 246, 249, 252, 253, 254, 256, 258, 259, 260, 263, 265, 267, 268, 272, 296, 300
Écorégion 36, 59, 72, 73, 76, 91, 123, 124, 187, 216, 217
Écotourisme 89, 101, 104, 201, 217, 234, 236, 239, 241, 247, 260
Éco-village 15, 105, 107, 108, 109, 110, 240, 268
Élevage 115, 218, 257
Endémisme 59, 71, 73, 74, 80, 123, 124

Environnement 15, 24, 25, 26, 28, 32, 40, 58, 59, 69, 78, 85, 89, 99, 104, 107, 118, 119, 121, 145, 177, 199, 200, 201, 216, 217, 219, 220, 234, 253, 258, 269, 270, 271, 275, 281, 282, 283, 285, 296, 297
Environnementalisme 16, 26, 119, 278
Environnementalité 15, 17, 23, 24, 25, 26, 27, 28, 29, 30, 31, 32, 33, 35, 37, 38, 53, 54, 58, 59, 60, 66, 67, 70, 78, 80, 86, 87, 90, 94, 99, 101, 111, 118, 119, 127, 137, 140, 141, 142, 149, 159, 171, 173, 175, 177, 185, 196, 201, 208, 212, 219, 222, 231, 248, 249, 251, 258, 260, 262, 263, 267, 272
États-Unis 40, 49, 52, 53, 56, 67, 102, 105, 127, 147, 149, 182, 204, 278
Extraction minière 18, 76, 217, 227, 261

F

Forced removals 138, 139
Forêt 27, 48, 73, 89, 91, 174, 178, 182, 199, 216, 220, 257, 259, 285
France 22, 23, 101, 102, 105, 109, 240, 271, 272, 275, 278, 290
Free State 125, 137, 138, 184
Front écologique 15, 16, 17, 18, 19, 20, 21, 22, 23, 30, 31, 32, 33, 34, 35, 36, 37, 38, 40, 41, 42, 43, 50, 51, 52, 54, 55, 56, 57, 58, 59, 60, 61, 63, 66, 67, 68, 69, 70, 71, 72, 73, 76, 79, 81, 82, 83, 84, 85, 87, 88, 89, 90,

91, 94, 95, 96, 98, 99, 100, 101, 103, 104, 105, 107, 111, 112, 113, 114, 115, 116, 118, 119, 121, 124, 125, 128, 130, 131, 132, 133, 136, 137, 138, 139, 140, 144, 146, 147, 148, 149, 152, 153, 156, 157, 158, 159, 161, 163, 164, 165, 167, 169, 171, 175, 178, 179, 184, 187, 188, 189, 190, 191, 192, 195, 196, 198, 199, 201, 202, 203, 204, 205, 208, 212, 213, 215, 216, 217, 218, 219, 222, 227, 228, 229, 230, 231, 234, 236, 237, 239, 241, 245, 246, 247, 248, 249, 250, 251, 252, 253, 254, 255, 256, 258, 259, 260, 261, 262, 263, 264, 267, 268, 269, 271, 272, 283, 288, 295

Frontière 19, 20, 21, 22, 31, 38, 54, 67, 102, 116, 131, 135, 139, 147, 148, 154, 158, 159, 163, 167, 169, 170, 172, 179, 187, 208, 210, 277

Front pionnier 20, 22, 31, 38, 39, 101, 112

G

Galápagos 35, 79, 80, 81, 82, 83, 84, 281, 284

Génération géopolitique 42, 53, 54, 55, 66, 67, 84, 89, 105, 116, 124, 131, 132, 133, 140, 146, 149, 164, 175, 178, 179, 180, 184, 205, 253, 255, 256, 259

Génération globale 36, 43, 55, 56, 58, 59, 60, 66, 81, 82, 88, 99, 116, 124, 125, 140, 184, 187, 201, 202, 203, 205, 208, 246, 247, 248, 249, 250, 252, 253, 255, 258, 259, 261, 263

Génération impériale 37, 41, 46, 49, 53, 54, 81, 124, 125, 131, 132, 179

Global 200 44, 59, 71, 72, 73, 74, 76, 79, 91, 201, 202, 212, 214, 215, 216, 217, 292

Gobernaciones 150, 156, 157, 184

Green grabbing 36, 60, 87, 90, 201, 203, 222, 232, 278

H

Hotspot 44, 59, 72, 73, 74, 75, 76, 77, 78, 79, 91, 123, 216, 217

I

Isimangaliso Wetland Park 194

K

Kalahari 135, 224, 225
Kenya 42, 275, 287, 290
Kruger National Park 130, 131, 134, 137, 139, 274, 298

L

Land sharing 85, 86, 87, 96, 219, 222
Land sparing 85, 86, 87
Laponia 63, 64, 65, 66
Laponie 50, 66
Le Cap 125, 127, 130, 131, 135, 137, 138, 184, 192, 194, 202, 223, 224, 236, 253, 254, 255, 256, 283
Littoral 78, 155, 198, 239, 281

M

Mapuche 147, 163, 164, 243, 271, 279, 280
Militaires 20, 21, 102, 123, 149, 157, 161, 163, 179, 184, 185, 195, 196, 205, 245, 247, 296

Index

Millenium Ecosystem Assessment 85, 218
Montana 96, 98, 99, 296
Mozambique 135, 139, 146, 179

N

Namibie 179
Natal 125, 126, 127, 130, 133, 136, 137, 139, 184, 193, 223, 237, 238, 273, 274, 284, 288, 296
Nature 15, 16, 17, 18, 20, 21, 22, 24, 25, 26, 28, 29, 30, 32, 34, 35, 36, 37, 38, 40, 47, 48, 49, 51, 52, 53, 54, 55, 56, 57, 58, 59, 60, 63, 66, 67, 69, 74, 75, 78, 82, 84, 85, 86, 88, 90, 91, 96, 99, 100, 105, 107, 108, 109, 110, 116, 118, 121, 124, 125, 126, 127, 130, 131, 132, 133, 134, 136, 137, 138, 139, 140, 141, 142, 143, 144, 145, 146, 147, 148, 153, 154, 156, 157, 158, 161, 164, 165, 169, 173, 174, 175, 176, 178, 179, 182, 184, 187, 188, 193, 195, 197, 199, 200, 201, 203, 205, 208, 209, 219, 222, 223, 224, 225, 226, 227, 228, 231, 232, 234, 235, 236, 237, 238, 239, 240, 241, 242, 243, 244, 246, 247, 248, 249, 253, 254, 255, 258, 259, 263, 264, 265, 267, 268, 269, 270, 272, 273, 277, 278, 280, 281, 282, 283, 284, 285, 287, 288, 290, 291, 293, 295, 296, 299
Nature Conservancy 70, 91, 98, 216, 226
Nouvelle-Zélande 42, 50, 54, 56, 102, 104, 133, 179, 240

O

Océan Atlantique 123
Océan Pacifique 164, 171, 198, 239
ONG 19, 20, 21, 24, 28, 29, 30, 34, 36, 38, 39, 53, 55, 56, 57, 58, 59, 60, 67, 70, 71, 72, 74, 76, 78, 79, 82, 83, 88, 89, 90, 91, 100, 105, 107, 109, 114, 116, 140, 142, 173, 184, 187, 195, 212, 213, 215, 216, 217, 218, 219, 222, 224, 226, 227, 230, 240, 241, 246, 248, 249, 255, 267, 268, 270

P

Parc national 35, 37, 38, 49, 55, 76, 84, 89, 95, 128, 131, 132, 133, 134, 139, 146, 148, 154, 155, 157, 158, 170, 171, 172, 175, 177, 179, 182, 210, 211, 216, 217, 230, 231, 236, 241, 242, 243, 245, 249, 253, 254, 255, 256, 257, 258, 261, 265, 280
Parc national Baritú 158, 252, 256, 257, 258
Parc national Iguazu 161, 202, 236, 252, 254
Parc national Puyehue 170, 171, 175, 252
Parc Pumalin 92, 93, 94
Parc transfrontalier 37, 39, 135, 219
Parque Nacional Patagonia 252
Patagonie 54, 73, 92, 95, 147, 161, 163, 171, 184, 199, 212, 220, 226, 230, 231, 258, 264
Patrimoine mondial 37, 63, 64, 66, 84, 203, 204, 205, 253, 256, 271
Paysage 59, 63, 81, 98, 201, 205, 207, 208, 272, 273, 275, 291, 295, 296, 298

Political ecology 85, 270, 280, 292, 299
Postcolonie de peuplement 22, 42, 48, 49, 50, 54, 264
Post-politique 16, 118, 119, 263, 267, 268
Priorisation 36, 59, 70, 71, 72, 76, 79, 202, 212, 290
Protection 15, 16, 17, 20, 21, 22, 24, 25, 26, 29, 34, 36, 37, 40, 42, 48, 49, 51, 52, 53, 54, 55, 56, 57, 58, 59, 60, 63, 67, 69, 73, 78, 85, 86, 88, 90, 103, 104, 105, 106, 111, 114, 115, 116, 117, 126, 127, 130, 131, 133, 134, 136, 138, 139, 142, 143, 145, 146, 147, 148, 153, 156, 157, 158, 161, 164, 170, 171, 172, 173, 175, 176, 177, 178, 179, 182, 184, 187, 188, 193, 198, 199, 200, 201, 205, 208, 217, 218, 219, 220, 222, 223, 224, 225, 226, 227, 231, 232, 234, 236, 243, 247, 252, 253, 255, 258, 259, 260, 263, 267, 268, 277, 278, 284, 297
Protection privée 222, 223, 224, 225, 226, 227, 232, 234, 247, 252
Proto-environnementalité 32, 37, 51, 52, 53, 125, 169

Q

Quebrada de Humahuaca 202, 205, 206, 207, 208, 236

R

Régime 21, 24, 27, 28, 30, 32, 33, 51, 53, 60, 67, 69, 78, 94, 118, 119, 122, 125, 127, 132, 136, 137, 139, 140, 141, 142, 144, 149, 158, 161, 169, 171, 173, 174, 175, 176, 177, 178, 184, 195, 196, 201, 205, 208, 219, 231, 245, 258, 260, 262, 263
Réseau 25, 35, 58, 76, 98, 109, 118, 195, 226, 235, 245, 246, 255, 295
Réserve de biosphère 209, 210, 257, 258, 259
Réserve nationale Los Flamencos 199, 252
Réserve naturelle 50, 137, 146, 227, 255, 259, 260
retour à la terre 106
Rio de la Plata 155
Romantisme 48, 51, 52

S

Sanctuaire 54
San Pedro de Atacama 199, 221, 236
Santiago du Chili 241
Services écosystémiques 36, 37, 59, 60, 73, 85, 86, 87, 88, 89, 90, 98, 201, 218, 219, 220, 221, 222, 247, 270, 273
Servitude de conservation 98
St Lucia 50, 76, 138, 281
Suède 38, 42, 50, 51, 63, 64

T

Table Mountain National Park 219, 252, 256
Terre de Feu 158
Territoire 24, 31, 36, 40, 78, 83, 88, 89, 92, 102, 104, 109, 111, 112, 114, 115, 116, 125, 130, 132, 133, 135, 136, 142, 146, 147, 149, 150, 151, 158, 160, 161, 163, 164, 169, 171, 175, 179, 182, 184, 217, 239, 243, 246, 264, 270, 289, 298

Index

Tête de pont 18, 33, 35, 111, 156
Transvaal 125, 131, 132, 137, 138, 184

U

UNESCO 16, 36, 37, 55, 59, 60, 61, 63, 65, 66, 70, 82, 187, 194, 202, 203, 204, 205, 207, 208, 247, 252, 253, 258
URSS 54, 56, 102, 122

V

Valdivia 91, 163
Valeur de discipline 36, 139, 159
Valeur de néolibéralisme 30, 31, 36, 39, 59, 60, 90, 101, 119, 142, 201, 267
Valeur de souveraineté 125, 130, 138, 139, 169, 173, 257
Valeur de vérité 36, 40, 70, 118, 119, 127, 253
Veld 138

W

Wild Coast 76, 78, 192, 217, 252, 259, 282, 283
wilderness 32, 49, 52, 63, 75, 98, 105, 126, 127, 131, 133, 135, 137, 149, 153, 164, 165, 167, 171, 178, 179, 182, 231, 232, 234, 237, 239, 269
WWF 16, 55, 57, 59, 70, 71, 72, 74, 76, 78, 82, 86, 88, 91, 140, 141, 184, 213, 215, 216, 217, 224, 244, 269, 275

Z

Zimbabwe 42, 295
Zone tampon 63, 159

ÉcoPolis

La collection ÉcoPolis est dédiée à l'analyse des changements qui se produisent simultanément dans la société et dans l'environnement quand celui-ci devient une préoccupation centrale.

L'environnement a longtemps été défini comme l'extérieur de la société, comme ce monde de la nature et des écosystèmes qui sert de soubassement matériel à la vie sociale. Les politiques d'environnement avaient alors pour but de « préserver », « protéger », voire « gérer » ce qui était pensé comme une sorte d'infrastructure de nos sociétés. Après quelques décennies de politique d'environnement, la nature et l'environnement sont devenus des objets de l'action publique et il apparaît que c'est dans un même mouvement que chaque société modèle son environnement et se construit elle-même. Cette dialectique sera au centre de la collection.

Directeur de collection : Marc MORMONT,
Professeur à la Fondation universitaire luxembourgeoise
(Université de Liège, Belgique)

Dans la collection

N° 30 – Sylvain GUYOT, *La nature, l'autre frontière. Fronts écologiques au Sud (Afrique du Sud, Argentine, Chili)*, 2017.

N° 29 – Divya LEDUCQ, Helga-Jane SCARWELL et Patrizia INGALLINA (dir.), *Modèles de la ville durable en Asie. Utopies, circulation des pratiques, gouvernance*, 2017.

N° 28 – Ludovic GINELLI, *Jeux de nature, natures en jeu. Des loisirs aux prises avec l'écologisation des sociétés*, 2016, 240 pages.

N° 27 – Xavier ARNAULD DE SARTRE, *Agriculture et changements globaux. Expertises globales et situations locales*, 2016, 204 pages.

N° 26 – Bernard HUBERT et Nicole MATHIEU (dir.), *Interdisciplinarités entre Natures et Sociétés. Colloque de Cerisy*, 2016, 396 pages.

N° 25 – Arnaud Buchs, *La pénurie en eau est-elle inéluctable ? Une approche institutionnaliste de l'évolution du mode d'usage de l'eau en Espagne et au Maroc*, 2016, 331 pages.

N° 24 – Valérie Deldrève, *Pour une sociologie des inégalités environnementales*, 2015, 243 pages.

N° 23 –Zhour Bouzidi, *Se coordonner dans un périmètre irrigué public au Maroc. Contradictio in terminis ?*, 2015, 373 pages.

N° 22 – Laura Silva-Castañeda, Étienne Verhaegen, Sophie Charlier, An Ansoms (dir.), *Au-delà de l'accaparement. Ruptures et continuités dans l'accès aux ressources naturelles*, 2014, 244 p.

N° 21 – Xavier Arnauld de Sartre, Monica Castro, Simon Dufour, Johan Oszwald (dir.), *Political ecology des services écosystémiques*, 2014, 288 pages.

N° 20 – Céline Granjou, *Micropolitiques de la biodiversité. Experts et professionnels de la nature*, 2013, 202 pages.

N° 19 – Corinne Larrue (dir.), *Le régime institutionnel d'une nouvelle ruralité. Analyses à partir des cas de la France, des Pays-Bas et de la Suisse*, 2013, 214 pages.

N° 18 – François Bertrand et Laurence Rocher (dir.), *Les territoires face aux changements climatiques. Une première génération d'initiatives locales*, 2013, 269 pages.

N° 17 – Véronique Ancey, Isabelle Avelange, Benoît Dedieu (dir.), *Agir en situation d'incertitude en agriculture. Regards pluridisciplinaires au Nord et au Sud*, 2013, 419 pages.

N° 16 – N° 16 – Cécilia Claeys and Marie Jacqué (eds.), *Environmental Democracy Facing Uncertainty*, 2012, 185 pages.

N° 15 – Josiane Stoessel-Ritz, Maurice Blanc, Nicole Mathieu (dir.), *Développement durable, communautés et sociétés. Dynamiques socio-anthropologiques*, 2012, 230 pages.

N° 14 – Philippe Hamman, Christine Blanc et Cécile Frank, *La négociation dans les projets urbains de tramway. Éléments pour une sociologie de la « ville durable »*, 2011, 246 pages.

N° 13 – Denise Van Dam, Michel Streith et Jean Nizet (dir.), *L'agriculture bio en devenir. Le cas alsacien*, 2011, 140 pages.

N° 12 – Philippe Hamman et Jean-Yves Causer (dir.), *Ville, environnement et transactions démocratiques. Hommage au Professeur Maurice Blanc*, 2011, 291 pages.

N° 11 – Géraldine FROGER (dir.), *Tourisme durable dans les Suds ?*, 2010, 316 pages.

N° 10 – Muriel MAILLEFERT, Olivier PETIT et Sandrine ROUSSEAU (dir.), *Ressources, patrimoine, territoires et développement durable*, 2010, 283 pages.

N° 9 – Philippe HAMMAN et Christine BLANC, *Sociologie du développement durable urbain. Projets et stratégies métropolitaines françaises*, 2009, 260 pages.

N° 8 – François MÉLARD (dir.), *Écologisation. Objets et concepts intermédiaires*, 2008, 214 pages.

N° 7 – David AUBIN, *L'eau en partage. L'activation des règles dans les rivalités d'usages en Belgique et en Suisse*, 2007, 247 pages.

N° 6 – Géraldine FROGER (dir.), *La mondialisation contre le développement durable ?*, 2006, 315 pages.

N° 5 – Laurent MERMET (dir.), *Étudier des écologies futures. Un chantier ouvert pour les recherches prospectives environnementales*, 2005, 411 pages.

N° 4 – Jean-Baptiste NARCY, *Pour une gestion spatiale de l'eau. Comment sortir du tuyau ?*, 2004, 342 pages.

N° 3 – Pierre STASSART, *Produits fermiers : entre qualification et identité*, 2003, 424 pages.

N° 2 – Cécilia CLAEYS-MEKDADE, *Le lien politique à l'épreuve de l'environnement. Expériences camarguaises*, 2003, 245 pages.

N° 1 – Edwin ZACCAÏ, *Le développement durable. Dynamique et constitution d'un projet*, 2002 (2e tirage 2003), 358 pages.

www.peterlang.com

www.ingramcontent.com/pod-product-compliance
Ingram Content Group UK Ltd.
Pitfield, Milton Keynes, MK11 3LW, UK
UKHW021256180426
11947UKWH00011B/807